# 电路实验

邹建龙　高昕悦　王超　沈瑶　赵彦珍　编著

中国教育出版传媒集团
高等教育出版社·北京

内容简介

本书为罗先觉教授主编的《电路(第6版)》的配套实验教材。内容包含三篇。第一篇为电路实验预备知识,具体包括绪论,认识电路器件、仪器设备和仿真软件。第二篇为电路基础实验,具体包括九个实验:示波器和Multisim的使用,直流电阻电路,基本运算电路,动态电路的瞬态响应,滤波器和谐振电路,互感,功率因数提高,三相电路,二端口网络。第三篇为电路综合设计实验,具体包括万用表和信号发生器的设计与制作,数模转换和模数转换电路的设计与实现,光触发延时报警电路的设计与实现,电路的计算机编程设计与实现。

本书的主要特色为:实验可视化、实用化、自主化;理论、仿真和实验紧密结合;综合设计实验体现高阶性、创新性和挑战度;提供实验视频和实验报告册的线上资源,便于扫码观看和下载。

本书可作为电气类、自动化类、电子信息类、计算机类等理工科专业的电路实验教材,也可供有关科技人员参考使用。

**图书在版编目(CIP)数据**

电路实验/邹建龙等编著.--北京:高等教育出版社,2022.5

ISBN 978-7-04-057703-7

Ⅰ.①电… Ⅱ.①邹… Ⅲ.①电路-实验-高等学校-教材 Ⅳ.①TM13-33

中国版本图书馆CIP数据核字(2022)第019674号

Dianlu Shiyan

策划编辑 王 楠　　责任编辑 王 楠　　封面设计 李树龙　　版式设计 杜微言
插图绘制 黄云燕　　责任校对 刘 莉　　责任印制 韩 刚

出版发行 高等教育出版社
社　　址 北京市西城区德外大街4号
邮政编码 100120
印　　刷 北京印刷集团有限责任公司
开　　本 787mm×1092mm 1/16
印　　张 10.5
字　　数 220千字
购书热线 010-58581118
咨询电话 400-810-0598

网　　址 http://www.hep.edu.cn
　　　　 http://www.hep.com.cn
网上订购 http://www.hepmall.com.cn
　　　　 http://www.hepmall.com
　　　　 http://www.hepmall.cn

版　　次 2022年5月第1版
印　　次 2022年5月第1次印刷
定　　价 20.80元


物 料 号 57703-00

# 前言

近年来无线互联网的迅速普及和MOOC的出现给电路课程教学带来了非常大的改变，这既是挑战，更是机遇！目前在MOOC平台上已经上线的电路MOOC已达几十门，以MOOC为基础的电路教材也已有多本出版。可是，这些电路MOOC和教材主要是关于电路理论方面的讲解，尚无适应互联网时代需求的电路实验教材。

鉴于目前使用的电路实验教材内容已不能满足需要，形式也不符合时代的需求，我们本次配合《电路(第6版)》新编了《电路实验》教材，特色主要体现在6个方面。

(1) 实验可视化

兴趣是最好的老师，可是以往的电路实验主要是测量电压、电流和功率，无法直观地观察实验现象。新教材在确定电路实验内容时，尽可能在实验或仿真中加入灯泡，通过观察灯泡亮度及其变化，能引发学生的好奇心，激发他们的实验兴趣。

(2) 实验实用化

以往的电路实验大多是验证性实验，涉及的实验内容与电路在实际应用时用到的内容不同。新教材在选择和设计实验内容时，增加了在实际中已有广泛应用的电路，包括谐振电路、滤波电路、二端口网络的连接等。同时，大量删减不重要的内容，例如删减仪器设备和电路元件的详细介绍，改为仅介绍重要且实用的知识和操作，删除电阻网络的等效表示、范德坡振荡、单相变压器等实验。鉴于在实际应用中动态电路和交流电路远多于直流电阻电路，为了提高电路实验的实用性，大幅度增大了动态电路和交流电路实验所占的比例，在总计9个实验中，有6个实验完全是动态电路和交流电路，有2个实验与动态电路和交流电路部分相关，仅有1个实验是直流电阻电路实验。

(3) 实验自主化

以往的电路实验中，学生大多按照教材中的电路原理图和老师提供的相同的参数进行实验，这是照猫画虎的做法，需要自主思考的东西很少，不利于提高学生的自主实验能力。新教材中实验前的仿真参数要求学生自选，实验后，要求学生结合仿真对实验结果进行进一步分析。实验报告提出疑难的问题，学生必须深入思考，结合所学的电路理论才能回答。此外，部分实验有选做内容，实验水平高的学生可以挑战自我，完成选做内容。

(4) 实验信息化

以往由于不具备信息化条件，所以，信息化在电路实验教材中完全没有体现。目前，计算机技术、多媒体技术和互联网技术已经高度发达，非常有必要将信息技术应用

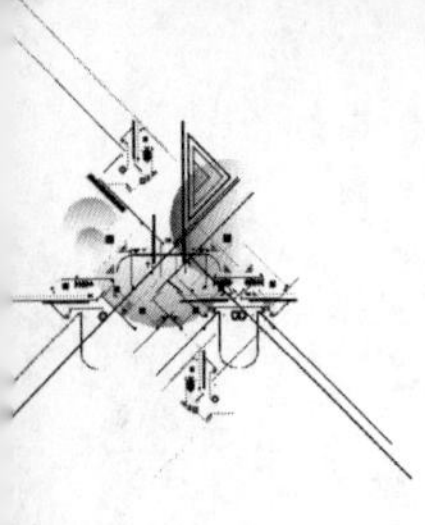



于《电路实验》新教材中。新教材将仪器设备和仿真软件操作制作成视频，这比以往的文字和图片更形象直观。为了便于学生观看，每个视频都生成相应的二维码，学生只要用手机扫描二维码即可观看，从而快速熟悉和掌握相关操作。

(5) 仿真、理论和实验紧密结合

计算机技术的快速发展已经使仿真成为电路研究的重要手段。新教材一方面增加了仿真所占比重，另一方面将仿真、理论和实验紧密结合在一起。实验内容安排的顺序为：理论→仿真→理论→实验→仿真→理论，通过多次结合，相互促进，学生的理论、仿真和实验水平可以同时得到提高。仿真软件采用目前已广泛使用的 Multisim，并结合流行的 Excel 和 MATLAB 进行数据处理。这使得学生在以后进行电路应用时可以快速上手。

(6) 综合设计实验体现高阶性、创新性和挑战度

新增 4 个综合设计实验，部分综合设计实验又包含若干实验，总计 9 个实验。这些综合设计实验选题与实际紧密联系，鼓励学生将计算机技术深度融入电路实验。实验方案由学生自主设计和实现，富有挑战性，能够充分锻炼学生自主探索和综合设计的能力，激发学习兴趣。

《电路实验》教材除了以上 6 个主要特色外，在其他很多方面与传统电路实验教材相比也做出了改变。下面列举部分改变。

(1) 实验目标细化和扩展

新教材将以往的实验目的改为实验目标，并且对实验目标进行细化和扩展，给出知识、能力、工程意识等多方面的要求，与专业认证的毕业要求相适应。教材的编写以达成实验目标而展开。实验目标的细化和扩展也有利于指导学生实验时有意识地采取措施，以更好地实现实验目标，从而提高学生的实验水平。

(2) 将实验原理改成实验的理论基础

以往在讲解实验步骤前要先介绍实验原理。介绍实验原理时假定学生已经学过相关理论知识，因此，实验原理的介绍通常较为简单。实际上，学生实验水平的高低与理论水平的高低密切相关。可以说，高理论水平是高实验水平的前提。为了强化理论的重要性，新教材将以往的“实验原理”改为“实验的理论基础”，详细讲解与实验直接相关和间接相关的理论知识，使学生在不看电路理论教材，只看电路实验教材的情况下，也能比较全面地掌握与实验相关的理论知识。

(3) 编写与《电路实验》教材配套的实验报告册

我们编写了与本书完全配套的实验报告册，实验报告册中给出了需要学生填写的部分，并进行了相应的留白。实验报告册为电子版，有利于学生直接将仿真结果和拍照的实验图片等插入文档中。规范的实验报告册既有利于学生顺利完成实验报告，也有利于教师批改实验报告。

本书的电路基础实验部分主要由邹建龙负责编写，电路综合设计实验部分主要由高昕悦、王超、沈瑶、赵彦珍编写。在教材编写过程中，罗先觉、王曙鸿、刘崇新、王仲奕

等电路课程组的教师都给予了大力的支持和帮助,在此致以衷心的感谢!

限于编者水平,本书中错误和不足在所难免,欢迎大家批评指正。编者邮箱:superzou@xjtu.edu.cn。

实验报告册下载网址:http://www.hep.com.cn/pan/r/P37J6F3BB/download。

编　者

2021年于西安交通大学

# 目录

## 第一篇　电路实验预备知识


### 第 1 章　绪论 / 3

§1.1　什么是电路实验 / 3
§1.2　为什么要做电路实验 / 3
§1.3　电路实验怎么做 / 4
§1.4　做完电路实验做什么 / 5
§1.5　做电路实验需要注意什么 / 5
§1.6　本书主要包含哪些内容 / 7

### 第 2 章　认识电路器件、仪器设备和仿真软件 / 8

§2.1　认识电路器件 / 8
§2.2　认识仪器设备 / 12
§2.3　认识仿真软件 / 16
§2.4　Multisim 软件界面介绍 / 19


## 第二篇　电路基础实验


### 第 3 章　电路基础实验一:示波器和 Multisim 的使用 / 25

§3.1　实验目标 / 25
§3.2　示波器简介 / 25
§3.3　实验仪器和实验材料 / 29
§3.4　示波器实验过程 / 29
§3.5　Multisim 仿真 / 30

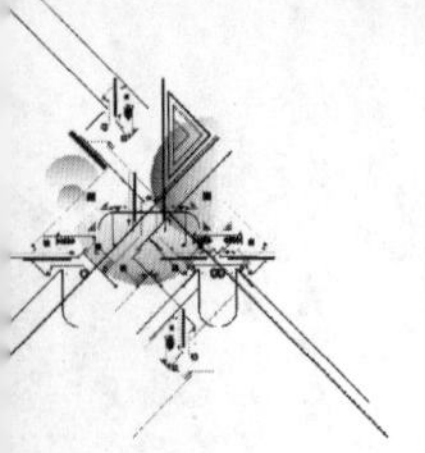



**第 4 章　电路基础实验二:直流电阻电路 / 34**

§4.1　实验目标 / 34
§4.2　实验的理论基础 / 34
§4.3　实验仪器和实验材料 / 37
§4.4　实验前仿真任务 / 37
§4.5　直流电阻电路实验过程 / 38
§4.6　实验报告要求 / 40

**第 5 章　电路基础实验三:基本运算电路 / 41**

§5.1　实验目标 / 41
§5.2　实验的理论基础 / 41
§5.3　实验仪器和实验材料 / 44
§5.4　实验前仿真任务 / 45
§5.5　运算放大器电路的实验过程 / 46
§5.6　实验报告要求 / 48

**第 6 章　电路基础实验四:动态电路的瞬态响应 / 49**

§6.1　实验目标 / 49
§6.2　实验的理论基础 / 49
§6.3　实验仪器和实验材料 / 53
§6.4　实验前仿真任务 / 53
§6.5　*RC* 一阶电路的充放电实验过程 / 54
§6.6　*RLC* 二阶电路的实验过程 / 55
§6.7　实验报告要求 / 55

**第 7 章　电路基础实验五:滤波器和谐振电路 / 56**

§7.1　实验目标 / 56
§7.2　实验的理论基础 / 56
§7.3　实验仪器和实验材料 / 60
§7.4　实验前仿真任务 / 60
§7.5　滤波器和谐振电路的实验过程 / 61
§7.6　实验报告要求 / 63

**第 8 章　电路基础实验六:互感 / 64**

§8.1　实验目标 / 64

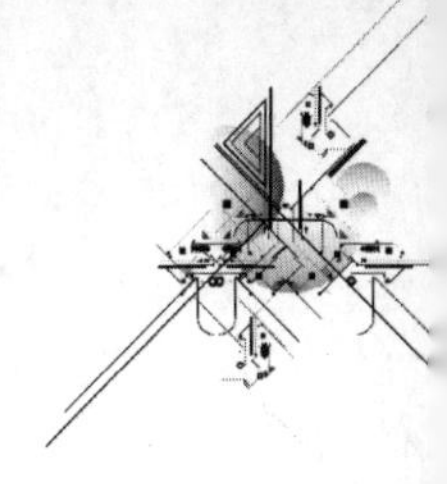

§8.2 实验的理论基础 / 64
§8.3 实验仪器和实验材料 / 67
§8.4 实验前仿真任务 / 67
§8.5 互感的实验过程 / 68
§8.6 实验报告要求 / 71

**第9章 电路基础实验七:功率因数提高 / 73**

§9.1 实验目标 / 73
§9.2 实验的理论基础 / 73
§9.3 实验仪器和实验材料 / 75
§9.4 实验前仿真任务 / 75
§9.5 功率因数提高的实验过程 / 76
§9.6 实验报告要求 / 77

**第10章 电路基础实验八:三相电路 / 78**

§10.1 实验目标 / 78
§10.2 实验的理论基础 / 78
§10.3 实验仪器和实验材料 / 82
§10.4 实验前仿真任务 / 82
§10.5 三相电路的实验过程 / 83
§10.6 实验报告要求 / 86

**第11章 电路基础实验九:二端口网络 / 87**

§11.1 实验目标 / 87
§11.2 实验的理论基础 / 87
§11.3 实验仪器和实验材料 / 91
§11.4 实验前仿真任务 / 91
§11.5 二端口网络的实验过程 / 92
§11.6 实验报告要求 / 95

**第三篇 电路综合设计实验**

**第12章 万用表和信号发生器的设计与制作 / 99**

§12.1 万用表的设计与制作 / 100

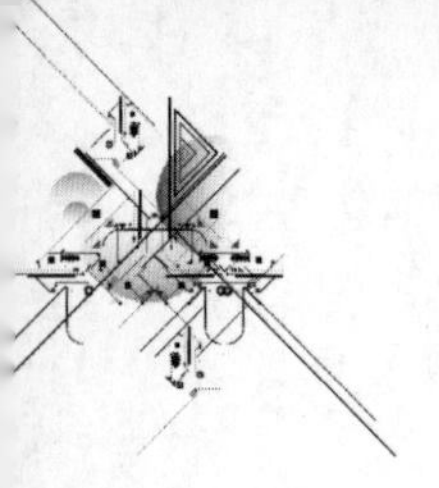


§12.2　信号发生器的设计与制作 / 103

**第13章　数模转换和模数转换电路的设计与实现 / 108**

§13.1　数模转换(D/A转换)电路的设计与实现 / 108
§13.2　模数转换(A/D转换)电路的设计与实现 / 112

**第14章　光触发延时报警电路的设计与实现 / 118**

§14.1　实验目标 / 118
§14.2　实验任务和要求 / 118
§14.3　实验原理及方案提示 / 118
§14.4　实验仪器和实验材料 / 120
§14.5　实验报告要求 / 121

**第15章　电路的计算机编程设计与实现 / 122**

§15.1　计算机语言简介 / 123
§15.2　电路方程的计算机建立方法 / 146
§15.3　基于计算机编程的戴维南等效电路求解及最大功率传输定理验证 / 149
§15.4　正弦稳态电路的分析与计算 / 152
§15.5　电阻网络的故障诊断 / 154

**参考文献 / 157**

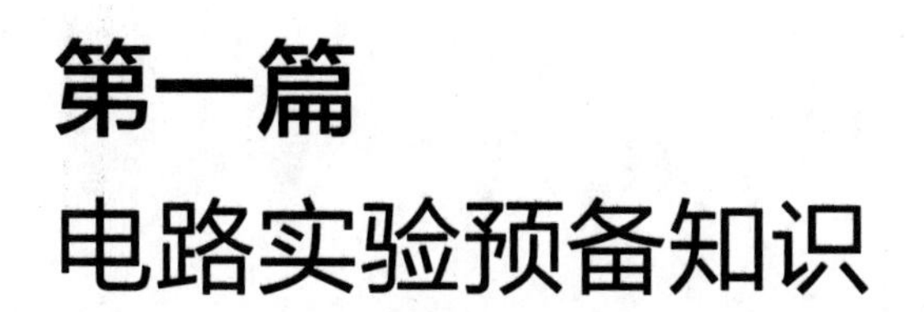

# 第一篇

# 电路实验预备知识

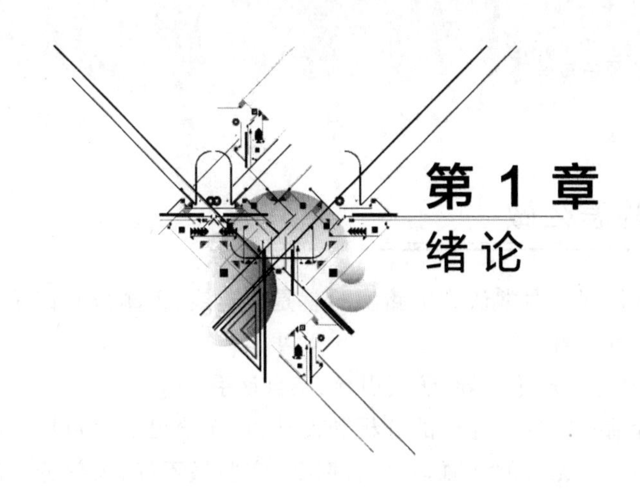

# 第 1 章 绪论

## §1.1 什么是电路实验

电路实验有狭义和广义之分。狭义的电路实验是指用真实的电路元器件和仪器设备进行电路的实际实验和测量。广义的电路实验是在狭义电路实验的基础上增加了电路仿真实验(简称电路仿真)。

电路仿真是使用电路模型和虚拟仪器来对电路的真实行为进行模拟和测量的工程方法,因此是虚拟的实验。由电路仿真的定义可见,电路仿真是真实电路的近似。

本书的电路实验指广义的电路实验,既包含真实的电路实验,也包含虚拟的电路仿真,以真实的电路实验为主,以虚拟的电路仿真为辅。

## §1.2 为什么要做电路实验

电路实验是电路课程学习不可或缺的重要组成部分。电路课程学习首先要进行电路的理论学习。可是,纸上得来终觉浅,绝知此事要躬行。仅仅进行电路的理论学习是不够的,还需要进行真实的电路实验(实战)。但是不能打无准备之战,要有必要的认识和充分的准备。有时,在复杂实战之前进行一下沙盘推演是必要的,沙盘推演就类似于电路仿真。可见,真实的电路实验和虚拟的电路仿真对电路学习都非常重要,这就是我们做电路实验的原因。

真实电路实验既与理论和仿真有密切的联系,又有很大的不同。例如,实际的电路元件有很多非理想因素,不通过真实电路实验无法了解和掌握。理论和仿真不会烧毁元件,也不影响人身安全,而真实的电路实验就需要严肃认真地对待电路元件的选择和安全相关事项。

鉴于真实电路实验与理论和仿真的密切联系和诸多不同,下面详细讨论一下电路实验该怎么做以及需要注意哪些事项。

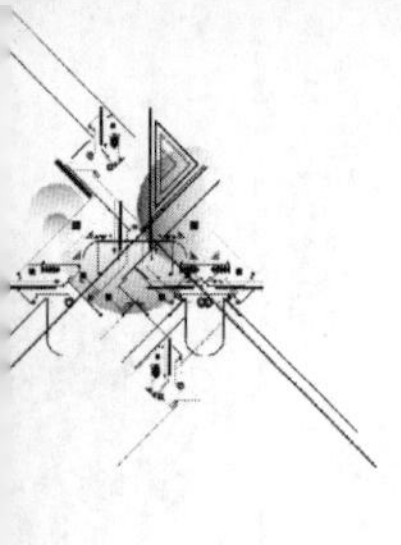



## §1.3　电路实验怎么做

电路实验怎样才能做好呢？通常认为电路实验就是连连线,再测量并记录一下数据就可以了。这其实是一种误解。

做好电路实验有三个要点:理论指导、仿真引导、亲自动手。

理论指导是指做实验前必须进行理论的分析和设计,进而给出实验目标和实验方案。没有理论指导的实验是漫无目的和碰运气的瞎试。实验做不好,大部分情况是因为理论不清楚致使实验方案有问题,或者实验调试出问题时不知如何通过理论分析找出产生问题的原因。所以,千万不可认为电路实验与电路理论是脱离的。可以说,没有理论,就没有实验。

仿真引导是做好实验的另一个要点,但不是必需的。也就是说,并不是每个实验都需要仿真引导。对于非常简单的电路实验,做实验前通过理论分析一下就可以了,没有必要进行仿真。不过,对于稍微复杂一点的电路,建议最好在实验之前进行仿真,验证实验方案是否合理,并且将实验参数确定下来。电路仿真的作用主要有两点:一是节省成本和时间,毕竟真实的电路实验耗时、耗材,仪器设备价格通常也较高;二是减小真实电路实验的风险。虽然电路仿真只是真实电路实验的近似,无法完全取代真实的电路实验,但是,目前的电路仿真软件和仿真技术已经可以做到仿真结果与真实实验的结果非常接近。因此,在真实电路实验之前可先进行电路仿真,从而做到心中有数,减小真实实验风险,使实验进行更为顺利。

目前,电路仿真软件很多,功能强大,也非常容易上手,建议大家至少掌握一种电路仿真软件。本书将重点介绍电路仿真软件 Multisim 及其使用方法。

亲自动手是真实电路实验的关键,因为只有亲身尝试、总结,才能做好电路实验,从而提高实验水平。眼高手低和靠别人帮忙是做不好电路实验的。做实验时可以咨询请教他人,但一定要自己亲自动手。通过亲自动手做实验,实验的经验会不断积累,动手能力会不断提高,这样才能成为实验高手。

做好电路实验还要有四心:勇心、细心、耐心和慧心。

勇心就是勇敢的心。做电路实验可能有一定的风险,但如果害怕风险而不敢做实验,那自然是不可能做好电路实验的。万事开头难,千里之行始于足下。要想做好开头并行动起来,首先要勇敢。勇者不惧,这样就能将实验启动。其实,电路实验并不难,弄清楚后就会发现并不危险,做实验时间长了还会感觉实验非常有趣。

只靠勇敢的心仅能将实验开展起来,但不能保障能将实验做好。除了胆大,还要心细。尤其是真实的电路实验,更需要细心,往往是细节决定了成败。大意可能失荆州,千里之堤可能溃于蚁穴,因此,做电路实验时要细心谨慎,防患于未然。不但真实的电路实验需要细心,虚拟的电路仿真同样也需要细心。虽然电路仿真没有什么危险,但是如果不细心,很容易导致仿真结果错误,延长获得正确仿真结果的时间,这会打击自信,

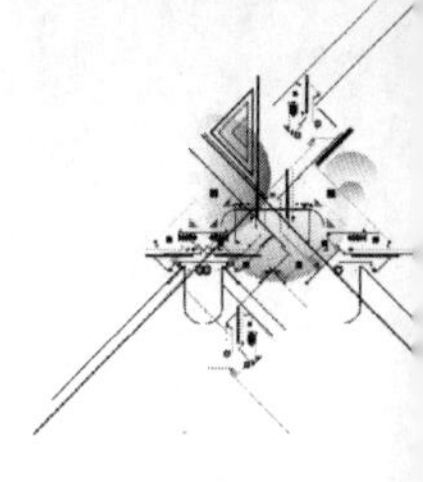

浪费光阴。

即使胆大心细,也无法保证能做好电路实验。电路实验难免会出现各种或大或小的问题,面对这些问题首先要做到的是耐心。要保持冷静,不要慌张,稳扎稳打,步步为营,欲速则不达。俗话说,办法总比问题多,只要有耐心,各种问题都可以得到解决。

胆大+心细+耐心,这就可以做好电路实验了。可是,如果电路实验的时间成本和价格成本过高,虽然做好了电路实验,还是得不偿失,这也是不能接受的。因此,我们不但要做好实验,还要尽可能高效。要做到高效,关键是要有慧心。学而不思则罔,慧心其实并不难做到,只要在做实验的过程中多观察、多思考、多总结、多改进,就会变得越来越聪慧,从而做到慧心独具,从心所欲,自然也就能实现高效的电路实验。

## §1.4　做完电路实验做什么

做完虚拟的电路仿真和真实的电路实验,并不意味着实验就结束了。如同我们参加万米长跑,跑了九千九百米并不意味着成功,最后的一百米必须跑完才算成功。并且,最后的一百米虽然看起来距离短,但极为关键。如果最后一百米跑不好,就会功亏一篑。做完虚拟的电路仿真和真实的电路实验之后,接下来要做的就类似于万米长跑的最后一百米。

电路实验的最后一百米就是撰写实验报告。如果是在课程之外做电路实验,最后不一定非要撰写实验报告,但同样也必须对实验结果进行总结、分析和改进。

电路实验报告主要包含以下几点:

(1) 电路实验(含仿真)数据和波形的汇总整理,尽可能做到规范清晰。

(2) 对实验数据和波形进行理论分析,总结甚至发现规律。

(3) 根据实验结果的理论分析,改进理论,改进实验。

(4) 总结电路实验中的经验教训,从而不断提高电路实验水平。

## §1.5　做电路实验需要注意什么

做电路实验一定要注意安全。安全包括人身安全、仪器设备安全和电路元件安全。从重要性来说,人身安全最重要,仪器设备安全次之,电路元件安全排在最后。因此,当三者不能兼顾时,要优先保障人身安全。

保障人身安全的主要措施有:

(1) 先接好电路,检查无误后再接通电源。

(2) 如果要改变电路接线和更换电路元件,应先断开电源。

(3) 如果实验中有高于 36 V 的电压,人体任何部分都不要在通电时直接接触电路和仪器设备裸露的金属部分以及其他可能带电的部分。

(4) 当电路中含有电容时,即使断电,电容仍可能在一段时间内有电压。如果电容

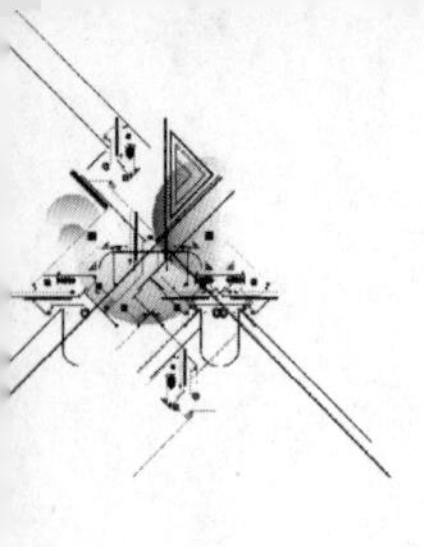



电压可能超过 36 V,此时不能接触电容。

(5) 发生异常现象(发热、声响、异味等)时,应立刻切断电源,远离实验电路,待异常现象消失后才可检查电路故障。

保障仪器设备安全的主要措施有:

(1) 不了解仪器设备的性能和用法时,不可使用该仪器设备。

(2) 注意仪器设备的输出范围和量程,电路运行和测量不可超出仪器设备的输出范围和量程。例如,如果示波器测量的最大电压是 300 V,则绝对不可以测量高于 300 V 的电压。

(3) 电压源不能短路,电流源不能开路。

保障电路元件安全的主要措施有:

(1) 实验电路检查无误后才可通电。

(2) 如需改变电路接线和更换电路元件,必须先断电。

(3) 注意电路元件的额定电压、额定功率等,元件实际电压、功率等绝对不可以超过额定值。因此,在实验前确定电路参数时,应该通过理论计算、仿真等手段提前得出元件实际可能的最大电压、电流、功率等,从而通过选择合理的元件额定参数来避免电路元件出现烧毁、甚至爆炸等问题。

(4) 电路原理图和实际接线等要保证准确无误。

(5) 发生异常现象(发热、声响、异味等)时,通常已出现电路元件的损坏,为了避免损坏更多元件,应立刻切断电源。

(6) 不要用手直接接触电路元件的金属引脚,特别是芯片的引脚,因为手可能带有静电,容易引起芯片静电损伤。

(7) 设置电源的过流保护(即超过设定的电流上限,电源自动停止输出)可以在一定程度上保障电路元件的安全,过流保护的设定值要合理,最好是略高于电路正常工作时可能的最大电流。

(8) 通过限定运放的供电电压范围,可以限制运放的输出电压范围,可以在一定程度上保障运放之后所接电路的安全。

(9) 在进行真实电路实验前进行电路仿真,对保障电路元件安全有一定作用。

由以上分析可知,只要我们注意采取合理的措施,人身安全、仪器设备安全是可以保障的。电路课程的电路实验元件可以基本保障安全,因为实验指导教师提前做过相关实验,已经排除了绝大部分影响电路元件安全的因素。

不过,如果是自己设计和进行电路实验,电路元件的安全是很难保障的,毕竟影响电路元件安全的因素太多,很难做到面面俱到,更何况刚开始时经验不足,损坏电路元件的概率更高。一个人在提高实验水平的过程中,一般都要损坏一些电路元件,这是很正常的现象。此时不要失望害怕,也不要气馁,而是应该主动分析电路元件损坏的原因,不断总结经验教训,最后就能成为实验高手,做实验又快又好,基本不再出现电路元件损坏的情况。不经一事,不长一智,就是这个道理。

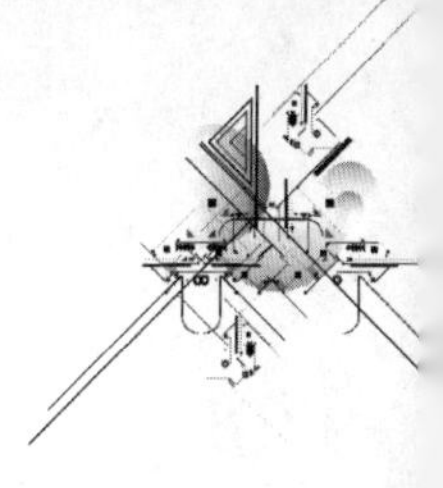

## §1.6　本书主要包含哪些内容

本书包含 15 章内容,按章给出的目录如表 1.1 所示。

表 1.1　目　录

| 章序号 | 章标题 |
| --- | --- |
| 1 | 绪论 |
| 2 | 认识电路元件、仪器设备和仿真软件 |
| 3 | 电路基础实验一:示波器和 Multisim 的使用 |
| 4 | 电路基础实验二:直流电阻电路 |
| 5 | 电路基础实验三:基本运算电路 |
| 6 | 电路基础实验四:动态电路的瞬态响应 |
| 7 | 电路基础实验五:滤波器和谐振电路 |
| 8 | 电路基础实验六:互感 |
| 9 | 电路基础实验七:功率因数提高 |
| 10 | 电路基础实验八:三相电路 |
| 11 | 电路基础实验九:二端口网络 |
| 12 | 万用表和信号发生器的设计与制作 |
| 13 | 数模转换和模数转换电路的设计与实现 |
| 14 | 光触发延时报警电路的设计与实现 |
| 15 | 电路的计算机编程设计与实现 |

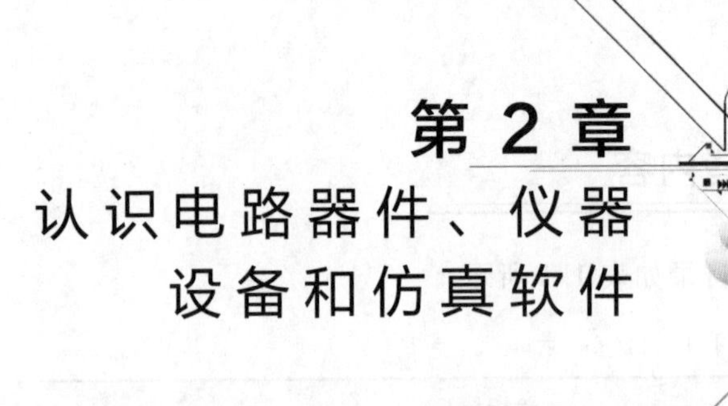

# 第2章 认识电路器件、仪器设备和仿真软件

要想做电路实验,需要对真实的电路器件、真实的仪器设备和电路仿真的软件有一个基本的认识。下面分别对三者进行简要的介绍。

## §2.1 认识电路器件

电路器件是为完成某种特定电路功能而专门制造的实物的总称,而电路元件是为表示自然界客观存在的电气特性而抽象出来的模型符号的总称。可见,从定义上看,电路元件和电路器件是不同的概念。但在实际中,如果非要严格区分电路元件和电路器件,会非常麻烦。因此,实际中经常将电路元件和电路器件混用。例如,真实的电阻器按理说属于电路器件,而电路模型中的电阻是电路元件,但在实际中我们一般把电阻器直接称呼为电阻。可见,在电路实验中没有必要对电路元件和电路器件进行严格区分,只要我们心里清楚具体指什么就可以了。

电路器件种类很多,此处主要介绍三种最重要的电路器件:电阻、电容和电感。

### 2.1.1 认识电阻

电阻器是人为制造的能够满足欧姆定律的电路器件。为了方便起见,电阻器一般简称为电阻。电阻在电路中主要起负载、降压分压、限流分流等作用,是电路中使用最多的电路器件。

电路实验中用到电阻时,首先要确定电阻的阻值,其次要确定电阻的额定功率。

确定电阻阻值时,先要确定是可变电阻还是固定电阻。如果是可变电阻,需要确定可变电阻的阻值变化范围。如果是固定电阻,需要确定电阻阻值。究竟采用可变电阻还是固定电阻,阻值如何确定,这些都要依据电路实验的电路原理图。因此,在做电路实验之前,一定要将电路原理图弄懂,确定实验所需电阻的阻值。可见,做电路实验不是单纯地做实验,还要弄懂电路理论才行。理论与实验相结合,才能真正做好电路实验,进而提高电路实验水平。

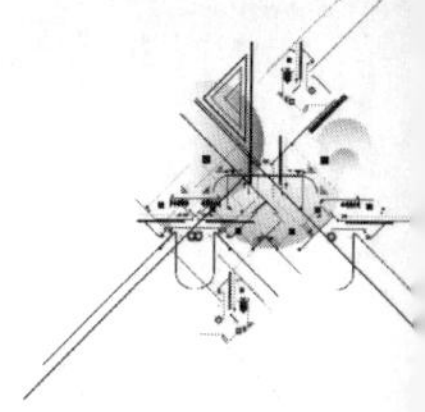

确定了电阻的阻值后，就需要确定电阻的额定功率。电阻的额定功率是指在规定的气压、环境温度等条件下，电阻能够长期连续工作所允许消耗的最大功率。如果电阻实际消耗的功率超过额定功率，并且长时间连续工作，则电阻会因为过热而烧毁。可见，在确定电阻的额定功率时，一定要保证电阻实际运行时消耗的最大功率小于电阻的额定功率。

如果电阻是用于信号处理电路中，为了减小一个一个选择电阻功率的麻烦，通常选择常见的 1/8 W 电阻就可以了。信号处理电路中的电阻功率很小，一般远小于 1/8 W，因此，电阻可以正常工作。如果电阻用在功率消耗电路中，一定要根据电路原理图确定电阻实际可能消耗的最大功率，然后选择略大于此功率的额定功率。理论上说，可以尽可能选额定功率大的电阻，但电阻的额定功率与体积和成本呈正相关。因此，为了减小电路体积和成本，一般选择电阻额定功率略大于实际可能消耗的最大功率。

以上关于电阻额定功率的确定有一个问题没有回答：怎样才能区分一个电路中的电阻是用于信号处理还是功率消耗？这个问题没有标准答案，更多是依赖经验。一般来说，当电路中某一电阻实际功率大于 0.5 W 时，可以认为该电阻是用于功率消耗，此时就要通过认真计算电阻的实际最大功率来确定额定功率。如果电路中电阻实际功率低于 0.5 W，为了方便以及考虑成本，大多数情况下默认选择 1/8 W。当然，也有可能电阻实际功率介于 1/8 W 和 0.5 W 之间，这种情况比较少见，此时，为了稳妥起见，也要计算一下电阻实际最大功率，进而确定电阻的额定功率。如果不想通过电路图计算来确定电阻额定功率，也可以通过电路仿真来初步确定每个电阻的实际最大功率，这也是确定电阻额定功率的途径之一。

总之，确定电阻额定功率是电路实验中的重要环节，涉及安全性、成本等方面，所以马虎不得。

购买的电阻如果用于功率消耗，其电阻值和额定功率一般在电阻上直接标记。如果购买的电阻用于信号处理，因为电阻体积太小而无法直接在电阻上标记，可以分类放置在元件盒中，在元件盒上标记。如果实际实验时不能确定电阻的电阻值和额定功率，可以用万用表测量电阻值，而额定功率则只能通过观察电阻的体积大小来定性判断。通过电阻的色环也可以确定电阻值，但色环的含义大多数人记不住，查表也麻烦，因此，在实际中很少使用。

关于电阻的知识还有很多，例如：制造电阻的材料、电阻的精度、特殊类型的电阻等。有兴趣的同学可以查阅关于电阻的更详细的介绍。

### 2.1.2　认识电容

电容器是能够储存电场能量的电路器件，一般由两个导电极板中间夹一层绝缘介质构成。为了方便起见，电容器一般简称电容，在电路中起储存和释放能量、滤波、旁路等作用，是电路中应用极为广泛的器件。

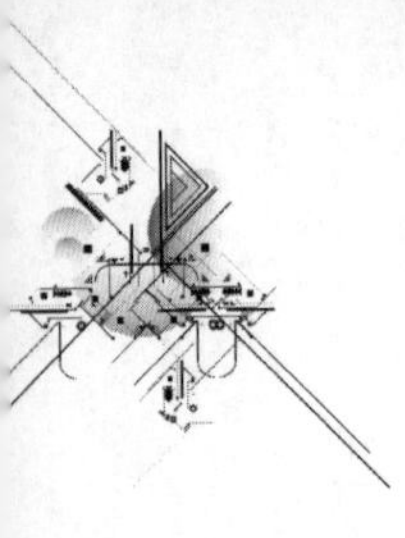



电路实验中用到电容时，首先要确定电容的电容值，其次要确定电容的额定电压。

确定电容值时，先要确定是可变电容还是固定电容。如果是可变电容，需要确定可变电容的容值变化范围，不过可变电容在电路实验中极少使用。如果是固定电容，需要确定电容值。究竟采用可变电容还是固定电容，电容值如何确定，这些都要依据电路实验的电路原理图。因此，在做电路实验之前，一定要将电路原理图弄懂。

确定了电容的电容值后，就需要确定电容的额定电压。电容的额定电压是指在规定的气压、环境温度等条件下，电容能够长期连续工作的最高交流电流有效值或最高直流电压。如果电容实际工作电压超过额定电压，并且长时间连续工作，则电容会被击穿，甚至爆炸，非常危险。可见，在确定电容的额定电压时，一定要确保电容实际工作电压小于电容的额定电压。确定电容的实际工作电压有两种途径：一是根据电路原理图直接计算；二是根据电路原理图建立仿真模型，通过仿真确定电容实际工作电压。有人说，为了保险起见，干脆选额定电压超级大的电容。可是，电容的体积和成本一般与电容的额定电压的平方成正比，因此，在实际中还是应该选择额定电压略高于实际最高工作电压的电容。

总之，确定电容额定电压是电路实验中的重要环节，涉及安全性、成本等方面，所以，马虎不得。

确定了电容的电容值和额定电压后，接下就要确定根据材料划分的电容类型，这是因为电容类型与电容的电容值和额定电压密切相关。根据材料划分的电容类型极多，此处仅介绍几种比较常用的电容类型。

如果电容值较小，是 pF、nF 数量级，且额定电压不高，是几伏到几十伏的量级，一般选择瓷介质电容，又称瓷片电容或陶瓷电容。

如果电容值不大也不小，是 μF 级别，且额定电压为几十伏到几百伏的量级，一般选择涤纶电容。

如果电容值相对较大，从几微法到几千微法，甚至高达几十法拉，且额定电压从几伏到几千伏，一般选电解电容。注意电解电容是有极性的，也就是说，其两个电极区分正负极，并且正极电压必须大于或等于负极电压。

关于电容的知识还有很多，例如电容的频率特性、电容的精度、电容的损耗等。有兴趣的同学可以查阅关于电容的更详细的介绍。

### 2.1.3 认识电感

电感器是能够储存磁场能量的电路器件，一般由导线绕制成线圈构成，所以电感器又称电感线圈。电感器一般简称电感，在电路中起储存和释放能量、滤波、变压等作用。电感在电路中的使用要比电阻和电容少得多，其中一个重要原因是电感制造比电阻和电容的制造要困难得多，成本也要高得多，毕竟线圈绕制不易，磁性材料也相对昂贵。另一个原因是设计电感要比设计电阻和电容难得多。种种原因导致电路实验的电感选择比电阻和电容困难得多。

电路实验中用到电感时,首先要确定电感的电感值,其次要确定电感的额定电流。

确定电感值时,先要确定是可变电感还是固定电感。如果是可变电感,需要确定可变电感的电感值变化范围,不过可变电感在电路实验中极少使用。如果是固定电感,需要确定电感值。究竟采用可变电感还是固定电感,电感值如何确定,这些都要依据电路实验的电路原理图。因此,在做电路实验之前,一定要将电路原理图弄懂。

确定了电感的电感值后,就需要确定电感的额定电流。电感的额定电流是指在规定的气压、环境温度等条件下,电感能够长期连续工作的最高交流电流有效值或最高直流电流。如果电感实际工作电流超过额定电流,并且长时间连续工作,则电感会严重发热,甚至烧毁,非常危险。可见,在确定电感的额定电流时,一定要确保电感实际工作电流小于电感的额定电流。确定电感的实际工作电流有两种途径:一是根据电路原理图直接计算;二是根据电路原理图建立仿真模型,通过仿真确定电感实际工作电流。有人说,为了保险起见,干脆选额定电流超级大的电感。可是,电感的体积和成本一般与电感的额定电流的平方成正比,因此,在实际中还是应该选择额定电流略高于实际最高工作电流的电感。

总之,确定电感额定电流是电路实验中的重要环节,涉及安全性、成本等方面,所以,马虎不得。

确定了电感的电感值和额定电流后,还有一个量需要特别注意,这就是电感的等效串联电阻。电感是由导线绕制而成的线圈,导线自身都有电阻,因此,每个电感都有等效串联电阻。当电感的等效串联电阻很小时,可以近似忽略。但是,很多情况下,电感的等效串联电阻不能忽略,甚至会对电路性能产生重大影响。例如,在一个交流电路中,电感器的感抗是10 Ω,其等效串联电阻是20 Ω,此时电感器既有电感的特性,也有电阻的特性,因此不是纯电感。这样的电感器用在电路实验中,就难以实现采用纯电感的预期效果。当然了,这个例子有些极端,但其实不算夸张。很多人做电路实验往往得不到好的效果,此时可以想一想电路实验中是否用到了电感。如果用到了电感,就要仔细分析所用的电感是否达到了要求,特别是等效串联电阻是否够小。

当确定了电感的电感值、额定电流和等效串联电阻的要求后,首先要看是否能买到现成的电感。如果能买到现成的电感最好,可是大多数情况下是买不到的。此时就需要找卖家定制电感,定制时要详细说明具体的需求,卖家才能根据具体需求进行设计和生产。如果对电感的要求非常高,此时卖家也没有能力进行相应设计,这就需要我们自己进行设计,设计好以后再让厂家根据设计进行生产。

总之,电路实验中电感的选择、设计等不是一件容易的事。很多人错误地以为电路实验就是将几个电路元件简单地连接起来。固然,在做课程的电路实验时,老师已经为学生准备好了绝大多数需要的电路元件,不需要学生花费时间和精力去选择。可是,学生将来总要自己做实验,这时候就没有老师帮忙准备电路元件,而需要自己来准备了。因此,在老师指导下做电路实验时,不要仅仅照步骤做,还要多思考每一个步骤的道理,

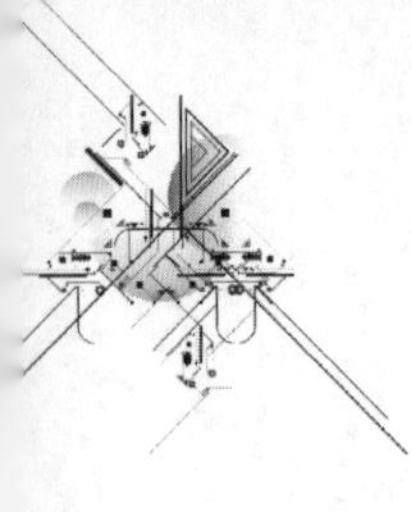

特别是要思考老师选择各种电路元件及其参数的道理和依据是什么,这样会对实验水平的提高起到很大的作用。

关于电感的知识还有很多,例如电感的频率特性、电感的损耗等。有兴趣的同学可以查阅关于电感的更详细的介绍。

## §2.2　认识仪器设备

仪器设备主要包含两类:提供能量和信号的电源和进行信号测量的仪器。电路实验可能会用到的仪器设备很多,无法一一介绍,此处主要介绍四种仪器设备:直流稳压电源、信号发生器、万用表和示波器。其中前两种是为电路提供能量和信号的设备,后两种是进行电路信号测量的仪器。

### 2.2.1　认识直流稳压电源

直流稳压电源是能够为电路提供稳定直流电压的设备。可见,直流稳压电源是直流电压源。有直流电压源,自然也有直流电流源。但由于电流源不能开路等原因,直流电流源在实际中很少使用,因此,本小节仅介绍直流稳压电源。

视频 2.1

不同品牌和型号的直流稳压电源的外观和功能大同小异。以固纬直流稳压电源 GPD-3303D 为例,其外观如图 2.1 所示。直流稳压电源的前面板可以划分为 3 个区域,即显示区、控制面板区和端子区。关于直流稳压电源外观和前面板的介绍详见视频 2.1。

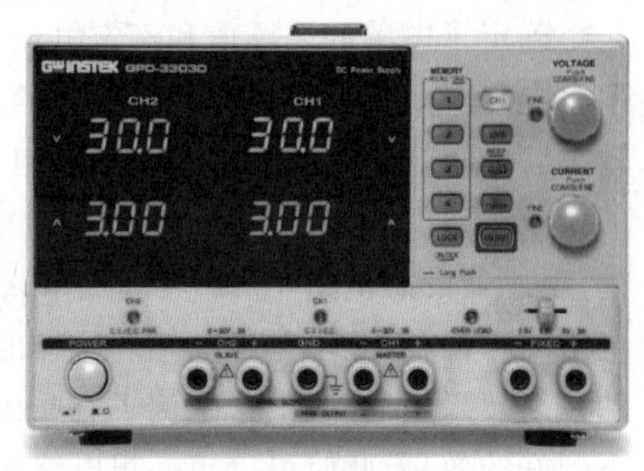


图 2.1　直流稳压电源前面板

每台直流稳压电源都有最大输出电压和最大输出电流,做电路实验时需要注意不能超过直流稳压电源的输出范围,否则电路无法正常工作。图 2.1 所示直流稳压电源的最大输出电压为 30 V,最大输出电流为 3 A。

视频 2.2

下面对直流稳压电源的操作进行介绍,操作步骤详见视频 2.2~视频 2.4。主要操作步骤的文字说明如下。

(1) 直流稳压电源的启动

电源的启动指的是电源的开机。电源开机仅仅意味着热身,此时还不能对外输出电压。

(2) 输出电压的设置

直流稳压电源使用时,首先要根据电路实验的需要设置输出电压的数值。

(3) 输出电流上限的设置

直流稳压电源在设置输出电压后,还需要设置输出电流的上限值。设置输出电流

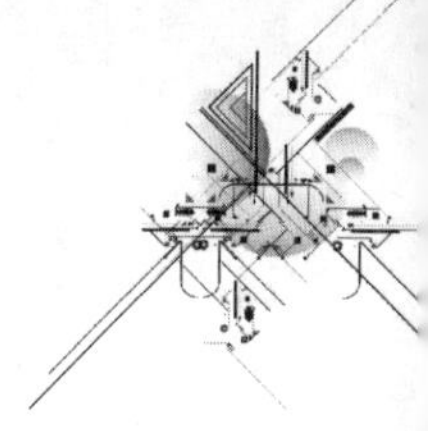

上限值的目的是对电路进行保护。可以先对所做电路实验电源最大可能的输出电流做一个预估，也可通过仿真测算。根据预估或测算结果设置输出电流上限的数值。

(4) 直流稳压电源与电路的连接

直流稳压电源每一路输出有两个端子，红色端子代表电压正极，黑色端子代表电压负极。直流稳压电源一般通过专用的线缆连接到实验电路中，也可以通过导线连接到电路中。

(5) 直流稳压电源的输出

视频 2.3

直流稳压电源要想真正输出电压，必须按下 OUTPUT 按钮。

(6) 输出电压的调节

进行电路实验时，有可能需要调节直流稳压电源的输出电压，此时需要旋转输出电压调节旋钮，顺时针为增加输出电压，逆时针为减小输出电压。输出电压调节分为粗调和细调两种方式。

(7) 直流稳压电源的关闭

电路实验完成后，需关闭直流稳压电源。关闭前需先按下 OUTPUT 按钮，再按下电源按钮。

(8) 输出正负双极性电压的方法

视频 2.4

以上(1)—(7)为直流稳压电源的基本操作。在电路实验中，特别是有运算放大器的电路实验中，有时需要给电路提供正负双极性的电压，此时，需要将电源的输出端子进行特定的连接，如图 2.2 所示。

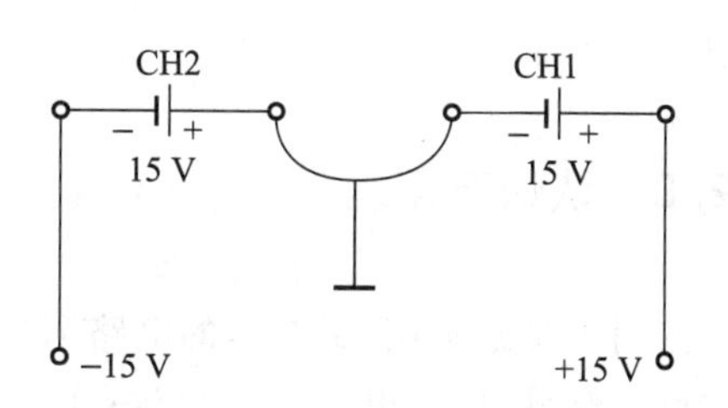


图 2.2　正负双极性电源连接图

## 2.2.2　认识信号发生器

电路实验用到的信号发生器又称函数信号发生器。信号发生器既可以输出直流电压信号和正弦交流电压信号，还可以输出方波、三角波等非正弦周期电压信号。之所以称为信号发生器，而不是电源，是因为信号发生器能够输出的功率(或电流)很小，主要为电路提供信号而不是能量。当然，信号和能量没有严格的界限，从广义上说，信号发生器也是电源。不过我们通常所说的电源指狭义电源。信号发生器不属于狭义电源。

不同品牌和型号的信号发生器的外观和功能大同小异。以数英信号发生器 TFG6930A 为例，其外观如图 2.3 所示。信号发生器的前面板可以划分为 3 个区域，即

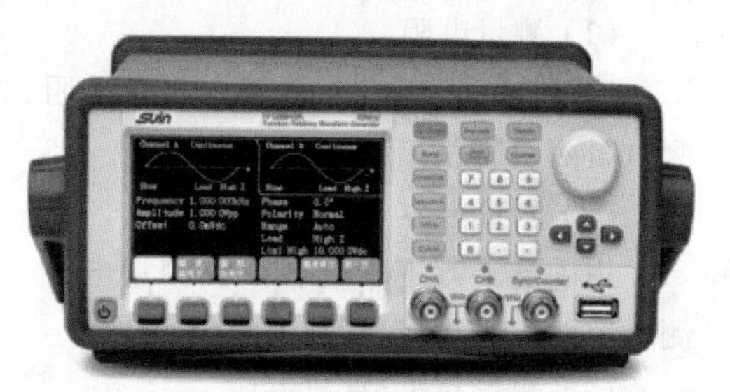

图 2.3　信号发生器前面板

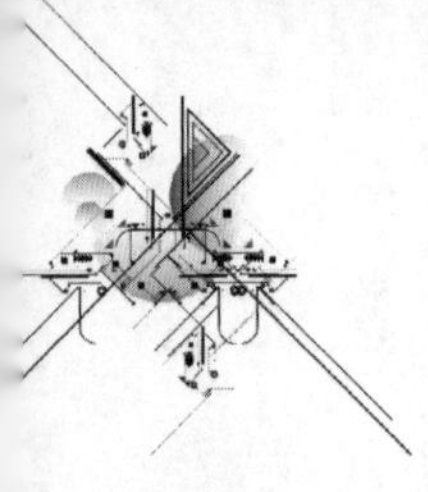

显示区、控制面板区和端子区。关于信号发生器外观和前面板的介绍详见视频 2.5。

视频 2.5

下面对信号发生器的操作进行介绍,操作步骤详见视频 2.6。主要操作步骤的文字说明如下。

(1) 信号发生器的启动

信号发生器的启动指的是信号发生器的开机。信号发生器开机仅仅意味着热身,此时还不能对外输出信号。

视频 2.6

(2) 输出波形的设置

信号发生器使用时,首先要根据电路实验的需要设置输出波形的参数。

(3) 信号发生器与电路的连接

信号发生器每一路输出通道有两个端子,红色端子代表信号输出,黑色端子代表电位零点。信号发生器一般通过 BNC 单端同轴电缆连接到实验电路中。

(4) 信号的输出

信号发生器要想真正输出波形,必须按下 OUTPUT 按钮。

(5) 信号发生器的关闭

电路实验完成后需关闭信号发生器。关闭前需先按下 OUTPUT 按钮,再按下电源按钮。

### 2.2.3　认识万用表

万用表是最常用、最基本的电路测量仪表。"万用"说明万用表功能多。一般的万用表可以测量电阻、电容、交直流电压、交直流电流等。"万用"只是形容功能多,并不是"万能",例如万用表不能测量功率,也不能测量电压和电流波形。

视频 2.7

不同品牌和型号的万用表的外观和功能大同小异。以华仪手持式万用表 MS8217 为例,其外观如图 2.4 所示。关于手持式万用表外观和面板的介绍详见视频 2.7。

图 2.4　手持式万用表

下面对万用表的测量方法进行介绍,测量方法详见视频 2.8。主要测量方法的文字说明如下。

视频 2.8

(1) 测量电阻

用手持式万用表电阻挡位测量电阻,将红黑表笔分别与待测电阻两引脚相接,读出电阻值。

(2) 测量电容

用手持式万用表电容挡位测量电容,将红黑表笔分别与待测电容两引脚相接,读出电容值。

(3) 测量交流/直流电压

用手持式万用表交流/直流电压挡位测量电压,将红黑表笔并联至待测电压两端,其中红色表笔代表正,黑色表笔代表负,读出电压值。

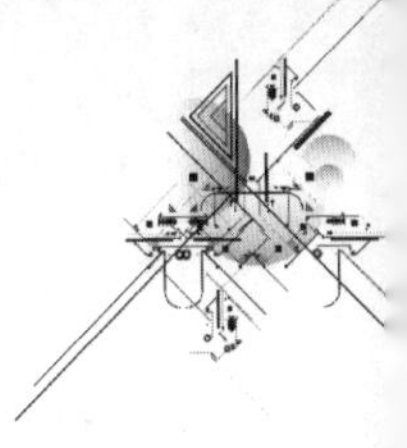

(4) 测量交流/直流电流

用手持式万用表交流/直流电流挡位测量电流,需根据待测电流大小,先选择大量程挡位,若读数过小再转至小量程挡位,防止超过量程烧坏保险丝。将红黑表笔串联入待测回路中,其中红色表笔代表电流流入,黑色表笔代表电流流出,读出电流值。

(5) 通断性测试

手持式万用表蜂鸣器挡位可以测试线路通断。将红黑表笔接触待测线路两端,若万用表发出蜂鸣声,说明两表笔间线路接通。

### 2.2.4　认识示波器

示波器是用于测量电信号波形及其参数的仪器,在电路实验中经常使用,是极为重要的测量仪器。示波器的功能很多,操作较其他仪器设备也更复杂。

不同品牌和型号的示波器的外观和功能大同小异。以固纬示波器 GDS-1072B 为例,其外观如图 2.5 所示。关于示波器外观和前面板的介绍详见视频 2.9。

视频 2.9

下面对示波器的使用方法进行介绍,使用方法详见视频 2.10。示波器主要功能的文字说明如下。

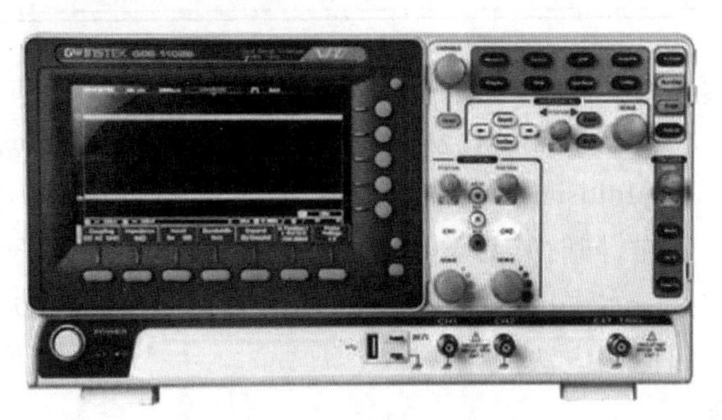

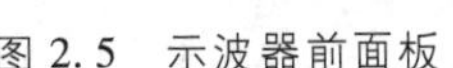

图 2.5　示波器前面板

视频 2.10

(1) 示波器探头连接和自检

示波器配有探头以及替代用的测量线缆,均采用 BNC 接头与示波器相连。在测量前,应对探头进行自检。

(2) 示波器通道波形的显示和关闭

示波器两路通道可分别关闭和激活。

(3) 波形的水平方向和垂直方向的调整

示波器通道波形可调整横轴和纵轴的位置和刻度。

(4) 波形的测量

用示波器可实现信号波形幅值、周期、频率及两路通道波形相位差的测量,也可实现两路通道波形的加、减、乘、除运算及快速傅里叶变换。

(5) 波形的显示

示波器可以选择通道的耦合模式,包含直流耦合、交流耦合和接地耦合模式;可以选择获取模式,包含采样模式、峰值检测模式和平均模式;可以以 $XY$ 模式显示波形,并提供余辉功能。

(6) 波形和数据的存储

示波器可以存储波形图像和波形数据。

(7) 其他功能

示波器具备“执行/停止”功能、“自动设置”功能、“单次触发”功能。示波器可调整触发电平，还可调节波形、格线、背光亮度等。

(8) 示波器使用的注意事项

1) 测量电压范围。

示波器 BNC 端输入电压峰值不超过 300 V。

2) 示波器的“地”。

为了保证电气上的安全，示波器的地线通过电源线与安全地线相连。

3) 带宽。

不同型号示波器的测量带宽不同，GDS-1072B 测量带宽为 100 MHz。

## §2.3 认识仿真软件

工欲善其事，必先利其器。想要做好仿真实验，就要选择一款功能齐全、使用方便的仿真软件。在众多电子设计自动化(electronic design automation, EDA)辅助软件中，NI Multisim 因其友好的界面，丰富的元件，强大的分析功能，广泛应用于各种电路设计工作，同时其易学易用的特性也适合电路电子学的仿真实践教学。

本书以 NI Multisim(以下简称 Multisim)为例，简单介绍电路仿真软件的一般功能和使用方法。

### 2.3.1 Multisim 简介

20 世纪 80 年代，加拿大 Interactive Image Technologies(IIT)公司推出了用于电路仿真与设计的 EDA 软件——electronics workbench(EWB)，它被称为“电子设计工作平台”或者“虚拟电子实验室”。从 EWB 6.0 版本开始，IIT 公司将原用于电路仿真与设计的模块更名为 Multisim，在大量扩充仿真元件数量的同时，还增强了软件的仿真测试和分析功能，使仿真设计更精确、可靠。

IIT 公司在被美国国家仪器(National Instrument, NI)有限公司收购之后，这款仿真软件更名为 NI Multisim。经过 20 多年的发展，Multisim 已经发展为集电路设计和功能测试于一体的综合性 EDA 工具软件。它向用户提供了丰富的电路元件库，可以设计和测试包括电工、模拟/数字以及 RF 射频电路在内的各种电子电路。基于图形化的电路设计方式，可以让用户快速创建电路原理图。利用虚拟仪器以及基于 SPICE 的多种分析功能，可以让用户实时进行仿真，了解各种参数变化对电路性能的影响，直观地观察电路中节点的电压波形、支路的电流波形，快速验证实验想法。

在电路学习中，通过使用 Multisim 进行仿真实验，可以更好地理解和预测电路行为，优化实验设计，缩短实验时间，最终达到提高理论与实践学习效果的目的。

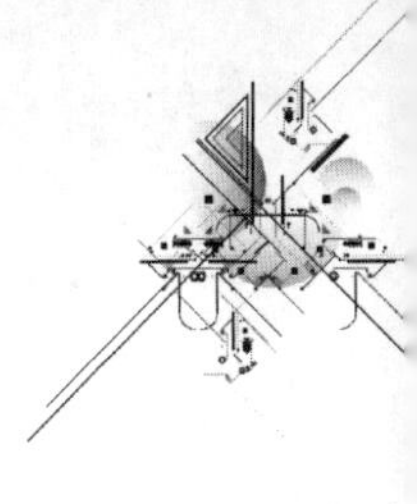

### 2.3.2 Multisim 的特点

Multisim 是一套供教育工作者和工程师使用的集成式电路设计和 SPICE 仿真环境,可用于电路、模拟电路、数字电路和电力电子等课程的实验教学。通过数千个交互式电路元件,可对电路进行可视化设计;多种仿真仪器、高级分析函数,可帮助学生图形化分析电路行为,强化理论理解。它有以下主要特点:

(1) 丰富的元器件库

Multisim 提供了上万种电路元器件供实验选用,同时,也可以新建或扩充已有的元器件库。仿真元件的参数和实际元件参数非常接近,使仿真实验更贴近真实电路实验结果。

(2) 强大的分析功能

基于 SPICE 的多种电路分析方法,满足各种场景下的电路分析要求。可以完成电路的瞬态和稳态分析、时域和频域分析、线性和非线性电路分析、噪声分析和失真分析、离散傅里叶分析、零极点分析、交直流灵敏度分析等,可以帮助学生充分了解电路的行为和性能。

(3) 内置功能强大的虚拟测试仪器仪表

通过软件实现的虚拟仪器包括通用仪器,如万用表、函数信号发生器、示波器、波特图仪、逻辑分析仪、逻辑转换器、失真仪、频谱分析仪和网络分析仪等,还有虚拟的电压、电流以及功率探针。使用这些设备和探针,可以实时了解电路各结点电压、各支路电流的幅值和波形。

(4) 交互式仿真操作简单

通过拖拽元件的方式可以交互式完成图形化电路图的输入。修改元件参数和替换元件的界面直观,简单易用;可以完成各种类型的电路设计,甚至是验证破坏性实验;不消耗实际的元器件,成本低,速度快,效率高。

(5) Multisim 还提供了简化版的在线仿真网站 Multisim Live

仿真网站将实验教学扩展到浏览器上,支持手机、平板电脑或计算机。丰富的在线资源以及方便的操作方式,使学生可以随时随地进行电路仿真实验。

只需要注册一个 Multisim Live 用户,无须下载安装,就可以使用免费在线仿真功能,完成基本的电路仿真实验。

### 2.3.3 Multisim 的下载

访问 NI 公司官网,搜索“Multisim”获取关于仿真软件的最新信息;搜索“Multisim 下载”,就可以下载并安装软件,Multisim 下载界面如图 2.6 所示。NI 公司针对学生提供教学版和学生版软件,也提供免费试用版,在试用期内免费使用。

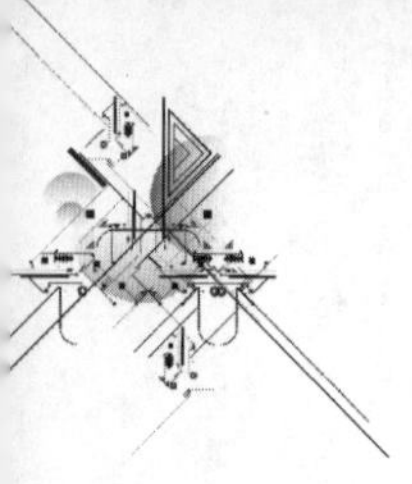

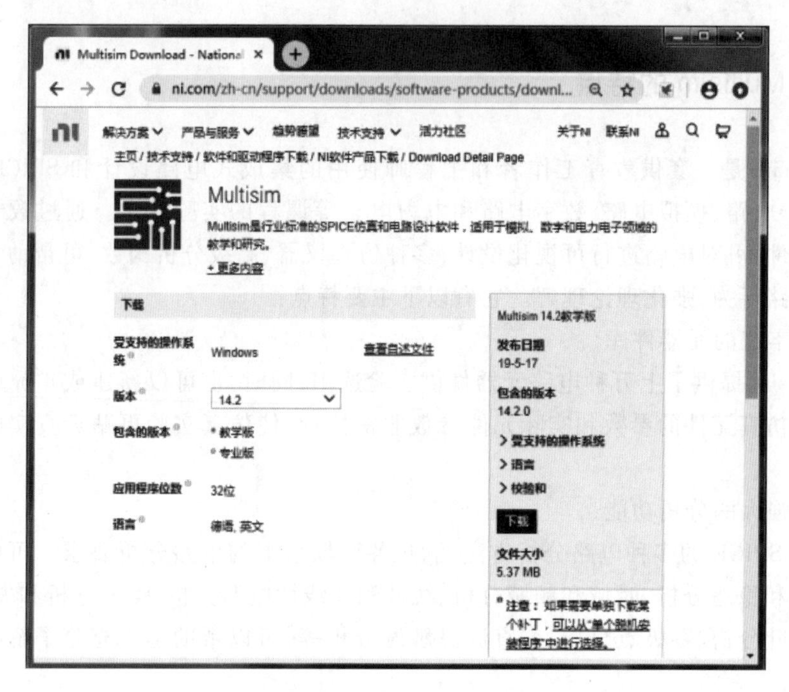


图 2.6　Multisim 下载界面

## 2.3.4　Multisim Live 用户的注册

打开 Multisim Live 官网主页，点击右上角“SIGN UP”按钮，填写图 2.7 右侧信息，点击“创建账号”。通过邮件确认后，账号生效，再次登录就可以开始在线仿真了。

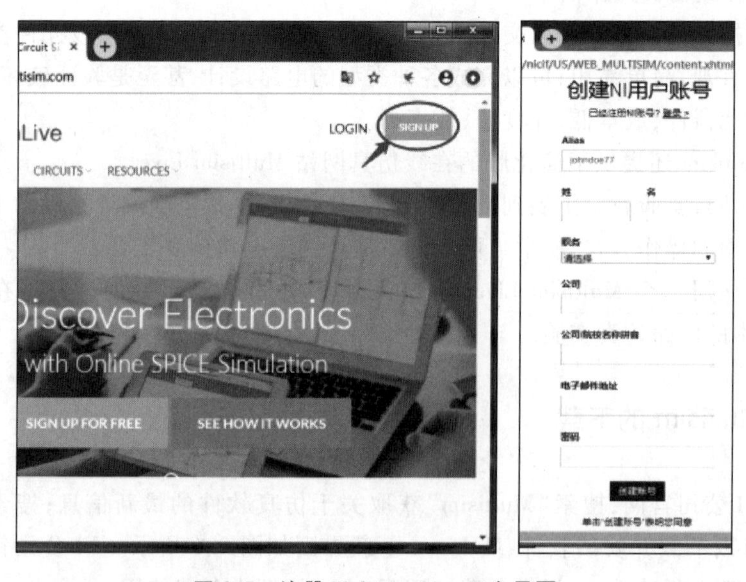


图 2.7　注册 Multisim Live 用户界面

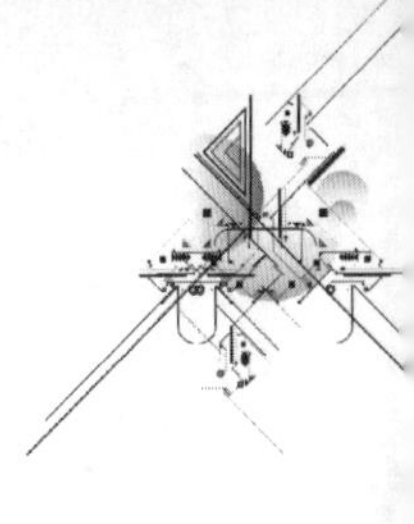

## §2.4 Multisim 软件界面介绍

启动 NI Multisim 14.1 桌面版程序,基本界面如图 2.8 所示。除了"菜单栏"提供了 Multisim 所有功能的入口,在基本界面中还有很多快捷按钮栏。

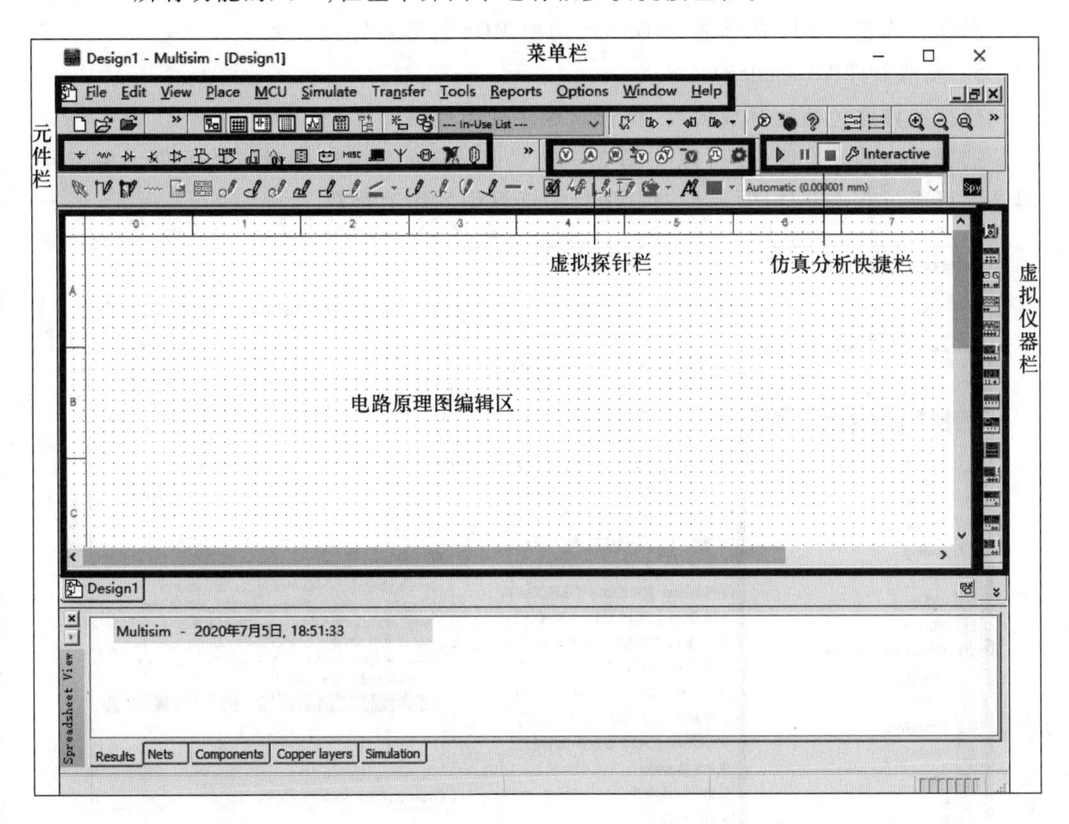


图 2.8 Mutlisim 基本界面

(1) 菜单栏

View:调整视图窗口大小和显示内容。

Place:在编辑窗口中放置节点、元器件、总线、输入/输出端、文本、子电路等对象。

Simulate:提供仿真的各种设备和方法。

Tools:用于创建、编辑、复制、删除元件。

(2) 元器件库

选择菜单栏 Place→Component,出现如图 2.9 所示界面,Database 选择 Master Database,Group 下拉菜单中可以看到常用元件库。其中包括:

1) 电源库(Sources)。

电源库包括功率电源、信号电压源、信号电流源、受控电压源及受控电流源等。

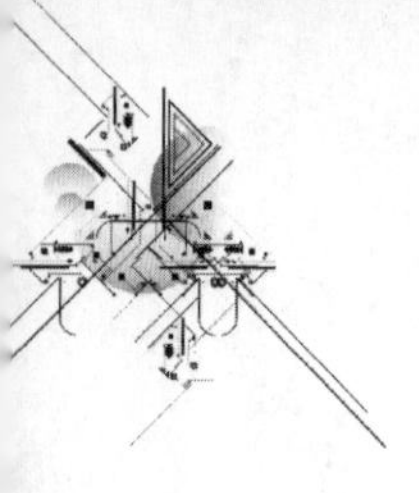

2）基本元件库（Basic）。

基本元件库包括电阻、电容、电感、开关等基本器件。

3）二极管库（Diodes）。

二极管库包括普通二极管、稳压二极管、发光二极管等器件。

4）晶体管库（Transistors）。

晶体管库包括 BJT 晶体管、MOS 管、功率 MOS 管等器件。

5）模拟器件库（Analog）。

模拟器件库包括运算放大器、比较器等多种类型器件。

选择对应的元件库，就可以在图 2.9 的 Component 列中选择对应的元件。所有元器件均可通过双击元件图标，修改其属性对话框中的相关参数。

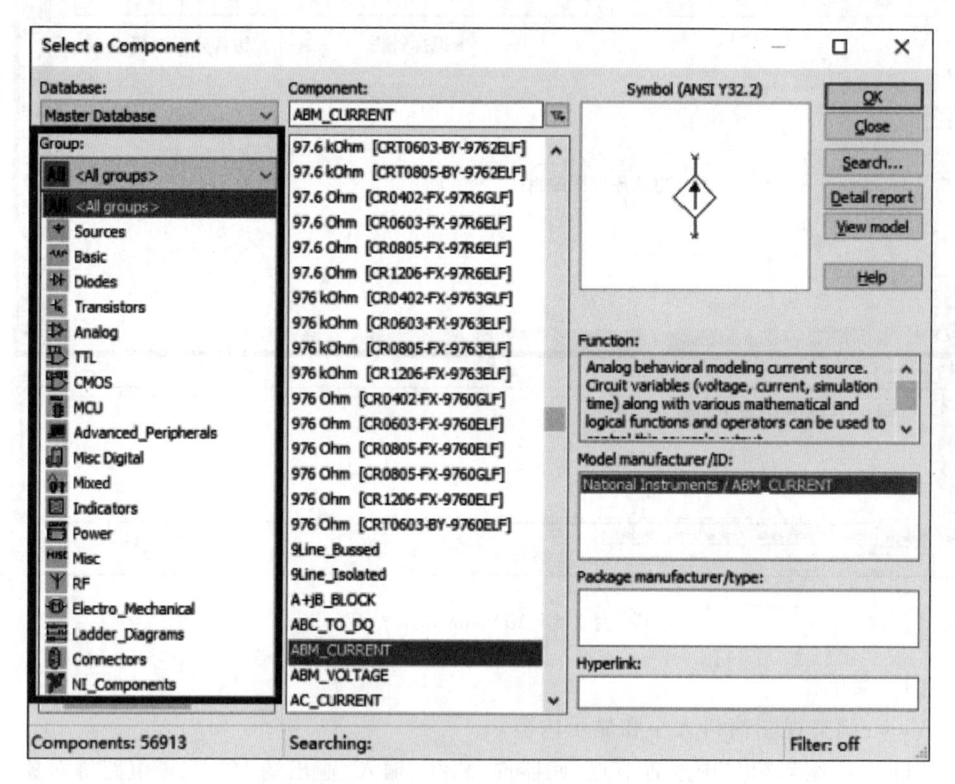


图 2.9　Multisim 常用元件库

（3）虚拟仪器仪表与虚拟探针

选择菜单栏 Simulate→Instruments，常用虚拟仪器如图 2.10 所示。

1）数字万用表（Multimeter）。

万用表是一种多功能测量仪表，可以测量电阻以及交直流电流和电压。它有“+”“-”两个接线端，测量电压及电阻时需并联在被测元件两端；测量电流时需串联在被测元件所在支路中。

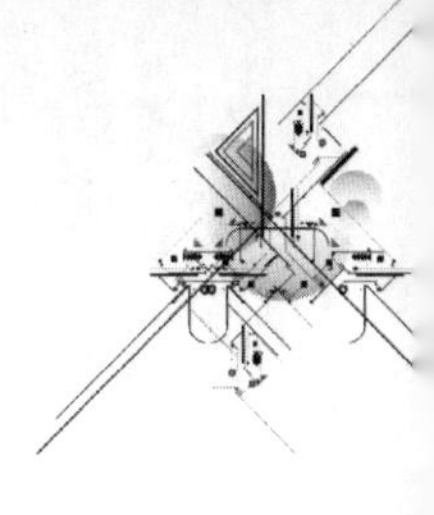

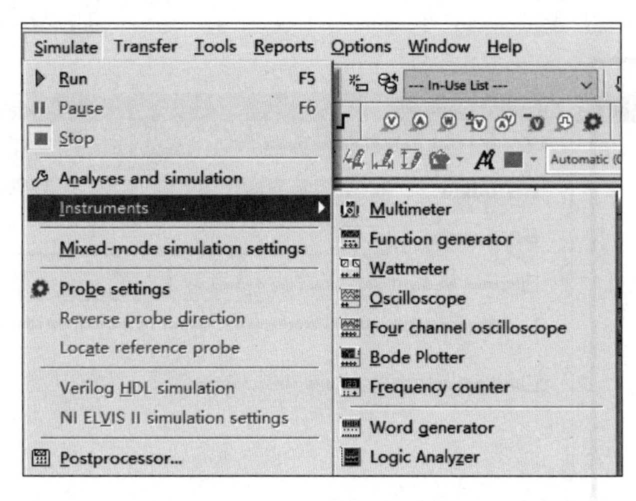


图2.10　Multisim常用虚拟仪器

2）示波器（Oscilloscope）。

示波器是观察信号波形和测量信号幅值、周期、频率等参数的工具。一般有A、B两个通道。每个通道都有"+""-"两个接线端，分别与被测元件的两端相接。

3）函数信号发生器（Function generator）。

函数信号发生器可为电路提供频率及幅值可调的正弦波、方波和三角波信号。它有"+""Common"和"-"3个接线端。当连接"+"和"Common"两端时，输出信号为正极性信号；当连接"Common"和"-"两端时，输出信号为负极性信号；当同时连接"+""Common"和"-"3个接线端，且把"Common"接线端与公共地相接时，输出两个幅值相等、极性相反的信号。

4）测量探针（Measurement Probe）。

在虚拟探针栏，列出了电压、电流、功率以及其他探针。单击探针工具栏上的探针图标，选择所需探针，将其移至观测点位置即可获得所需测量数据。

（4）常用分析方法

Multisim提供了多种分析方法，菜单栏选择Simulate→Analyses and Simulation，出现如图2.11所示界面。以下简要说明常用的几种分析方法的主要用途。

1）交互式仿真（Interactive Simulation）分析。

用于配合虚拟仪器、探针等测量仪器对电路进行仿真分析。通过设置仿真时间和初始状态，对电路各种状态和行为进行计算，例如，各个结点的电压、各个支路的电流以及元件的对应功率等参数。

2）直流工作点（DC Operating Point）分析。

用于确定电路的静态工作点。进行分析时，NI Multisim自动将电路分析条件设置为电容开路、电感短路、交流电压源短路，计算在直流电源激励下各支路的电压和电流。

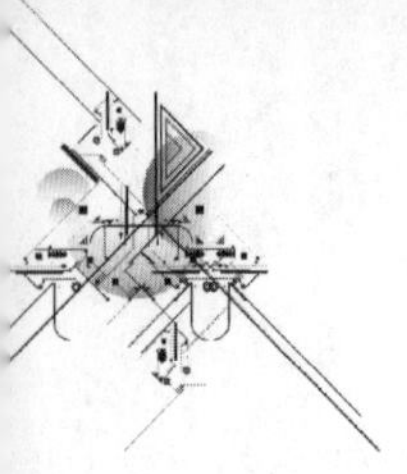

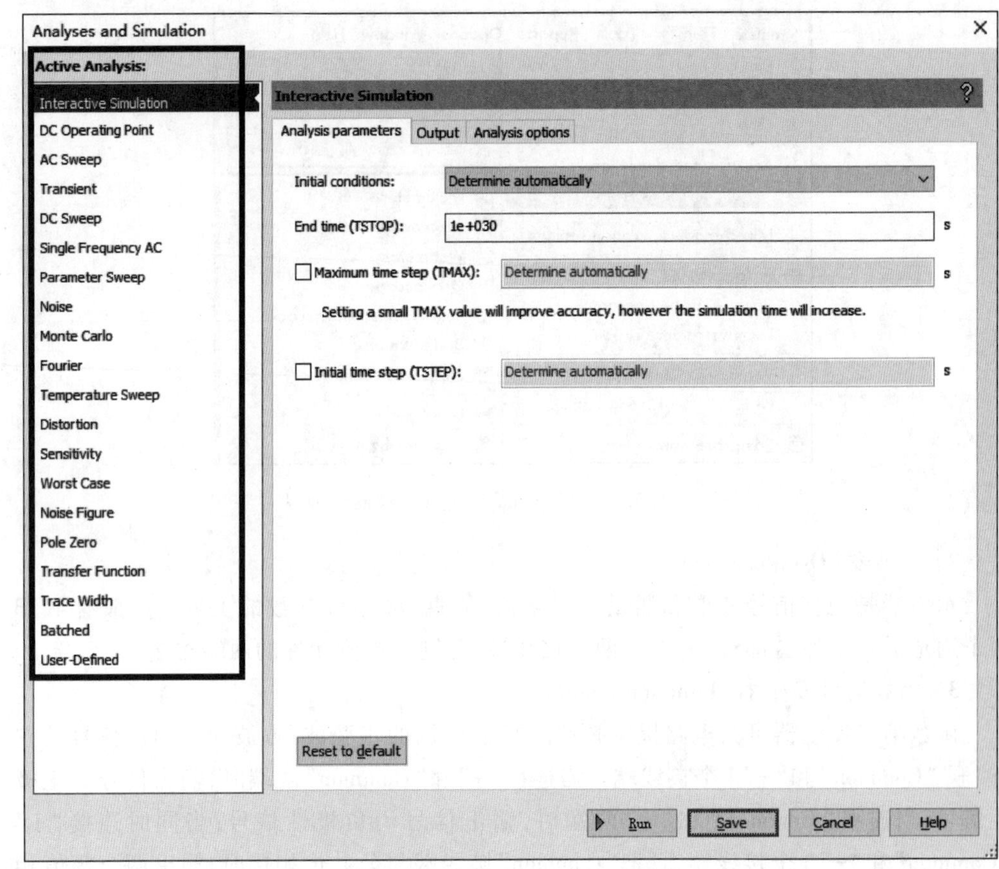


图 2.11 Multisim 常用分析方法

3）交流扫描(AC Sweep)分析。

用于电路的频域分析，分析电路的幅频和相频特性。

4）瞬态(Transient)分析。

用于电路的时域分析，可以分析电路在激励信号作用下的时域响应。

5）直流扫描(DC Sweep)分析。

计算电路中某一结点上的电压或支路的电流随电路中直流电压源的变化而变化的情况。

6）参数扫描(Parameter Sweep)分析。

分析当电路中某一元器件的参数在一定取值范围内变化时，此参数的改变对电路特性的影响。

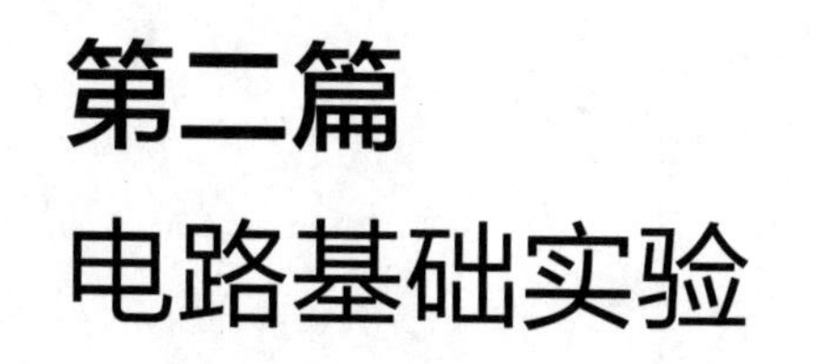

# 第二篇 电路基础实验

# 第 3 章 电路基础实验一：示波器和 Multisim 的使用

示波器是一种广泛应用于科研、生产实践和实践教学的综合性电子图示测量仪器。它既可以定性观察电压、电流的波形和元件的特性曲线，还可以定量测量信号的振幅、周期、频率、相位等。本章将对示波器进行简要介绍，重点是掌握示波器的使用方法。

电路仿真作为一种高效、方便的形式，被越来越多的学校纳入实践教学体系中。本章将在示波器实验之后对 Multisim 仿真软件进行简要介绍，重点是初步掌握基于 Multisim 的电路仿真方法。

## §3.1　实验目标

1）了解示波器的基本功能。

2）初步掌握示波器测量电路中物理量的方法。

3）了解 Multisim 的基本功能。

4）初步掌握 Multisim 电路仿真的方法，特别是虚拟仪器的使用方法。

## §3.2　示波器简介

### 3.2.1　示波器面板介绍

示波器可以分为两大类，数字示波器和模拟示波器。数字示波器首先将被测信号采样和量化，变为二进制信号储存起来，再通过算法将离散的被测信号以连续形式在屏幕上显示出来；模拟示波器直接通过示波管、*XY* 轴放大系统、扫描和触发系统等将被测信号显示出来。目前，数字示波器使用更为广泛，本次实验学习数字示波器的使用方法。

示波器前面板如图 3.1 所示。

在示波器使用过程中，调节信号波形显示的功能区域按键如下。

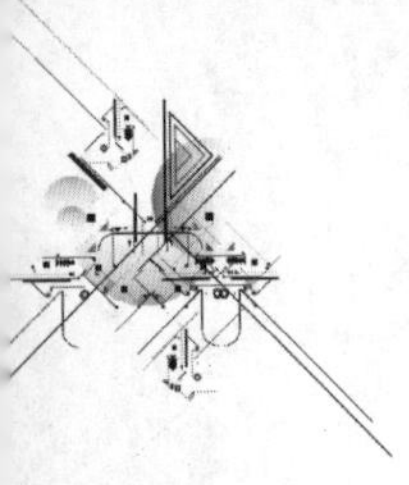

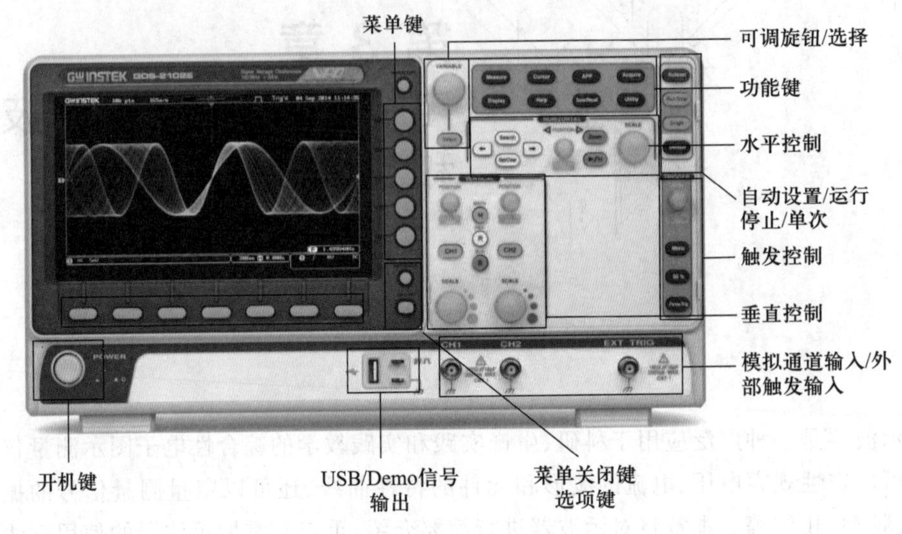


图 3.1　示波器前面板

(1) 水平系统控制

Horizontal POSITION:用于调整波形的水平位置,按下旋钮将波形水平位置重设为零。

SCALE:设定波形的水平挡位(TIME/DIV)。

(2) 垂直系统控制

Vertical POSITION:用于调整波形的垂直位置。按下旋钮将波形的垂直位置重设为零。

CH1/CH2:设置是否显示该通道波形以及设置该通道的参数。

SCALE:设定所选通道波形的垂直挡位(V/DIV)。

(3) 触发系统控制

Level:设置触发电平位置,按下旋钮将触发电平重设为零。

Trigger Menu:显示触发菜单。

(4) 其他常用按键

Autoset:自动设置触发、水平挡位和垂直挡位。

Run/Stop:运行和停止波形采样。

Default:恢复示波器初始设置。

Cursor:使用示波器自带光标进行测量。

Measure:使用示波器自动测量功能。

### 3.2.2　用示波器测量电气物理量

(1) 电压幅值的测量

如图 3.2 所示,按下示波器垂直控制系统的 POSITION 旋钮,使波形幅值的零位置

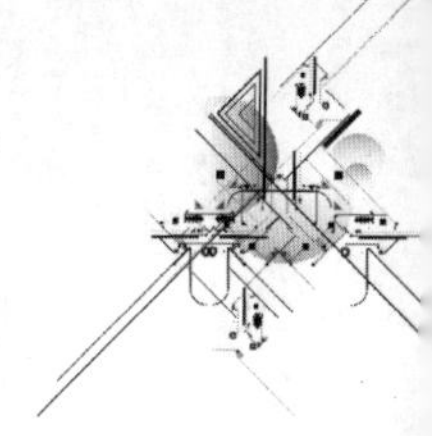

与屏幕上的水平中心线重合，读出被测电压波形的幅值在示波器屏幕垂直方向所占的 $h$，$h$ 乘以示波器该通道的垂直挡位 $D_Y$（V/DIV），即为被测波形的振幅 $U_m$。

$$U_m = D_Y \times h$$

示波器在垂直方向分为 8 个大格，每个大格又分为 5 个小格。$h$ 为被测波形电压最大值在示波器屏幕垂直方向所占的大格数。$D_Y$ 为示波器在垂直方向每一大格所代表的电压幅值。

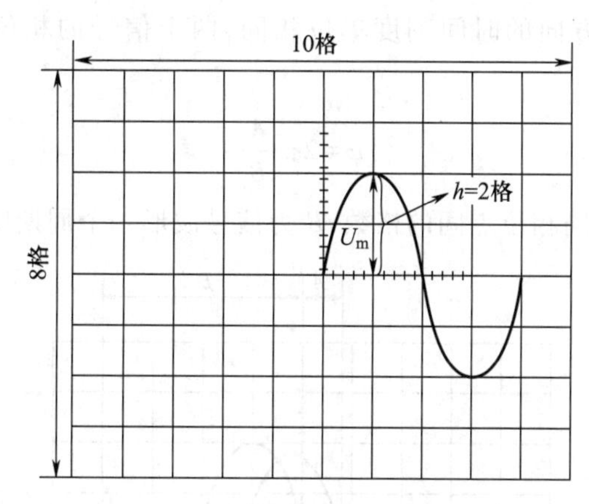


图 3.2　电压幅值的测量

（2）周期和频率的测量

如图 3.3 所示，按下示波器水平控制系统的 POSITION 旋钮，使电压波形过零点与屏幕中心点重合，读出被测电压波形一个周期所占的水平格数 $m$，$m$ 乘以示波器该通道的水平挡位 $D_X$（TIME/DIV），即为被测波形的周期 $T$。

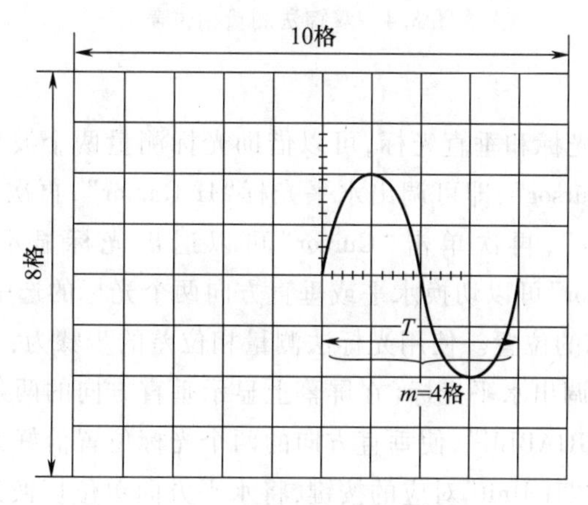


图 3.3　周期和频率的测量

$$T = D_X \times m$$

示波器在水平方向分为 10 个大格，每个大格又分为 5 个小格。$m$ 为被测波形一个周期在示波器屏幕水平方向所占的大格数。$D_X$ 为示波器在水平方向每一大格所代

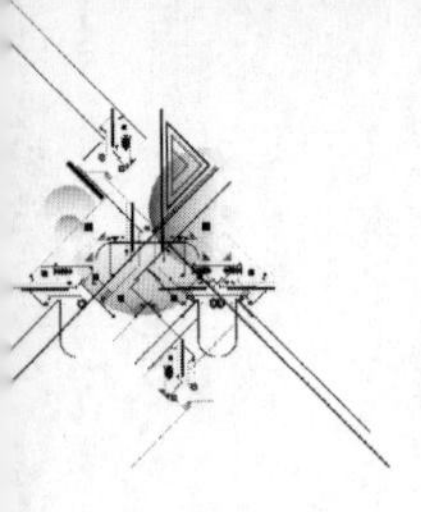



表的时间。

(3) 相位差的测量

如果示波器不自带相位差测量功能,那么测量相位差的方法有两种,分别是双踪法、光标法。下面介绍这两种方法。

方法 1:双踪法。

使用示波器 CH1、CH2 通道同时测量电路中的两个信号,两个波形如图 3.4 所示。由于两个信号在水平方向的时间刻度单位相同,两个信号的相位差 $\varphi$ 可以用时间差表示为

$$\varphi = 2\pi \frac{A}{B}$$

其中,$A$ 为两个信号相同相位点间的格数,$B$ 为信号波形一个周期所占格数。

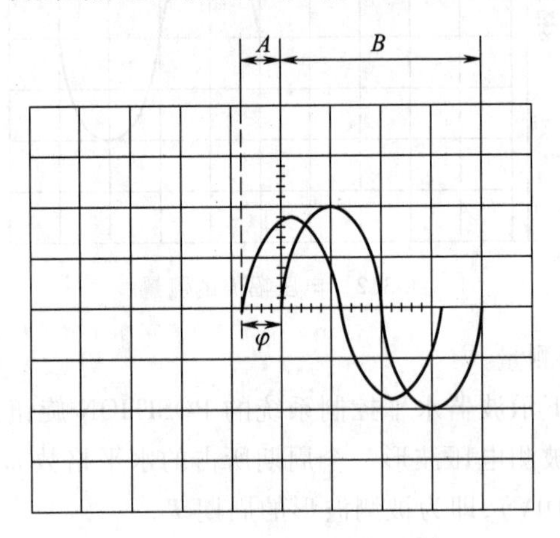


图 3.4　双踪法测量相位差

方法 2:光标法。

示波器上有水平光标和垂直光标,可以借助光标测量两个波形的相位差。单击示波器功能按键区的"Cursor",即可调出水平光标"H Cursor",再次单击"Cursor"可以调出垂直光标"V Cursor",再次单击"Cursor"可以退出光标显示。单击屏幕下方的"H Cursor"或"V Cursor"可以切换水平或垂直方向两个光标的选中状态,旋钮"VARIABLE"可调节选中光标的位置。使用光标法测量相位差的步骤为:

1) 单击"Cursor"调出水平光标(在屏幕上显示垂直方向的两条线)。

2) 调节旋钮"VARIABLE",使垂直方向的两个光标位置恰好为波形的一个周期。

3) 单击屏幕下方"H Unit"对应的按键,将水平方向单位切换为度(°)。

4) 单击屏幕下方"Set Cursor Positions As 360°"对应的按键,将此时光标的位置设置为一个周期 360°。

5) 调节旋钮"VARIABLE"使垂直方向的两个光标恰好穿过两个波形相位相同的点,此时,屏幕左上角方框内 Δ 的数值,即为两个波形的相位差。

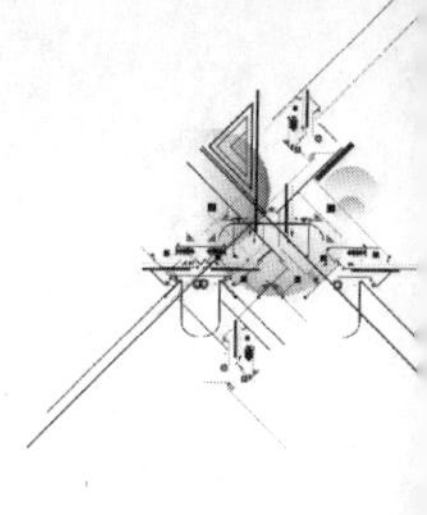

# §3.3　实验仪器和实验材料

示波器电路实验需要用到的实验仪器如表 3.1 所示。

表 3.1　示波器电路实验所用实验仪器

| 仪器名称 | 数量 | 仪器用途 | 备注 |
| --- | --- | --- | --- |
| 信号发生器 | 1 套 | 提供正弦及三角波信号 | |
| 示波器 | 1 台 | 用于测量电压、电流波形和相位差 | 示波器的两个通道都要用到 |

示波器电路实验需要用到的实验材料如表 3.2 所示。

表 3.2　示波器电路实验所用实验材料

| 材料名称 | 数量 | 材料用途 |
| --- | --- | --- |
| 面包板或九孔板 | 1 块 | 搭建电路的平台 |
| 电阻 | 1 个 | 1 kΩ 用于搭接电路 |
| 电容 | 1 个 | 1 μF 用于搭接电路 |
| 连接线 | 若干 | 连接电路元件和测量 |

# §3.4　示波器实验过程

## 3.4.1　信号的测量

1) 使用信号发生器的 CHA 通道,输出表 3.3 所示 4 Vpp、100 Hz 和 1 Vpp、500 Hz 的正弦波信号,用示波器测量该正弦信号,并将相应参数记录在表 3.3 中。操作详见视频 3.1。

视频 3.1

表 3.3　测量正弦信号

| 信号源 | 示波器对应旋钮读数 | | 示波器波形显示所占格数 | |
| --- | --- | --- | --- | --- |
| 正弦信号 | 垂直挡位 | 水平挡位 | 垂直方向所占格数 | 水平方向所占格数 |
| 4 Vpp<br>100 Hz | | | | |
| 1 Vpp<br>500 Hz | | | | |

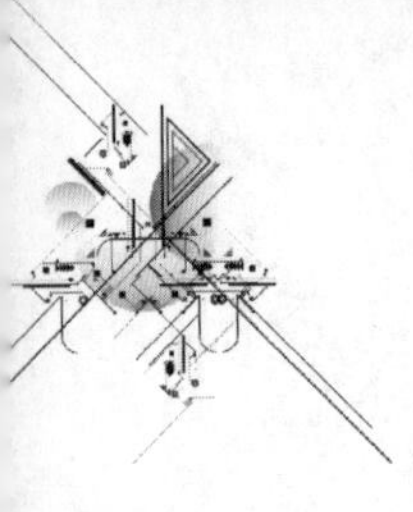

2）使用信号源 CHA 通道，输出一个幅值为 1 Vpp、频率为 500 Hz、占空比为 50%的三角波信号，用示波器测量该三角波信号，并将相应参数记录在表 3.4 中。

表 3.4　测量三角波信号

| 信号源 | 示波器对应旋钮读数 | | 示波器波形显示所占格数 | |
|---|---|---|---|---|
| 三角波信号 | 垂直挡位 | 水平挡位 | 垂直方向所占格数 | 水平方向所占格数 |
| 1 Vpp<br>500 Hz | | | | |

### 3.4.2　测量相位差

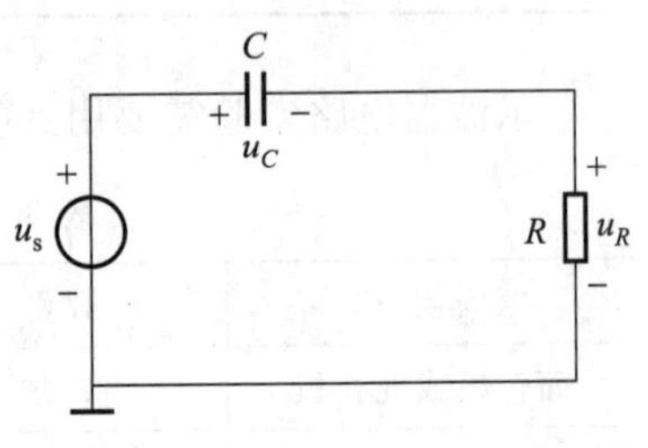

图 3.5　测量相位差的电路

视频 3.2

在面包板或九孔板上按图 3.5 所示搭建电路，$R = 1\ \text{k}\Omega$，$C = 1\ \mu\text{F}$，电源 $u_s$ 为信号发生器输出的 1 Vpp、200 Hz 正弦信号。请分别用双踪法和光标法测量电源电压和电阻电压的相位差。操作详见视频 3.2。

1）使用“双踪法”读出数据 $A$ 和 $B$，填表并计算相位差 $\varphi$。

| $A$ | $B$ | $\varphi = 2\pi \dfrac{A}{B}$ |
|---|---|---|
| | | |

2）使用“光标法”通过示波器直接测量相位差，读出相位差 $\Delta$ = ________。

## §3.5　Multisim 仿真

仿真软件提供了一个“虚拟实验室”，不受实际元件和仪器的限制，可以随时用“以虚代实，以软代硬”的方式进行实验。电路仿真具有容易设计，容易修改，容易验证的优点。现在通过一个例子来学习 Multisim 仿真，在 Multisim 软件中搭建图 3.5 所示电路，并用虚拟示波器测量电源电压和电阻电压的相位差。操作详见视频 3.3。

视频 3.3

(1) 仿真电路搭建

在桌面上双击 NI Multisim 图标，打开软件。

1）放置电容元件：菜单栏选择 Place→Component→Basic→CAPACITOR，选择 1 μF。

2）放置电阻元件：菜单栏选择 Place→Component→Basic→RESISTER，选择 1 kΩ，右键单击电阻元件，选择 Rotate 90° clockwise 进行顺时针旋转。

3）添加接地：菜单栏选择 Place→Component→Sources→POWER SOURCES→GROUND。

4）添加信号发生器：菜单栏选择 Simulate→Instruments→Function generator。双击信号发生器设置其输出电压峰值为 0.5 Vp、200 Hz 的正弦信号，如图 3.6 所示。为了方便连线，可右键单击信号发生器，选择 Flip horizontally 实现水平翻转。

5）连线：当鼠标靠近元件引脚时，鼠标会变成“十”字形状，单击元件的引脚，此时，光标会附着一条直线，移动光标的过程中，单击鼠标左键可确定连线的拐点，当光标移动到第二个元件的引脚时，再单击一次，实现虚拟导线的连接。

6）显示结点名称：在电路空白处单击右键，在弹出的选择对话框中，依次选择 Properties→Sheet visibility→Net names，选中 Show all。系统会自动分配从 0 开始的结点号。

7）添加示波器：菜单栏选择 Simulate→Instruments→Oscilloscope。将示波器的 A 通道“+”端子连接到 1 号结点，B 通道“+”端子连接到 2 号结点。右键单击连线，在 Properties 设置菜单中，可以调整连线颜色，从而改变示波器对应图形的线条颜色。最终完成的原理图如图 3.7 所示。

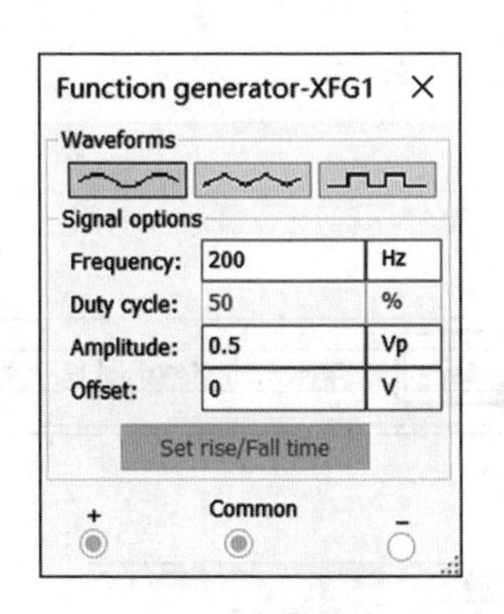


图 3.6　函数信号发生器参数设置

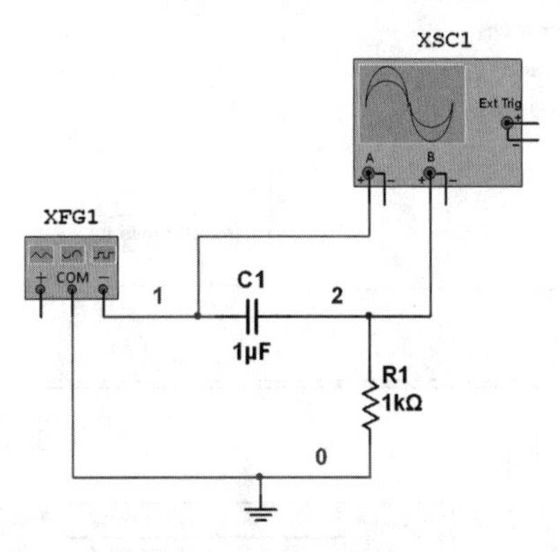


图 3.7　测量相位差的仿真电路

（2）仿真分析

1）选择交互式仿真：菜单栏选择 Simulate→Analyses and Simulation，选中交互式仿真模式（Interactive Simulation），如图 3.8 所示。

2）开始仿真：在图 3.8 中单击 Run。

3）观察波形：双击虚拟示波器，打开虚拟示波器面板。Timebase（时基控制）的设置如图 3.9 中方框所示，在 Timebase 栏调节水平挡位 Scale，在 Channel A 栏调节 A 通道垂直挡位 Scale，在 Channel B 栏调节 B 通道垂直挡位 Scale，使屏幕上显示清晰稳定的波形。单击 Reverse 可调整示波器波形显示区的背景颜色。

Scale：控制示波器屏幕上的横轴（s/Div），即 $X$ 轴刻度（时间/每格）。

X pos.（Div）：控制信号在 $X$ 轴的偏移位置。

Channel A/B（A、B 信号通道控制调节）的设置如图 3.10 中方框所示。

Scale：设定 $Y$ 轴每一格的电压幅值。

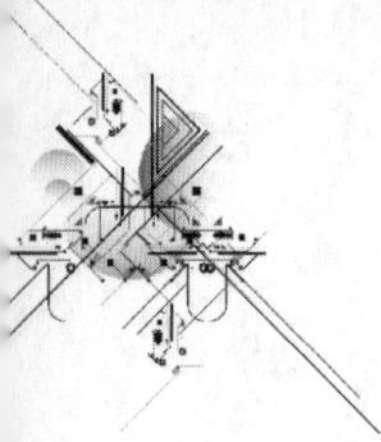

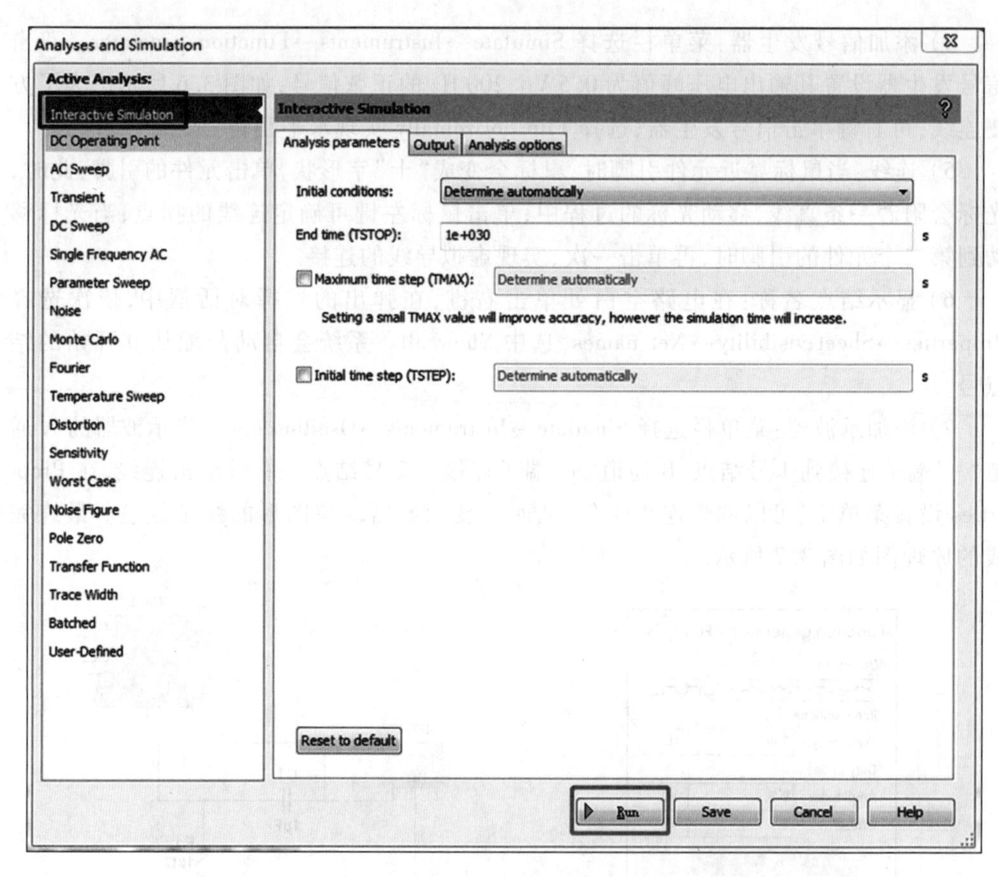


图 3.8　交互式仿真

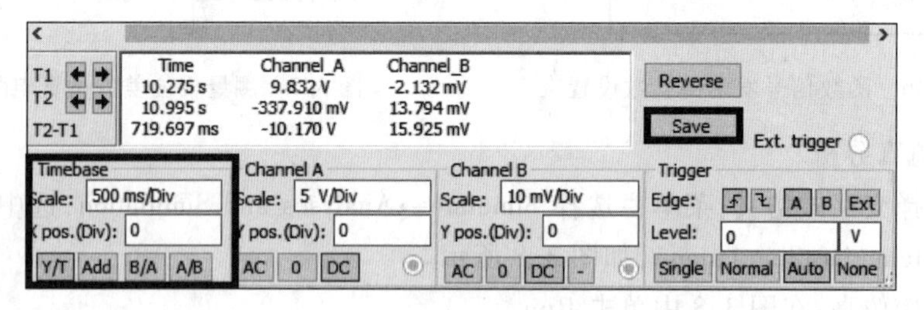


图 3.9　示波器时基设置

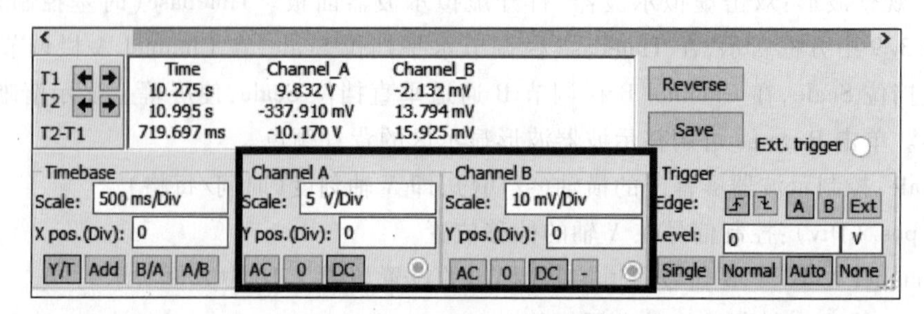


图 3.10　示波器信号通道控制

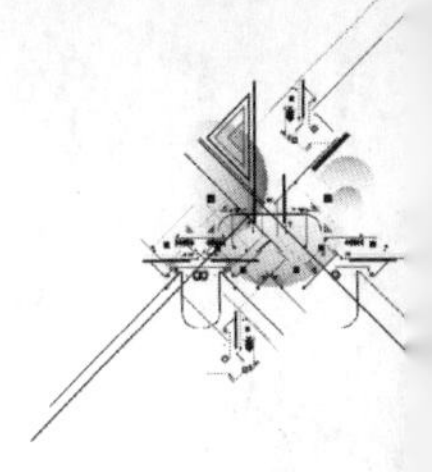

Ypos.(Div):控制示波器 $Y$ 轴方向的偏移量。

信号耦合方式如下。

AC:仅显示信号的交流成分。

0:无信号输入。

DC:显示交流和直流信号之和。

测量数据显示区如图 3.11 所示。

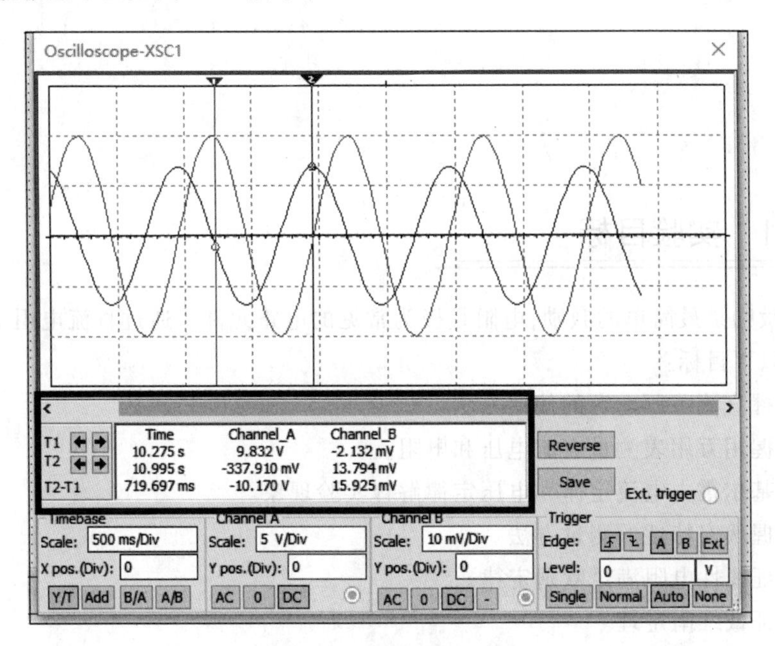


图 3.11　测量数据显示区

T1、T2:分别表示两个光标的位置,按下左、右两个箭头,就可以移动光标 Time。

Channel_A、Channel_B:分别是两个光标对应的 $X$ 轴和 $Y$ 轴的值。

T2-T1:两个光标对应坐标轴的读数差。

4) 暂停仿真:Simulate→Stop。

5) 用双踪法测量相位差:在示波器图形显示窗口,拖拽左侧两个光标,分别将其移动至波形一个周期对应的位置及两个波形相位差对应的位置,在时间栏读取两光标位置对应的时间差,将其换算为相位差。

$A$=__________,$B$=__________,$\varphi$=__________。

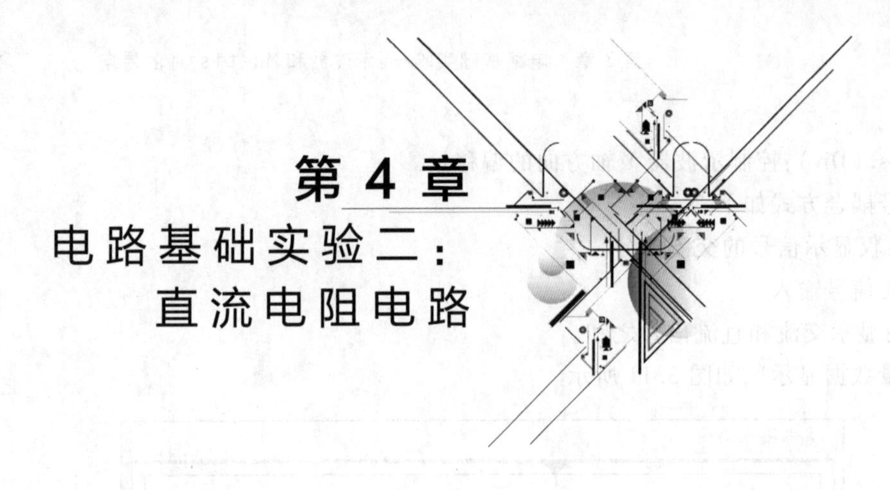

# 第 4 章 电路基础实验二：直流电阻电路

## §4.1 实验目标

直流激励是最简单的激励，电阻是极为常见的电路元件。通过直流电阻电路实验，希望达到以下目标：

1) 掌握直流稳压电源的使用方法。

2) 掌握用万用表测量直流电压和电阻。

3) 用基尔霍夫电流定律和电压定律解释实验现象。

4) 掌握伏安特性的测量方法。

5) 验证线性电阻满足欧姆定律。

6) 验证戴维南定理。

7) 掌握用 MATLAB/Excel 将实验数据绘制成曲线的方法。

8) 锻炼通过实验验证理论和通过理论解释实验的能力。

9) 锻炼通过实验数据进行理论归纳的能力。

## §4.2 实验的理论基础

直流电阻电路实验涉及较多的知识点，下面对用到的知识点进行简要介绍。

### 4.2.1 直流和交流

直流和交流有狭义和广义之分。

广义的直流指信号随时间变化正负不变号，广义的交流指信号随时间变化正负交替。

我们通常所说的直流和交流指狭义的直流和交流。

狭义的直流指电压和电流为恒定值，不随时间变化，如图 4.1 所示。

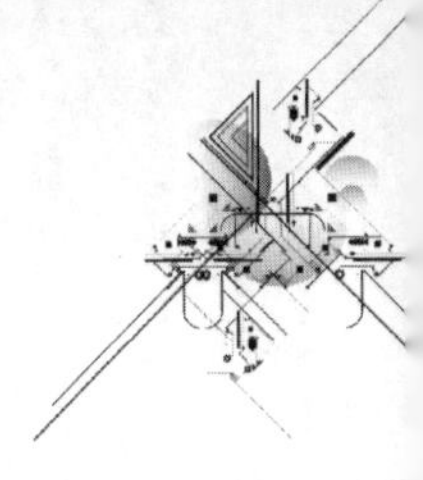

狭义的交流指电压和电流随时间正弦变化，如图 4.2 所示。

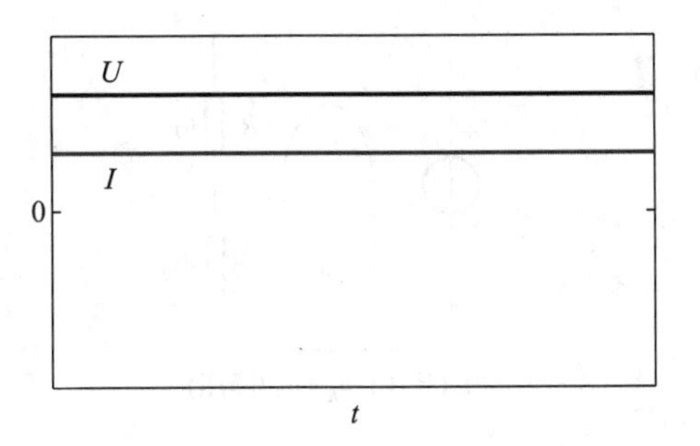


图 4.1　狭义直流电压、电流示意图

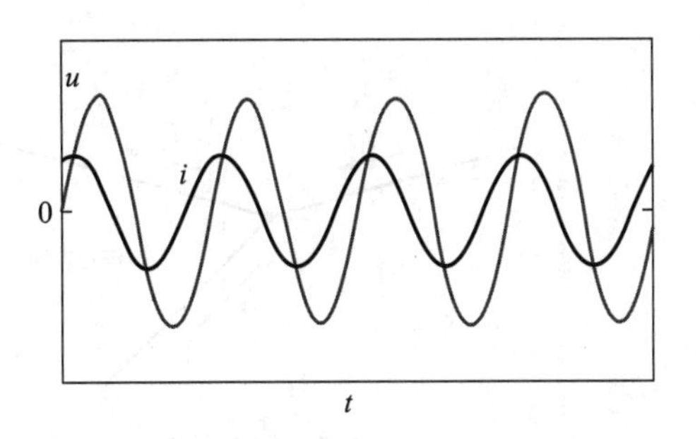


图 4.2　狭义交流电压、电流示意图

戴维南等效电路实验用到的电源是直流稳压电源。

### 4.2.2　电阻与欧姆定律

电阻指电流流过材料时所遇到的阻力，分为固定电阻和可变电阻。

图 4.3(a)和(b)分别为固定电阻和可变电阻的电路符号。如果不加说明，通常我们所说的电阻都是指线性电阻。

图 4.3　电阻的电路符号

电阻满足欧姆定律：电阻的电压和电流之比是一个常数，该常数 $R$ 称为电阻值，如图 4.4 所示。

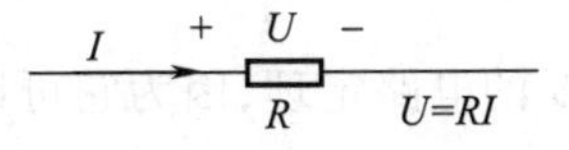


图 4.4　线性电阻欧姆定律示意图

### 4.2.3　基尔霍夫电流定律和电压定律

基尔霍夫电流定律(Kirchhoff's current law，KCL)：对电路中任意一个结点而言，流入该结点的电流等于流出该结点的电流，即流入电流＝流出电流。图 4.5 为 KCL 的示意图。

基尔霍夫电压定律(Kirchhoff's voltage law，KVL)：对电路中任意一个回路而言，沿回路绕向，升压等于降压。图 4.6 为 KVL 示意图。图中回路绕向均取顺时针方向。图中的电压源电压为升压，之所以是升压，是因为升压定义为沿着回路绕向，从负极抬

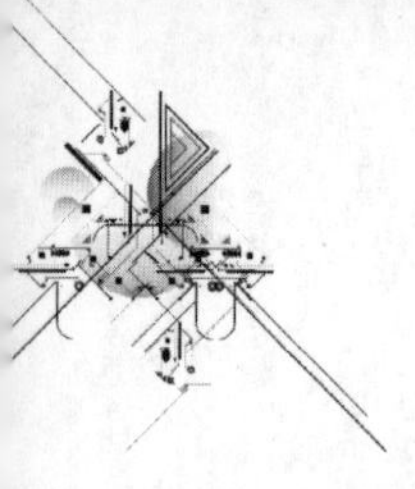

升到正极；电阻电压为降压，是因为对于电阻来说，沿着回路绕向，从正极降低到负极。

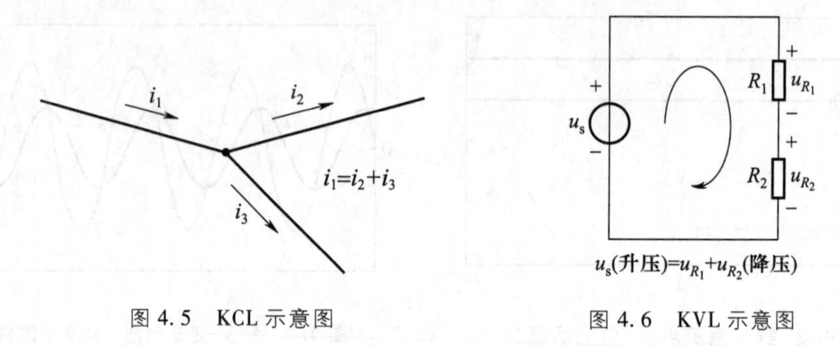


图 4.5　KCL 示意图　　　　图 4.6　KVL 示意图

KCL 和 KVL 极为重要，因为它们是整个电路的基石。

## 4.2.4　戴维南定理

戴维南定理：一个含独立电源、受控电源和线性电阻的一端口网络，对外电路来说，可以等效为一个电压源与一个电阻的串联，该电压源电压为一端口网络的端口开路电压，电阻为一端口网络内所有独立电源置零（即不作用）时的等效电阻。戴维南定理示意图如图 4.7 所示。

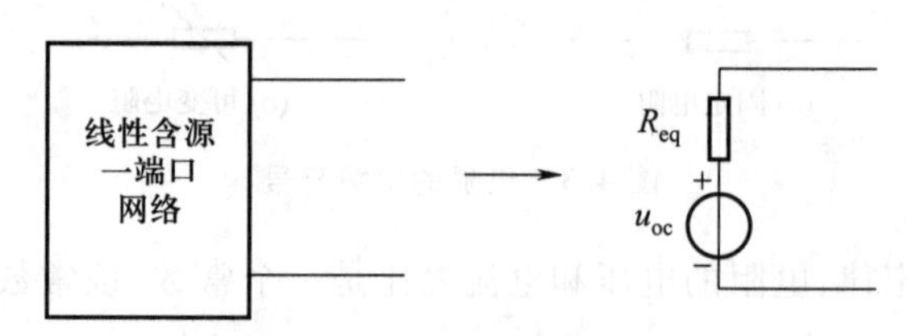


图 4.7　戴维南定理示意图

戴维南定理是一个非常重要的电路定理，因为它可以使电路得到极大的简化，有利于电路分析。

如果含源一端口网络是一个“黑盒子”，即不知端口内的结构和参数，那么可以通过实验测量戴维南等效电路的开路电压和等效电阻。

实验测量戴维南等效电路的方法很多，但从安全性和易操作性方面综合考虑，最合适的实验测量方法是外接电阻法，其测量原理图如图 4.8 所示。

图 4.8　戴维南等效电路参数实验测量原理图

调节图 4.8 中可变电阻的阻值，端口电压也随之改变。

当可变电阻阻值等于 $R_1$ 时，可以测量得到端口的电压为 $u_1$。根据 KVL 和欧姆定律可得

$$u_{oc}=R_{eq}\times\frac{u_1}{R_1}+R_1\times\frac{u_1}{R_1}\tag{4.1}$$

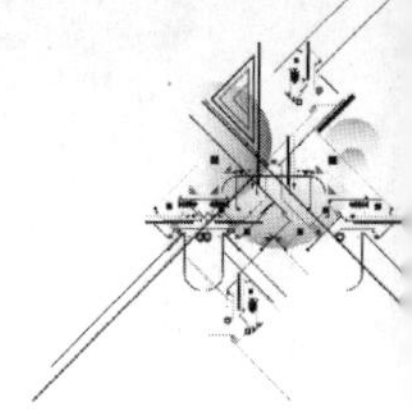

当可变电阻阻值等于 $R_2$ 时，可以测量得到端口的电压为 $u_2$。根据 KVL 和欧姆定律可得

$$u_{oc}=R_{eq}\times\frac{u_2}{R_2}+R_2\times\frac{u_2}{R_2} \tag{4.2}$$

由式(4.1)和式(4.2)可以求出戴维南等效电路的开路电压和等效电阻。

## §4.3　实验仪器和实验材料

直流电阻电路实验需要用到的实验仪器如表 4.1 所示。

表 4.1　直流电阻电路实验所用实验仪器

| 仪器名称 | 数量 | 仪器用途 |
|---|---|---|
| 直流稳压电源 | 1 台 | 为直流电阻电路提供电源 |
| 万用表 | 1 个 | 用于测量直流电压、电流和电阻 |

直流电阻电路实验需要用到的实验材料如表 4.2 所示。

表 4.2　直流电阻电路实验所用实验材料

| 材料名称 | 数量 | 材料用途 |
|---|---|---|
| 面包板或九孔板 | 1 块 | 搭建直流电阻电路的平台 |
| 灯泡 | 4 只 | 用于实验直观演示和伏安特性测量 |
| 电阻 | 4 个 | 用于验证欧姆定律和构成含源一端口网络 |
| 电位器 | 1 只 | 200 Ω 电位器用于测量含源线性一端口网络的伏安特性 |
| 连接线 | 若干 | 用于连接电路元件和测量 |

## §4.4　实验前仿真任务

(1) 仿真电路搭建

根据演示视频 4.1，在 Multisim 中搭建如图 4.12 所示电路。

视频 4.1

(2) 仿真过程

求 1-2 端口之间的开路电压、等效电阻及 1-2 端口的伏安特性曲线。

(3) 仿真要求

请将仿真电路图、仿真参数、曲线填写或插入到实验报告册（下载网址见前言末尾）的相应位置，并在实验前打印出来。

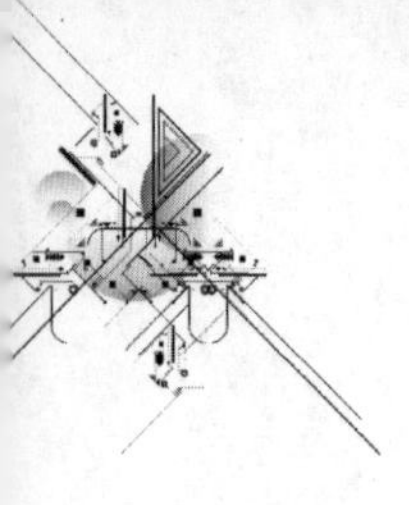

# §4.5　直流电阻电路实验过程

## 4.5.1　通过灯泡亮度验证 KCL 和 KVL

KCL 和 KVL 实验电路如图 4.9 所示。图中 4 个灯泡为相同的灯泡。

按照图 4.9 在面包板或九孔板上将电路连接好后，首先，确认直流稳压电源的输出电压为零；然后，逐步提高直流稳压电源的输出电压，直至 4 个灯泡全部点亮。

观察并记录 4 个灯泡的亮度，填入表 4.3 中，用 KCL 和 KVL 定性解释 4 个灯泡亮度差异的原因。

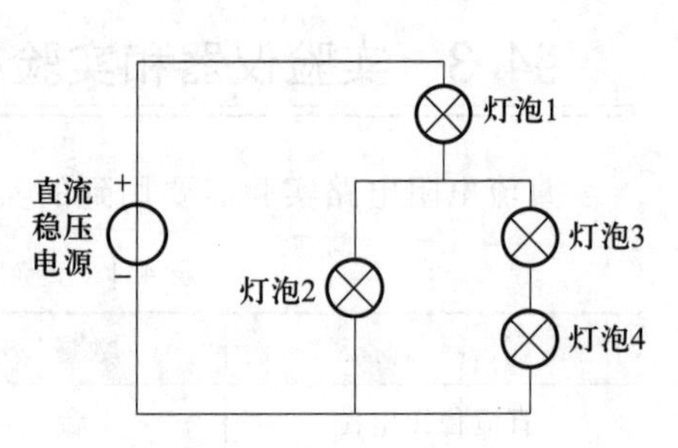


图 4.9　KCL 和 KVL 实验电路

表 4.3　KCL 和 KVL 实验 4 个灯泡的亮度

| 灯泡 1 亮度 | 灯泡 2 亮度 | 灯泡 3 亮度 | 灯泡 4 亮度 |
| --- | --- | --- | --- |
| | | | |

## 4.5.2　灯泡伏安特性的测量

灯泡可以将电能转化为光能和热能，可视为一个电阻。不过，灯泡的电阻会随温度的变化而变化，因此灯泡的伏安特性（即电压电流关系）呈非线性。下面测量灯泡的伏安特性。

测量灯泡伏安特性的实验电路如图 4.10 所示。按照图 4.10 在面包板或九孔板上将电路连接好。将直流稳压电源输出电压从 5 V 逐步增加到 12 V，每隔 1 V 用万用表测量直流稳压电源输出电压和输出电流，并将读数记录到表 4.4 中，最终根据测量数据绘制灯泡的伏安特性曲线。

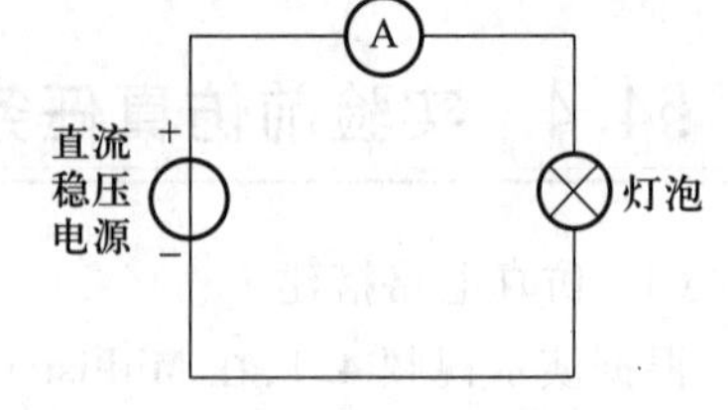


图 4.10　测量灯泡伏安特性的实验电路

表 4.4　灯泡伏安特性实验的测量结果

| 灯泡电压/V | | | | | | | | |
| --- | --- | --- | --- | --- | --- | --- | --- | --- |
| 灯泡电流/mA | | | | | | | | |

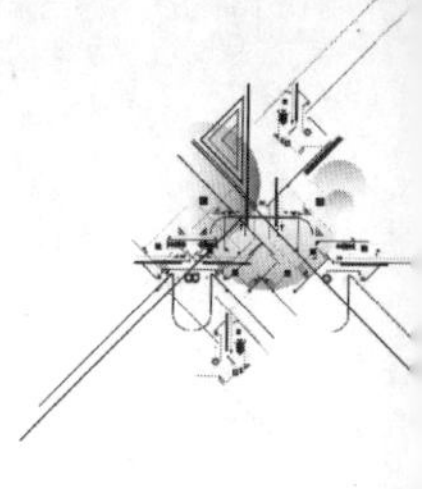

### 4.5.3　线性电阻伏安特性的测量

测量线性电阻伏安特性的实验电路如图 4.11 所示，假定图中线性电阻阻值未知。按照图 4.11 在面包板或九孔板上将电路连接好，将直流稳压电源输出电压从 1 V 逐步增加到 5 V，每隔 1 V 用万用表测量直流稳压电源输出电压和输出电流，将电压读数、电流读数和两个读数的比值记录在表 4.5 中，并求 5 个比值的平均值，最终根据测量数据绘制电阻的伏安特性曲线。

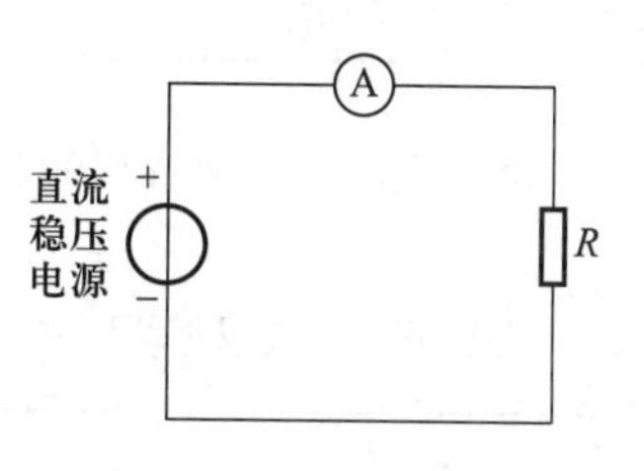


图 4.11　测量线性电阻伏安特性的实验电路

表 4.5　线性电阻伏安特性实验的测量结果

| 电阻电压/V | 1 | 2 | 3 | 4 | 5 |
|---|---|---|---|---|---|
| 电阻电流/mA | | | | | |
| $R=\frac{U}{I}$ | | | | | |

5 个电压和电流比值的平均值为________。万用表测量的线性电阻阻值为________。

### 4.5.4　线性含源一端口网络戴维南等效电路参数的测量

线性含源一端口网络的实验电路如图 4.12 所示，图中 1-2 端子右侧的电阻为可变电阻，实验中采用电位器。

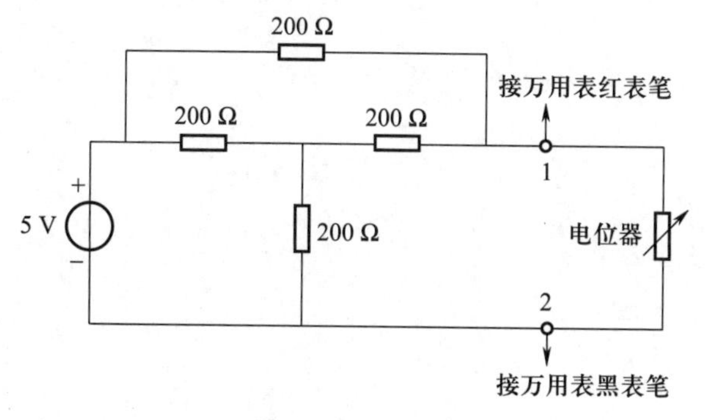


图 4.12　戴维南等效电路参数测量的实验电路

按照图 4.12 在面包板或九孔板上将电路连接好。自行改变电位器阻值，使得万用表测量的电压值出现明显变化，将电位器阻值和电压值记录在表 4.6 中，共记录 5 组数据。将其中两组数据代入式(4.1)和式(4.2)，求解出戴维南等效电路的开路电压和等效电阻。

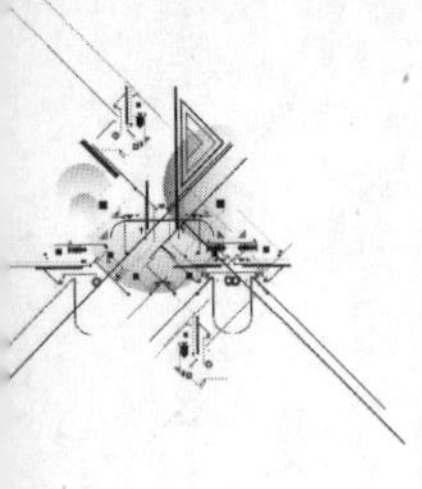

表 4.6　戴维南等效电路实验的测量结果

| 电位器阻值/Ω | | | | | |
|---|---|---|---|---|---|
| 电位器电压/V | | | | | |

由任意两组数据求得的戴维南等效电路的开路电压为________,等效电阻为________。

## §4.6　实验报告要求

直流电阻电路的实验报告要求如下。

1) 根据戴维南等效电路实验的理论基础和实验过程,总结戴维南等效电路实验的实验原理。

2) 用 KCL 和 KVL 解释实验中灯泡亮度差异的原因,给出相应的公式说明。

视频 4.2

3) 用 MATLAB/Excel 绘图功能绘制灯泡的伏安特性曲线(横轴为电流,纵轴为电压),MATLAB/Excel 绘图方法详见视频 4.2。

4) 用 MATLAB/Excel 绘图功能绘制线性电阻的伏安特性曲线。

5) 根据戴维南等效电路实验的实验数据,计算出开路电压和等效电阻,将计算依据和计算结果填写到实验报告册中。

6) 假设事先不知道戴维南定理,根据戴维南等效电路实验的实验数据,推出戴维南定理成立,并给出理论解释,将理论解释填写到实验报告册中。

7) (选做)有兴趣的同学可以尝试用多项式函数拟合灯泡的非线性伏安特性曲线。

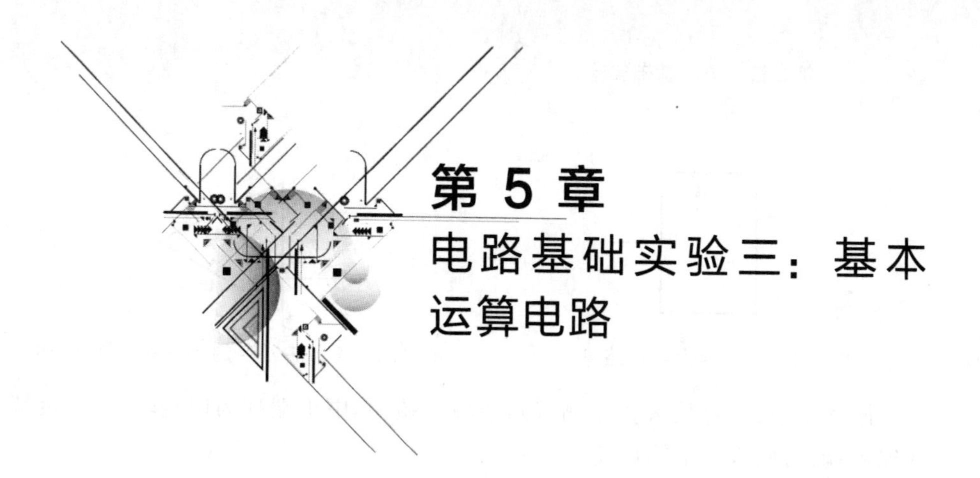

# 第 5 章 电路基础实验三：基本运算电路

## §5.1 实验目标

运算放大器是有别于电阻、电容和电感等无源元件的有源元件，基于运算放大器可以实现丰富的电路功能。通过基本运算电路实验，希望达到以下目标：

1）掌握运算放大器的基本特性。

2）掌握实际运算放大器芯片的使用方法。

3）掌握为运放提供正负供电电压的方法。

4）了解负反馈对于基本运算电路工作的重要性。

5）掌握用单个或多个运放构成常见的运算电路。

6）进一步提高示波器使用操作的熟练度。

7）锻炼电路仿真能力和仿真时自己设计参数的能力。

8）锻炼将理论、仿真和实验相互结合的能力。

9）锻炼在实验过程中自己设计参数进行实验的能力。

10）激发学以致用的兴趣，主动通过运放实现更多电路功能。

## §5.2 实验的理论基础

运算放大器与常见的电阻、电容和电感有诸多不同，下面简要介绍一下运算放大器电路实验需要用到的知识点。

### 5.2.1 运算放大器简介

运算放大器，简称运放，是将晶体管、电阻等电路元件集成到一起的集成电路。运算放大器的电路符号如图 5.1 所示。实际中运算放大器也常采用图 5.2 所示的电路符号。

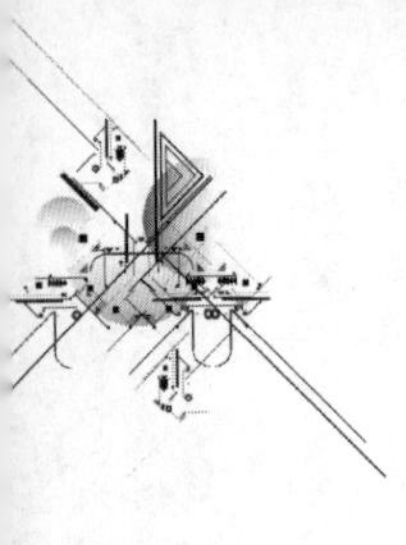

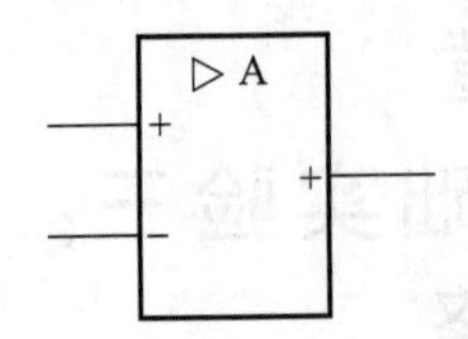


图 5.1 运算放大器电路符号

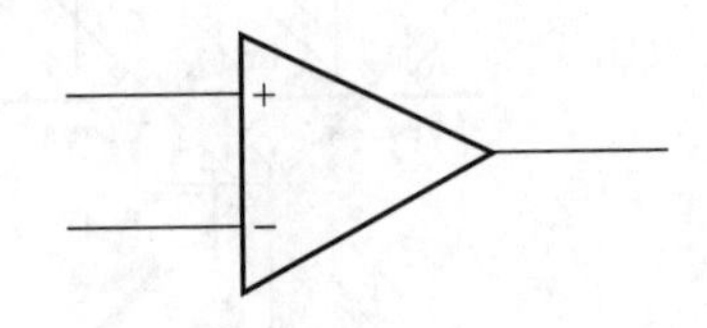


图 5.2 实际中常用的运算放大器电路符号

图 5.2 中，运算放大器左侧有两个输入端，其中正端称为同相输入端，负端称为反相输入端；右侧有一个输出端。

运算放大器之所以能够实现放大功能，是因为它是有源元件，即运算放大器工作时必须由电源提供功率才能实现信号放大。供电电源接入运放的示意图如图 5.3 所示。设计时，一般要保证运算放大器的输出电压不能超出供电电源电压。如果理论上输出电压超出供电电源电压，则实际输出电压会出现饱和，其饱和上、下限一般比供电电压略小。

运算放大器是集成电路，其等效电路如图 5.4 所示。图中 $R_i$ 为输入电阻，$R_o$ 为输出电阻。

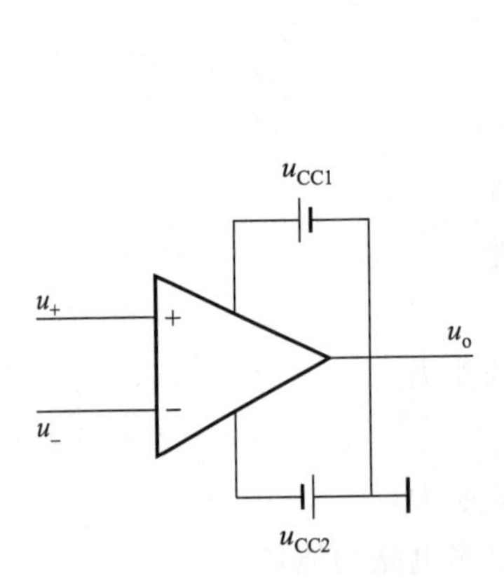


图 5.3 电源接入运放示意图

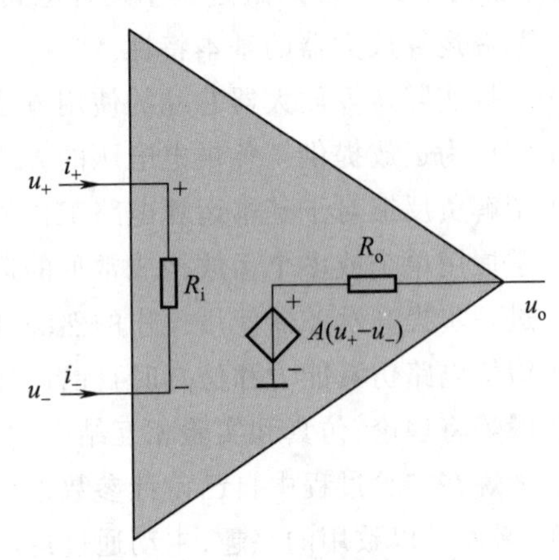


图 5.4 运算放大器等效电路

## 5.2.2 理想运算放大器及其特性

当图 5.4 所示运算放大器等效电路满足以下三个条件时，称为理想运算放大器。

1）输入电阻 $R_i$ 无穷大。

2）输出电阻 $R_o$ 为零。

3）放大倍数 $A$ 无穷大。

实际的运放肯定是无法达到理想运放的条件，但通常比较接近理想运放的条件。用理想运放代替实际运放是一种近似。通过这种近似，在保证理想结果与实际结果比较接近的前提下，可以使分析变得更简单。

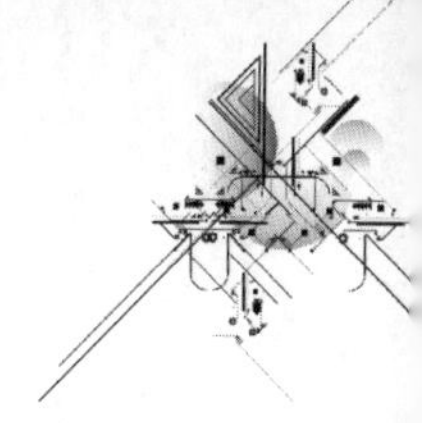

由理想运算放大器的三个条件,可以得出其具有两个重要特性。

(1) 虚断

虚断即图 5.4 中两个输入端电流为零,即

$$i_+=0,\quad i_-=0 \tag{5.1}$$

(2) 虚短

虚短即图 5.4 中两个输入端等电位,即

$$u_+=u_- \tag{5.2}$$

## 5.2.3　由运算放大器构成的常见电路

运算放大器的虚断和虚短特性可以实现很多电路功能。下面对由运放构成的常见电路进行简要介绍。

(1) 反相比例电路和同相比例电路

图 5.5 为反相比例电路。

根据虚短、虚断,可以得出图 5.5 反相比例电路的输入输出关系为

$$u_o=\left(-\frac{R_2}{R_1}\right)u_i \tag{5.3}$$

式中,输入电压前的系数为负值,表明输出是输入的反相,且比例系数为 $R_2/R_1$,所以该电路称为反相比例电路。

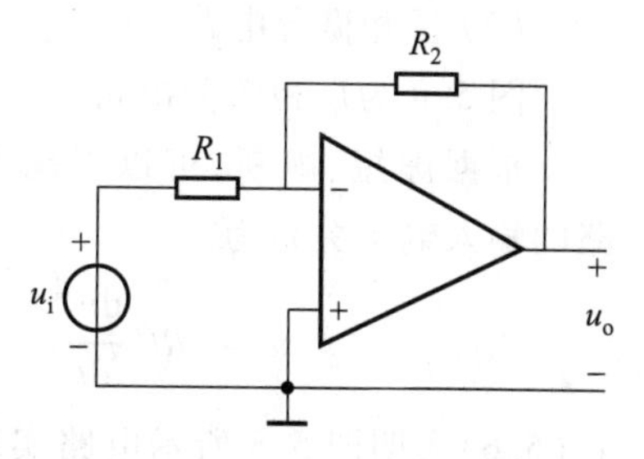


图 5.5　反相比例电路

如果 $R_2/R_1=1$,则图 5.5 所示电路可实现单纯的反相功能。如果想实现单纯的比例功能,即同相比例功能,可以有两种方法。

图 5.6 为实现同相比例功能的第一种电路。

根据虚短、虚断,可以得出图 5.6 所示电路的输入输出关系为

$$u_o=\left(1+\frac{R_2}{R_1}\right)u_i \tag{5.4}$$

式中,输入电压前的系数为正值,因此实现了同相比例功能。但是,该比例系数只能大于 1,不能小于 1,因此,同相比例电路 1 的比例系数受限。如果要实现任意比例系数的同相比例功能,可用两个反相比例电路级联,即如图 5.7 所示的第二种电路。

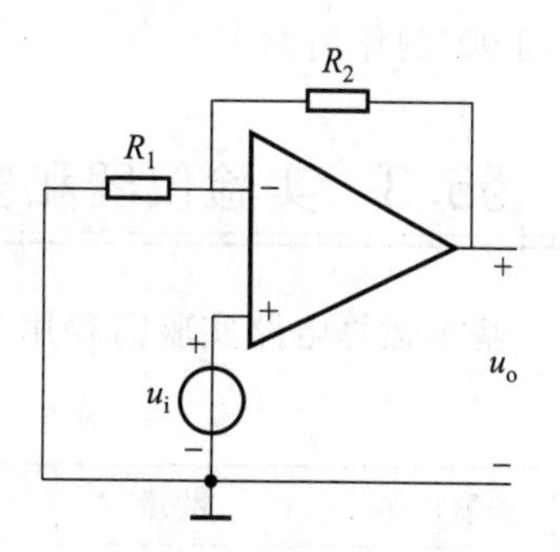


图 5.6　同相比例电路 1

根据虚短、虚断,可以得出图 5.7 所示电路的输入输出关系为

$$u_o=\left(\frac{R_2}{R_1}\times\frac{R_4}{R_3}\right)u_i \tag{5.5}$$

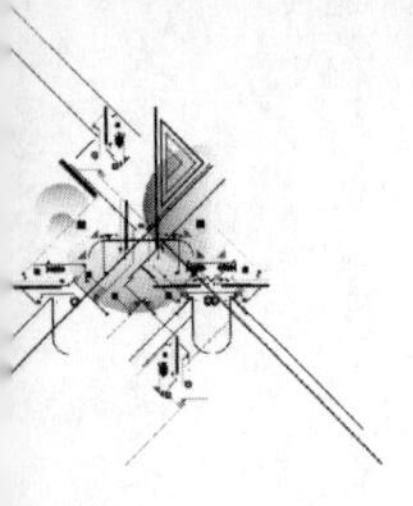

式(5.5)表明同相比例电路2可以实现任意的比例系数。

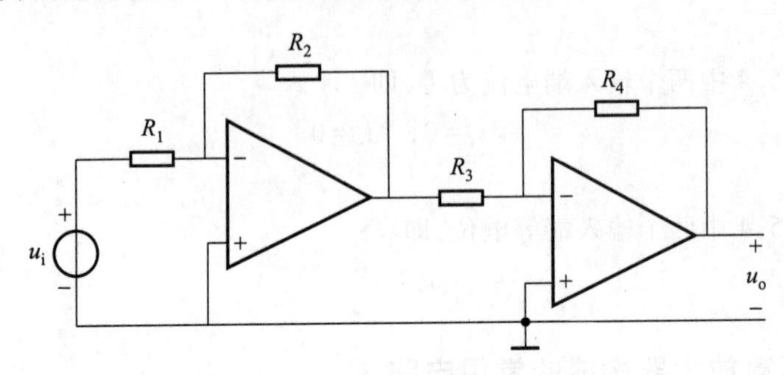


图5.7　同相比例电路2

仔细观察,会发现无论是反相比例电路,还是同相比例电路,输出都通过电阻连接到运放的负输入端,这种连接称为负反馈。大部分运放电路工作都依赖负反馈。如果将运放的输出连接到正输入端,则为正反馈,此时反相比例和同相比例功能都无法实现。

(2) 反相微分电路

图5.8为反相微分电路。

根据虚短、虚断,可以得出图5.8所示电路的输入输出关系为

$$u_o = -RC\frac{\mathrm{d}u_i}{\mathrm{d}t} \tag{5.6}$$

式(5.6)表明图5.8所示电路实现了反相微分功能。由式(5.6)可见,如果输入为正弦信号,则输出也为正弦信号,并且相位滞后90°,因此,图5.8所示电路对于交流输入还可以起到移相90°的作用。

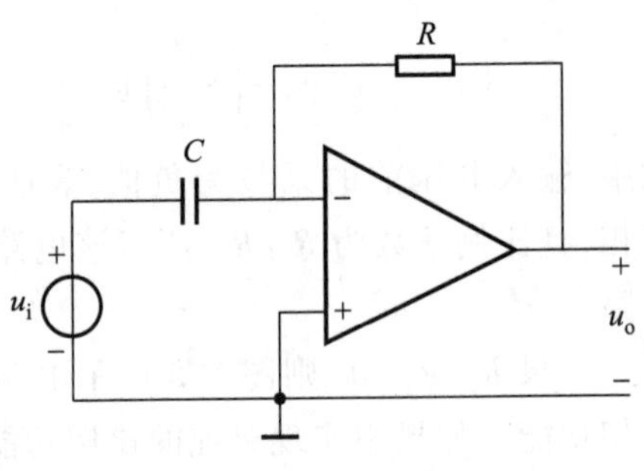


图5.8　反相微分电路

## §5.3　实验仪器和实验材料

基本运算电路实验需要用到的实验仪器如表5.1所示。

表5.1　基本运算电路实验所用实验仪器

| 仪器名称 | 数量 | 仪器用途 | 备注 |
| --- | --- | --- | --- |
| 直流稳压电源 | 1台 | 为运放工作提供电源 | 直流稳压电源至少要有两路输出 |
| 信号发生器 | 1台 | 为运放电路提供输入 | 提供正弦信号和三角波信号 |
| 示波器 | 1台 | 用于测量输入输出波形 | 示波器的两个通道都要用到 |

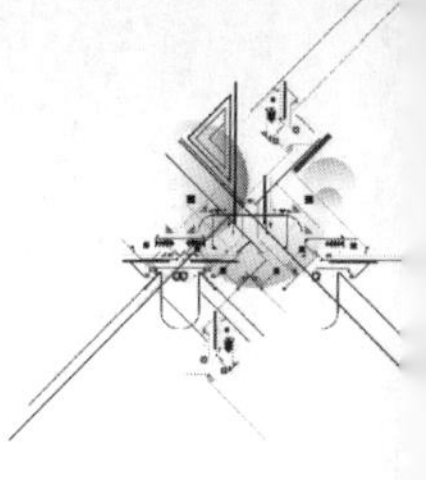

基本运算电路实验需要用到的实验材料如表 5.2 所示。

表 5.2　基本运算电路实验所用实验材料

| 材料名称 | 数量 | 材料用途 |
|---|---|---|
| 面包板 | 1 块 | 搭建运放实验电路的平台 |
| 运算放大器 | 2 个 | 构成运算放大器电路,型号为 μA741 |
| 电容 | 若干 | 构成运算放大器电路 1 μF |
| 电阻 | 若干 | 构成运算放大器电路,仅提供 10 kΩ、20 kΩ |
| 连接线 | 若干 | 连接电路元件和测量 |

## §5.4　实验前仿真任务

(1) 仿真电路搭建

按照图 5.5 所示电路,在 Multisim 中搭建反相比例电路,注意±15 V 处为两个电压源。运算放大器型号为 μA741。电阻的阻值自选,要保证反相比例系数的绝对值大于 1,并且运放输出电压不能出现饱和。电路搭建详见视频 5.1。

视频 5.1

(2) 仿真过程

当输入信号为直流源(DC_POWER)时,电压幅值自选,将仿真参数和运放输出电压记录在表 5.3 中。

表 5.3　直流激励时反相比例电路仿真参数和运放输出电压

| 直流激励输入电压 | $R_1$ | $R_2$ | 运放输出电压 |
|---|---|---|---|
| | | | |

当输入信号为交流源(AC_POWER)时,交流源的幅值、频率自选,将仿真参数和运放输出电压幅值记录在表 5.4 中,并记录输出和输入电压的波形。

表 5.4　交流激励时的反相比例电路仿真参数和运放输出电压幅值

| 交流激励输入电压幅值 | $R_1$ | $R_2$ | 运放输出电压幅值 |
|---|---|---|---|
| | | | |

(3) 仿真要求

请将仿真电路图和仿真结果插入到实验报告中,并在实验前打印出来。

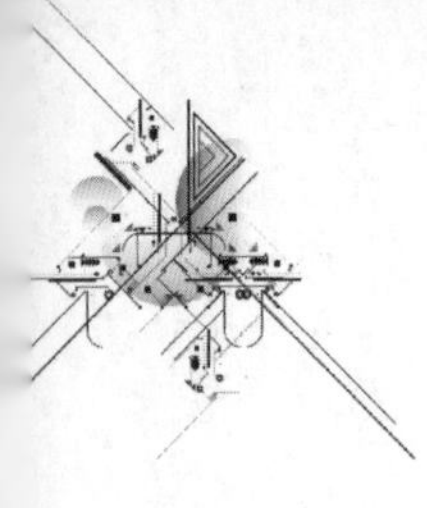

## §5.5　运算放大器电路的实验过程

### 5.5.1　反相比例电路

反相比例实验电路如图 5.9 所示。图中电压源 $u_i$ 由信号发生器提供电压为 1 Vpp,频率为 1 kHz 的正弦信号。$R_1=10\ \text{k}\Omega$,$R_2=20\ \text{k}\Omega$。

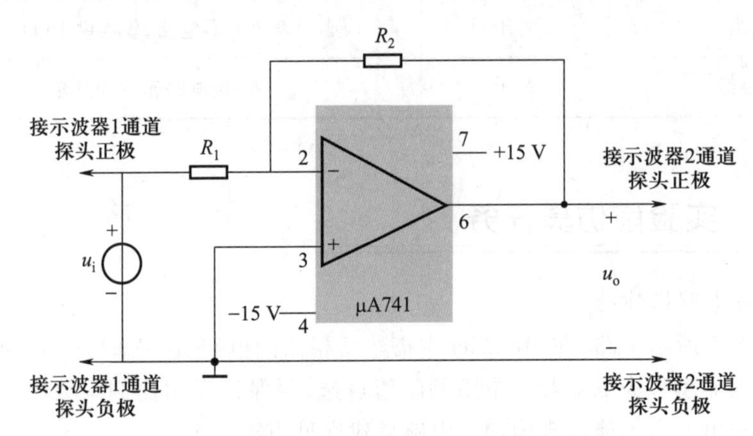


图 5.9　反相比例实验电路

图 5.9 中的运算放大器采用 μA741,运算放大器周围标注的数字代表芯片引脚号,如果采用其他的运放芯片,引脚号会不同。要想确定运放芯片的引脚号,可以观察运放芯片背面。背面有圆点标记的位置朝左放置,则左上角对应的引脚号为 1,按逆时针方向引脚号增大,如图 5.10 所示。

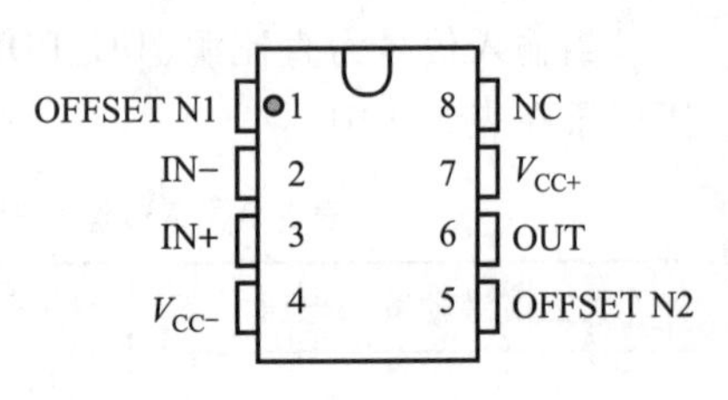


图 5.10　μA741 引脚分布图(俯视)

图 5.9 中 μA741 的 7 引脚和 4 引脚分别接 +15 V 直流电源和−15 V 直流电源(即图 5.10 中 $V_{CC+}$ 和 $V_{CC-}$),两个电源由直流稳压电源提供,具体方法详见视频 5.2。

视频 5.2

按照图 5.9 在面包板上将电路连接好,依次单击直流稳压电源的 OUTPUT 按键和信号发生器的 OUTPUT 按键启动输出。完成以下任务:

1) 用示波器的两个通道分别测量并记录图 5.9 中输入信号 $u_i$ 和输出信号 $u_o$ 的波形。观察输出波形与输入波形是否反相。

2) 用示波器测量输入和输出信号波形的有效值,计算比例系数 $k=\dfrac{u_o}{u_i}=$ ________。

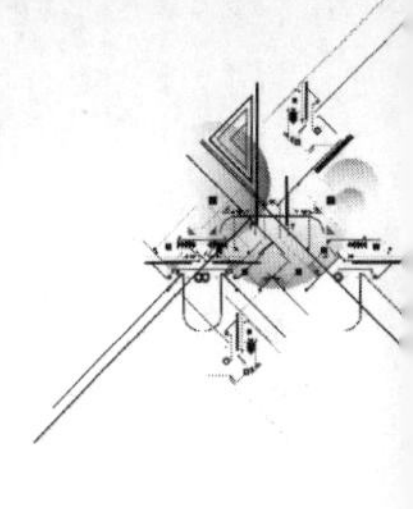

## 5.5.2 同相比例电路

由两个反相比例电路可以构成同相比例电路,同相比例实验电路如图 5.11 所示。图中两个运放的供电电源由同一个直流稳压电源提供。

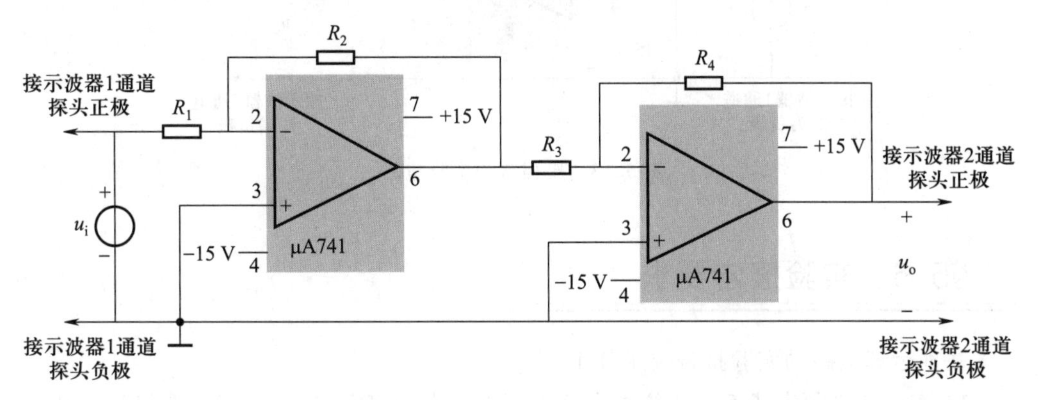


图 5.11　同相比例实验电路

同相比例电路的实验过程与反相比例电路的实验过程类似。要求自行在实验室提供的电阻中选择阻值,完成以下任务:

1) 实现比例系数大于 1,记录电阻阻值 $R_1=$________,$R_2=$________,$R_3=$________,$R_4=$________。用示波器测量输入、输出信号波形,并记录波形的有效值,$U_i=$________,$U_o=$________,计算比例系数 $k=\frac{U_o}{U_i}=$________。

2) 实现比例系数小于 1,记录电阻阻值 $R_1=$________,$R_2=$________,$R_3=$________,$R_4=$________。用示波器测量输入、输出信号波形,并记录波形的有效值,$U_i=$________,$U_o=$________,计算比例系数 $k=\frac{U_o}{U_i}=$________。

## 5.5.3 反相微分电路(选做)

反相微分实验电路如图 5.12 所示。图中电压源由信号发生器提供,$R=10\ \text{k}\Omega$,$C=1\ \mu\text{F}$。

按照图 5.12 在面包板上将电路连接好。完成以下任务:

1) 先设置信号发生器输出电压为 1 Vpp、频率为 100 Hz 的正弦信号,用示波器的两个通道同时测量并记录图 5.12 中输入信号 $u_i$ 和输出信号 $u_o$ 波形。

2) 将信号发生器输出的信号改为三角波信号,用示波器同时测量并记录输入和输出信号的波形。

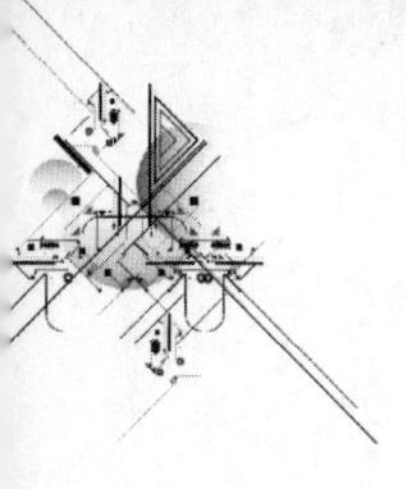

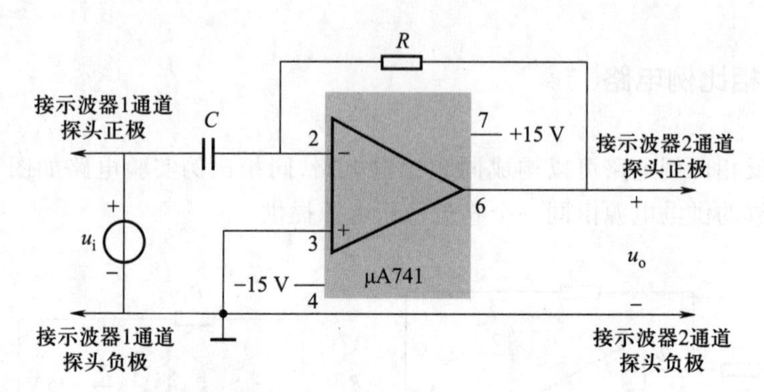


图 5.12　反相微分实验电路

## §5.6　实验报告要求

基本运算电路的实验报告要求如下。

1）实验前必须完成 5.4 节仿真内容方可进入实验室完成实测任务，请将仿真结果附在实验报告册中并打印。

2）根据实验理论基础和实验过程总结实验原理。

3）记录图 5.9 所示反相比例实验电路的电阻值和输入、输出波形，测量输入和输出电压的有效值，计算比例系数，并与理论值对比，将结果填入实验报告册中。

4）记录图 5.11 所示同相比例实验电路的电阻值和输入、输出波形，测量输入和输出电压的有效值，并计算比例系数，并与理论值对比，将结果填入实验报告册中。

5）(选做)记录图 5.12 所示反相微分实验电路的输入和输出波形，通过电路理论进行分析，并将结果填入实验报告册中。

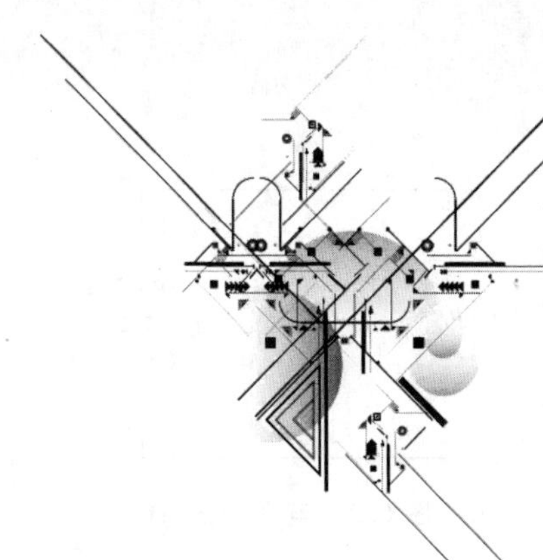

# 第 6 章 电路基础实验四：动态电路的瞬态响应

## §6.1 实验目标

通过 $RC$ 一阶电路和 $RLC$ 二阶电路的瞬态响应实验，希望达到以下目标：

1）通过实验了解动态电路瞬态响应的过程和规律。

2）掌握用万用表测量电阻阻值。

3）掌握用示波器测量瞬态波形及其参数的方法。

4）掌握用仿真软件仿真动态电路的瞬态响应。

5）锻炼实验观察能力。

6）锻炼将实验、仿真和理论相互结合分析的能力。

## §6.2 实验的理论基础

动态电路的瞬态响应实验需要用到 $RC$ 一阶电路和 $RLC$ 二阶电路的相关知识，下面简要介绍电容、$RC$ 充放电一阶电路和 $RLC$ 二阶电路的知识。

### 6.2.1 电容简介

电容其实有两重含义：一是指电容器，二是指电容值。在实际中，两者通常统称为电容。电容器就是能够容纳和释放电荷的电路元件。

电容器的电路符号如图 6.1 所示。

当电容器两极板施加电压时，两极板会出现等量相反的电荷，如图 6.2 所示。

图 6.2 中电量与电压之间的关系为

$$q = Cu_C \tag{6.1}$$

式中的比例系数 $C$ 称为电容器的电容值。电容器和电容值以后都简称为电容。

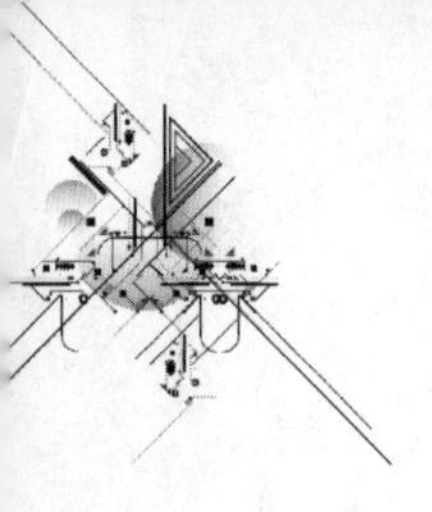

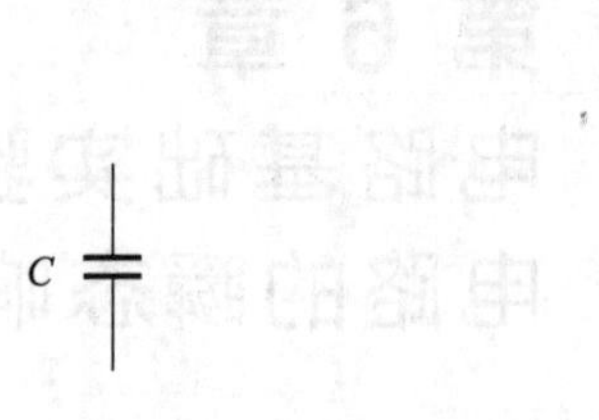


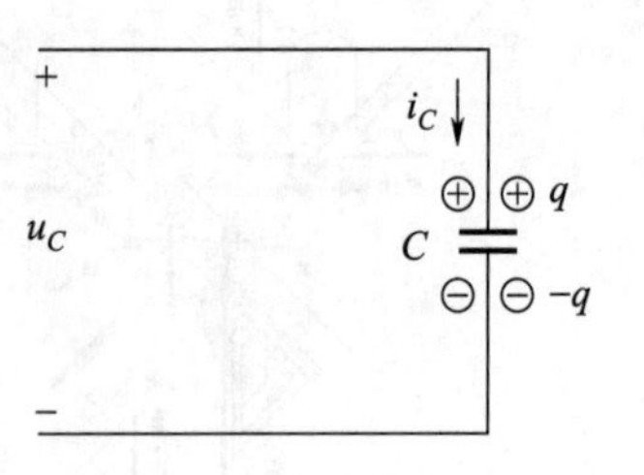


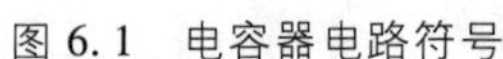

图 6.1　电容器电路符号　　　　图 6.2　电容器施加电压

电容电流为电量随时间的变化率,即

$$i_C=\frac{\mathrm{d}q}{\mathrm{d}t} \tag{6.2}$$

将式(6.2)代入式(6.1),可得

$$i_C=C\frac{\mathrm{d}u_C}{\mathrm{d}t} \tag{6.3}$$

式(6.3)即为电容的电压电流微分关系。

单个电容的能力有限,有时需要将多个电容串联起来或并联起来。下面分别介绍电容的串联和并联。

(1) 电容串联

以两个电容串联为例,两个电容串联可以等效为一个电容,如图 6.3 所示,可见电容串联后电容值变小。电容的串联公式与电阻的并联公式非常类似。

(2) 电容并联

两个电容的并联等效如图 6.4 所示,电容并联后电容值变大。电容的并联公式与电阻的串联公式非常类似。

$C_1$　$C_2$　⇒　$C_{eq}$

$$C_{eq}=\frac{C_1C_2}{C_1+C_2}$$

图 6.3　两个电容串联等效

$C_1$　$C_2$　⇒　$C_{eq}$

$$C_{eq}=C_1+C_2$$

图 6.4　两个电容并联等效

## 6.2.2　*RC* 充放电一阶电路简介

电容由于可以储存和释放电荷,所以可以充电和放电。电容充电的电路如图 6.5 所示。

假定电容初始电压为零,$t=0$ 时开关闭合,电容开始充电。根据 KVL 和电容的电压电流关系可得

$$RC\frac{\mathrm{d}u_C}{\mathrm{d}t}+u_C=U_s \tag{6.4}$$

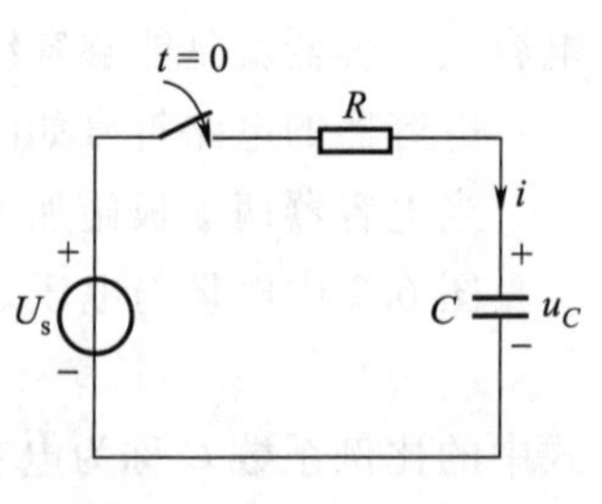


图 6.5　电容充电电路

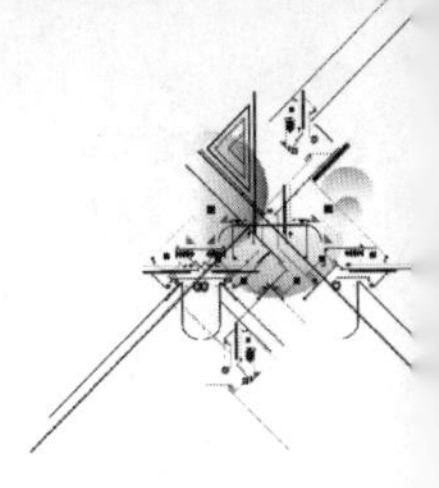

可见,$RC$ 充电电路的方程为一阶的微分方程,这就是称之为一阶电路的原因。

由式(6.4)可求出电容电压的表达式为

$$u_C(t)=U_s-U_s e^{-\frac{1}{\tau}t} \tag{6.5}$$

式中,时间常数 $\tau=RC$。电容电压的上升过程与指数函数有关,其波形如图 6.6 所示。

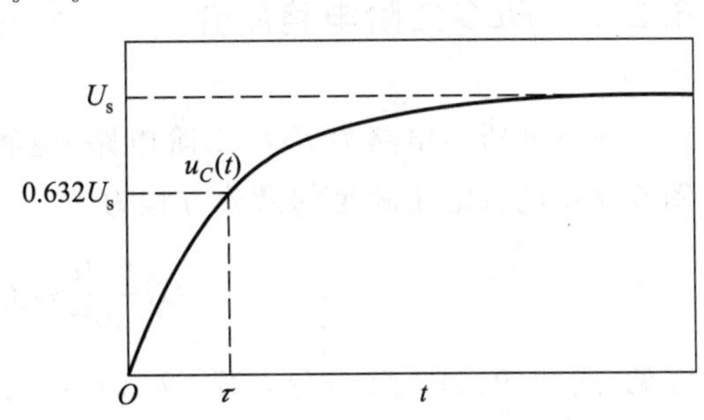


图 6.6　电容充电时的电容电压曲线

由式可见,当 $t=\tau$ 时,$u_C(t)=U_s-U_s e^{-1}=0.632U_s$。因此,$u_C(t)=0.632U_s$ 所对应的时间就等于时间常数 $\tau$。可见,经过一个时间常数 $\tau$,电容并没有充满电。理论上需要无穷长的时间电容才能充满电,但通常经过 $3\tau\sim5\tau$ 就可近似认为电容已充满电。

由式(6.5)还可以看出,电容充电快慢取决于时间常数 $\tau=RC$,时间常数越大,充电越慢,时间常数越小,充电越快。

根据电容的电压电流微分关系可得电容充电电流为

$$i(t)=\frac{U_s}{R}e^{-\frac{t}{RC}} \tag{6.6}$$

可见,电容充电电流随着时间变化呈指数衰减,最终衰减为零。

电容放电电路如图 6.7 所示。电容初始电压为 $U_0$,$t=0$ 时开关闭合,电容开始放电。

电容放电时,电容电压的表达式为

$$u_C(t)=U_0 e^{-\frac{1}{\tau}t} \tag{6.7}$$

式中,时间常数 $\tau=RC$。可见,电容放电电压随着时间变化呈指数衰减,最终衰减为零,其波形如图 6.8 所示。

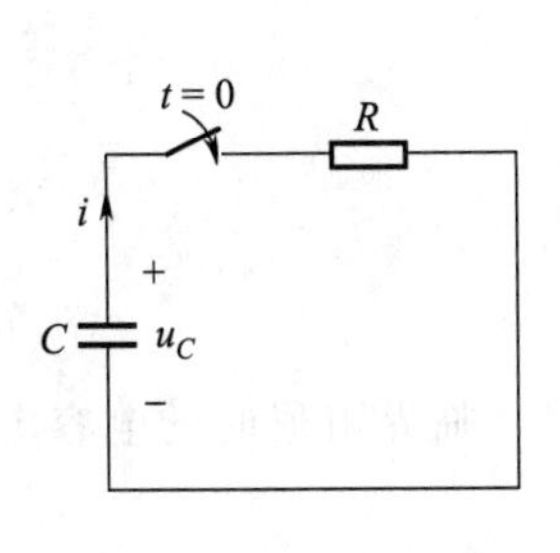


图 6.7　电容放电电路

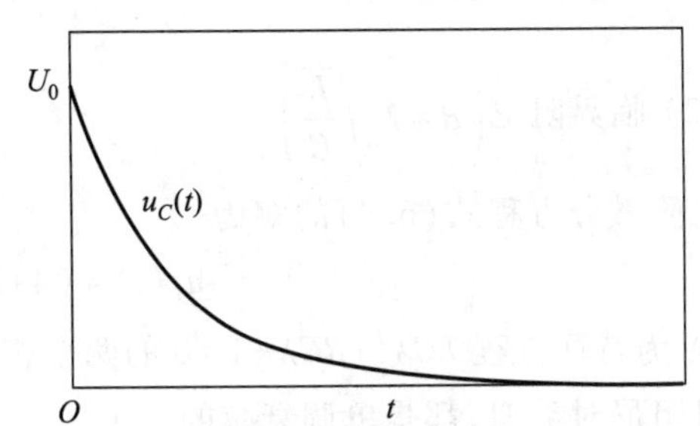


图 6.8　电容放电时的电容电压曲线

电容放电电流为

$$i(t)=\frac{u_C(t)}{R}=\frac{U_0}{R}e^{-\frac{t}{RC}} \tag{6.8}$$

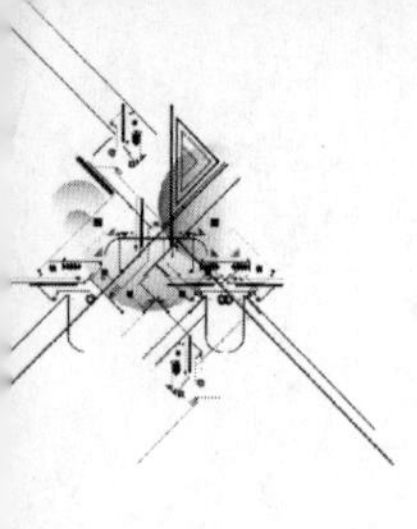



比较式(6.7)和式(6.8)可见,电容放电电流与放电电压类似,随着时间变化都呈指数衰减,最终衰减为零。

### 6.2.3　RLC 二阶电路简介

图 6.9 所示电路为 RLC 二阶电路,电容的初始电压为 $U_0$,电感的初始电流为零。图 6.9 中电容电压满足的微分方程为

$$LC\frac{d^2u_C}{dt^2}+RC\frac{du_C}{dt}+u_C=0 \tag{6.9}$$

可见,式(6.9)是二阶微分方程,这就是称之为二阶电路的原因。

二阶微分方程式(6.9)的解有以下三种情况。

(1) 过阻尼$\left(R>2\sqrt{\frac{L}{C}}\right)$

二阶微分方程式(6.9)的解为

$$u_C(t)=Ae^{\lambda_1 t}+Be^{\lambda_2 t} \tag{6.10}$$

式中,$\lambda_1$、$\lambda_2$ 为特征方程 $LC\lambda^2+RC\lambda+1=0$ 的两个不相等的负实根。过阻尼时的电容电压波形如图 6.10 所示。可见,电容电压随着时间单调衰减。

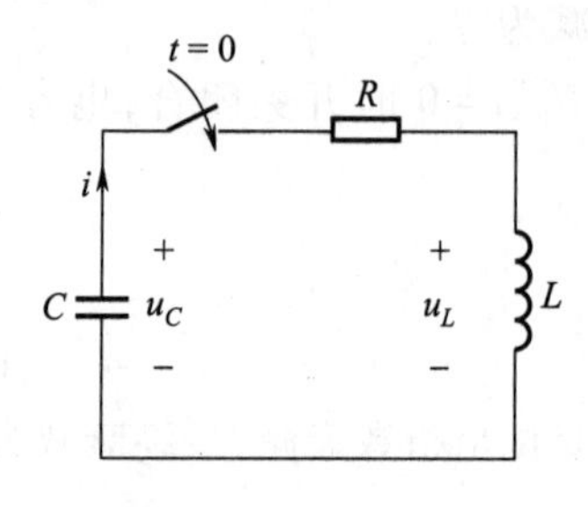


图 6.9　二阶电路

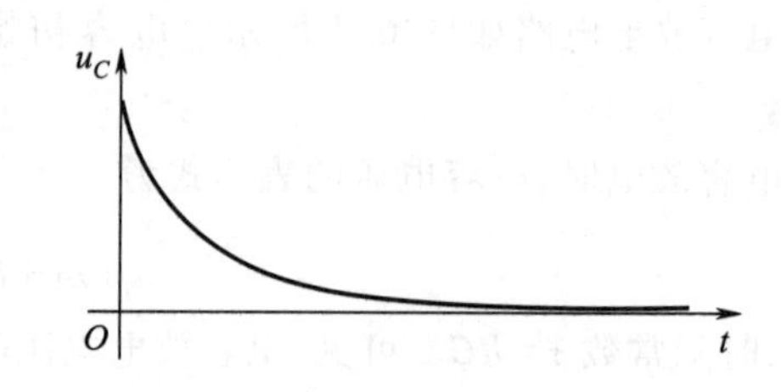


图 6.10　二阶电路过阻尼电容电压波形

(2) 临界阻尼$\left(R=2\sqrt{\frac{L}{C}}\right)$

二阶微分方程式(6.9)的解为

$$u_C(t)=(A+Bt)e^{\lambda t} \tag{6.11}$$

式中,$\lambda$ 为特征方程 $LC\lambda^2+RC\lambda+1=0$ 的两个相等的负实根。临界阻尼时的电容电压波形与过阻尼时类似,都是单调衰减的。

(3) 欠阻尼$\left(R<2\sqrt{\frac{L}{C}}\right)$

二阶微分方程式(6.9)的解为

$$u_C(t)=e^{-\delta t}(A\cos\omega t+B\sin\omega t) \tag{6.12}$$

式中,$\lambda$ 为特征方程 $LC\lambda^2+RC\lambda+1=0$ 的两个共轭复根。欠阻尼时电容电压波形如图 6.11 所示,可见电容电压振荡衰减。

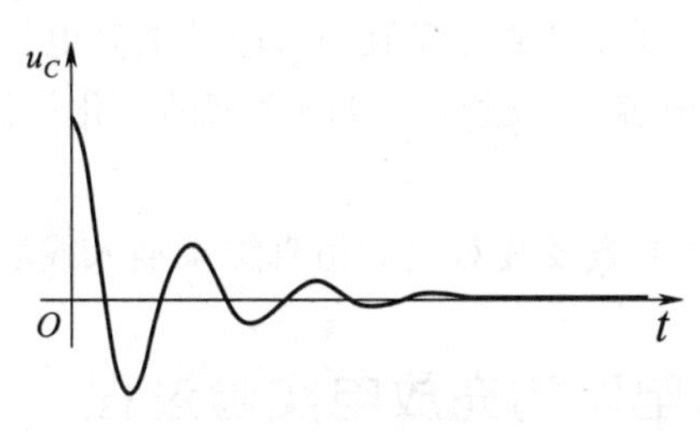


图 6.11　二阶电路欠阻尼电容电压波形

## §6.3　实验仪器和实验材料

动态电路的瞬态响应实验需要用到的实验仪器如表 6.1 所示。

表 6.1　动态电路的瞬态响应实验所用实验仪器

| 仪器名称 | 数量 | 仪器用途 | 备注 |
|---|---|---|---|
| 直流稳压电源 | 1 台 | 用作直流电压源 | 为动态电路提供能量 |
| 示波器 | 1 台 | 用于测量波形 | 测量动态电路的瞬态波形 |
| 万用表 | 1 台 | 用于测量电阻值 | |

动态电路的瞬态响应实验需要用到的实验材料如表 6.2 所示。

表 6.2　动态电路的瞬态响应实验所用实验材料

| 材料名称 | 数量 | 材料用途 |
|---|---|---|
| 面包板或九孔板 | 1 块 | 用于搭建实验电路的平台 |
| 电容 | 若干 | 用于动态电路实验 |
| 开关 | 2 个 | 用于切换电路状态 |
| 电阻 | 若干 | 用于动态电路实验 |
| 连接线 | 若干 | 用于连接电路元件和测量 |

## §6.4　实验前仿真任务

(1) 仿真电路搭建

根据图 6.5 所示 $RC$ 充电电路的电路原理图,在 Multisim 中搭建仿真电路,过程详见视频 6.1。注意搭建仿真电路时将图 6.5 中的电阻更换为灯泡。

视频 6.1

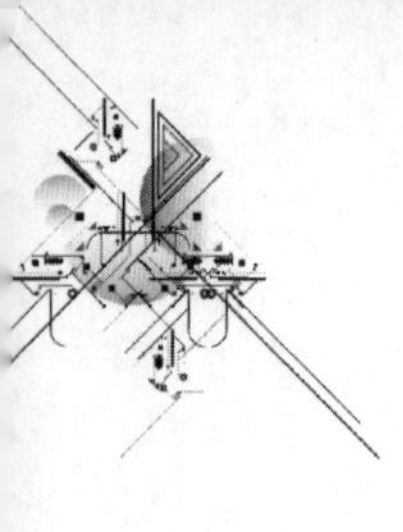

(2) 仿真过程

电容初始电压设置为 0 V。在 0.1～1F 之间自选 3 个 $C$ 参数。分别对 3 个 $C$ 参数对应的 $RC$ 充电电路进行仿真，记录电容值和对应的电容电压波形，测量对应的时间常数 $\tau$。观察 3 个 $C$ 参数下电容充电过程中灯泡亮度的变化规律和快慢。

(3) 仿真要求

请将仿真电路图、仿真参数及其对应的仿真结果插入或填写到实验报告册中。

## §6.5　RC 一阶电路的充放电实验过程

### 6.5.1　搭建 RC 充放电电路

$RC$ 充放电实验电路如图 6.12 所示。电压源为直流稳压电压，输出电压设置为 5 V。根据图 6.12 在面包板或九孔板上搭建 $RC$ 充放电电路。

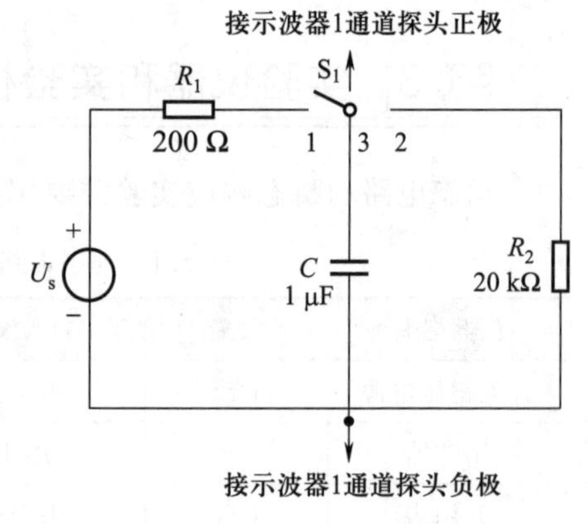


图 6.12　$RC$ 一阶充放电实验电路

### 6.5.2　分别改变 R 和 C 进行 RC 充放电实验

图 6.12 中开关 $S_1$ 闭合至位置 1，此时电路进入电容充电状态。

1) 选择并固定 $R_1 = 20\ \text{k}\Omega$，先选择电容 $C = 1\ \mu\text{F}$，用示波器的 Run/Stop 按钮测量、观察和记录电容电压充电波形，用示波器的测量功能测量电容电压从 0 充电到稳态值的 0.632 倍所需的时间，即时间常数 $\tau$ = ________。

2) 另取一个电容 $C = 1\ \mu\text{F}$，并联到原来的电容旁边，再用示波器测量、观察和记录电容电压充电波形，用示波器的测量功能测量电容电压从 0 充电到稳态值的 0.632 倍所需的时间，即时间常数 $\tau$ = ________。

3) 完成充电测量后，去掉并联电容，仅保留原有电容，取 $R_2 = 20\ \text{k}\Omega$，开关 $S_1$ 先闭合至位置 1，给电容充电，再闭合至位置 2，此时电容开始放电，用示波器测量、观察和记录放电时的电容电压波形。

4) 选择并固定 $R_1 = 200\ \Omega$，$C = 1\ \mu\text{F}$，用示波器测量、观察和记录充电时的电容电压波形，用示波器的测量功能测量电容充电电压的稳态值为________，并测量功能测量电容电压从 0 充电到稳态值的 0.632 倍所需的时间，即时间常数 $\tau$ = ________。

视频 6.2

注意：步骤 4) 中电阻阻值较小，电容充电过程很快，无法通过示波器的 Run/Stop 按钮捕捉到充放电过程的瞬态波形。此时需要示波器的单次测量功能，单次测量操作过程详见视频 6.2。

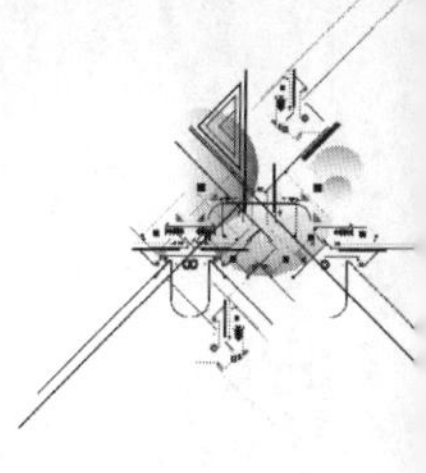

# §6.6　RLC 二阶电路的实验过程

## 6.6.1　搭建 RLC 二阶电路

RLC 二阶实验电路如图 6.13 所示。根据图 6.13 在面包板或九孔板上搭建 RLC 二阶电路。图中直流电压源的电压设置为 5 V,$R_1$ = 200 Ω,$C$ = 1 μF,$L$ = 4.7 mH,$R_2$ 为电阻值在 0~200 Ω 范围内可调的电位器。

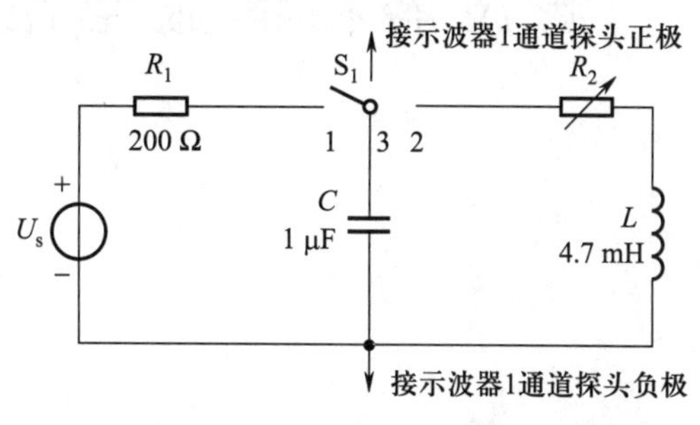


图 6.13　RLC 二阶实验电路

## 6.6.2　改变 R 进行 RLC 二阶电路实验

将开关 $S_1$ 闭合至位置 1,给电容 $C$ 充电,然后将开关 $S_1$ 闭合至位置 2,此时电路为 RLC 二阶电路,用示波器测量二阶电路电容电压的瞬态波形。

1) 调节电位器 $R_2$,要求出现类似图 6.10 的单调衰减波形,测量其对应的电阻值(用万用表电阻挡测量)$R_2$ = ________。

2) 调节电位器 $R_2$,要求出现类似图 6.11 的振荡衰减波形,记录第一个峰值 $U_{m1}$ = ________、第二个峰值电压 $U_{m2}$ = ________及两相邻峰值之间的时间间隔 $T$= ________,并测量其对应的电阻值(用万用表电阻挡测量)$R_2$ = ________。

# §6.7　实验报告要求

动态电路瞬态响应的实验报告要求如下。

1) 实验前必须完成 6.4 节仿真内容方可进入实验室完成实测任务,请将仿真结果附在实验报告册中并打印。

2) 根据实验理论基础和实验过程总结实验原理。

3) 将实验记录的波形插入到实验报告册的相应位置。

4) 根据参数和实验波形总结 RC 一阶电路充放电和 RLC 二阶电路瞬态响应的规律,并将总结的规律填写到实验报告册中。

5) 用电路理论解释 RC 一阶电路和 RLC 二阶电路瞬态响应的规律,并将理论解释填写到实验报告册中。

6) 结合二阶电路的理论和二阶电路振荡衰减波形的测量数据,计算式(6.12)中的衰减因子 $\delta$ 和振荡角频率 $\omega$,将计算依据和结果填写到实验报告册中。

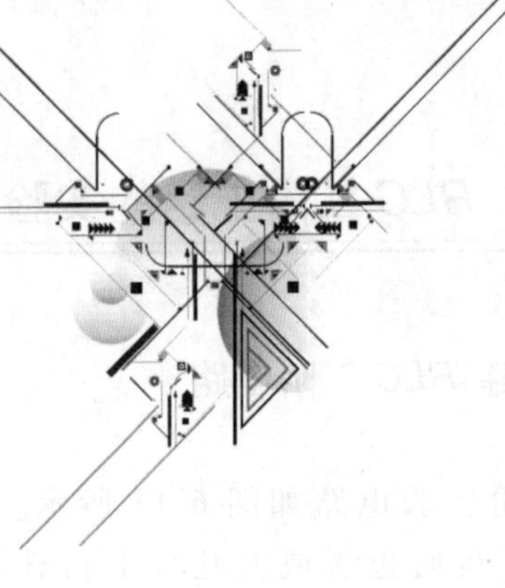

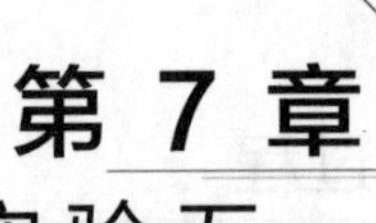

# 第 7 章 电路基础实验五：滤波器和谐振电路

## §7.1 实验目标

通过滤波器和谐振电路实验，希望达到以下目标：

1）通过实验对正弦稳态电路的频率特性加深理解并掌握。

2）通过实验直观认识滤波器的特性。

3）通过实验认识谐振电路的特性。

4）掌握用万用表交流电压挡测量交流电压有效值的方法。

5）进一步熟悉并掌握用示波器测量相位差的方法。

6）掌握用 MATLAB/Excel 绘制幅频特性曲线的方法。

7）掌握用 Multisim 软件仿真交流电路的方法。

8）锻炼电路仿真能力和在仿真时自主设计参数的能力。

9）锻炼将实验、仿真和理论相互结合分析的能力。

## §7.2 实验的理论基础

滤波器和谐振电路是正弦稳态电路两个非常重要的应用领域。两者都与正弦稳态电路的特性，特别是频率特性密切相关。下面简要介绍实验需要用到的知识点。

### 7.2.1 正弦量

正弦量的波形如图 7.1 所示，可见正弦量是周期函数。

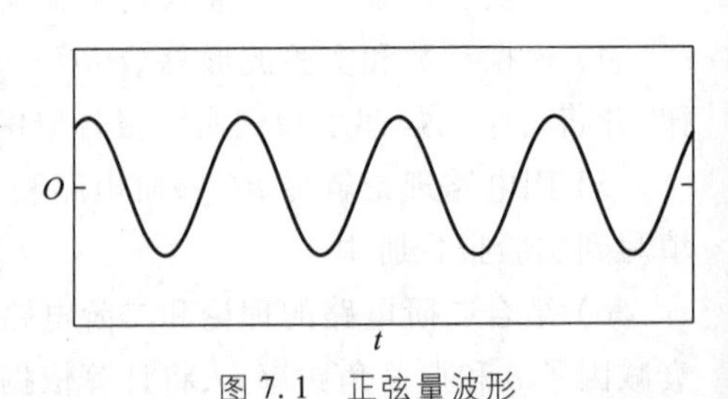

图 7.1 正弦量波形

电路课程中的正弦量一般指余弦函数。任意一个正弦量可以表示为

$$f(t)=F_{\mathrm{m}}\cos(\omega t+\varphi) \tag{7.1}$$

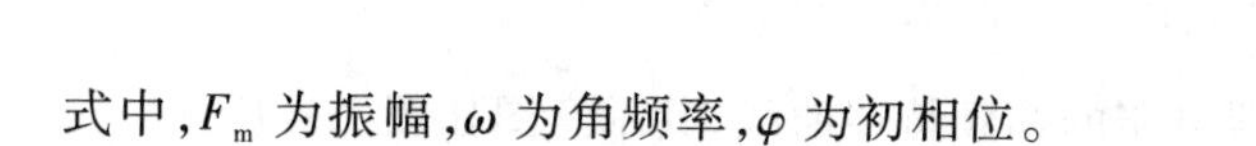
式中,$F_m$ 为振幅,$\omega$ 为角频率,$\varphi$ 为初相位。

式(7.1)的正弦量还可以写为

$$f(t)=\sqrt{2}F\cos(2\pi ft+\varphi) \tag{7.2}$$

式中,$F$ 为有效值,$f$ 为频率。式(7.2)中采用有效值是因为有效值容易进行实验测量,也有利于计算功率,采用频率也是因为频率容易进行实验测量。

## 7.2.2　相量和阻抗

由欧拉公式可得

$$\begin{aligned}f(t)&=\sqrt{2}F\cos(\omega t+\varphi)=\mathrm{Re}[\sqrt{2}F\cos(\omega t+\varphi)+\mathrm{j}\sqrt{2}F\cos(\omega t+\varphi)]\\&=\mathrm{Re}[\sqrt{2}F\mathrm{e}^{\mathrm{j}(\omega t+\varphi)}]=\mathrm{Re}[\sqrt{2}F\mathrm{e}^{\mathrm{j}\varphi}\mathrm{e}^{\mathrm{j}\omega t}]\end{aligned} \tag{7.3}$$

正弦量的角频率 $\omega$ 一般为已知,由式(7.3)可见,只要确定了 $F\mathrm{e}^{\mathrm{j}\varphi}$,也相当于确定了正弦量。$F\mathrm{e}^{\mathrm{j}\varphi}$ 是一个复数,我们称之为 $f(t)$ 对应的相量 $\dot{F}$,即

$$\dot{F}=F\mathrm{e}^{\mathrm{j}\varphi} \tag{7.4}$$

阻抗:在相量域中,含有电阻、电感或电容的支路的电压和电流之比称为阻抗。可见阻抗与电阻类似,满足广义的欧姆定理,因此阻抗的串、并联与电阻的串、并联公式相同。

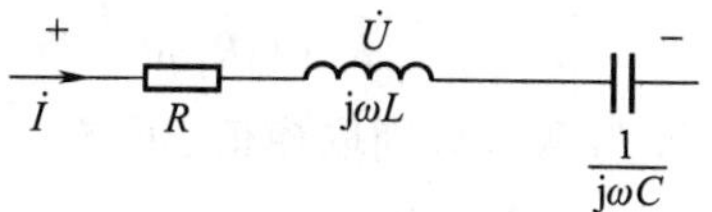


图 7.2　正弦稳态电路电阻、电感、电容串联

假设电阻、电感、电容串联,如图 7.2 所示,则其阻抗为

$$Z=\frac{\dot{U}}{\dot{I}}=R+\mathrm{j}\omega L+\frac{1}{\mathrm{j}\omega C}=R+\mathrm{j}\left(\omega L-\frac{1}{\omega C}\right) \tag{7.5}$$

## 7.2.3　滤波器

滤波器的作用就是滤除不想要的信号频率,保留想要的信号频率。由于电容和电感的阻抗模值与角频率有关,因此改变角频率可以改变阻抗的模值,进而改变电压电流,这就是滤波器的工作原理。下面给出滤波器的几个实例。

(1) $RC$ 高通滤波器

图 7.3 所示电路为一个高通滤波器电路。电容的阻抗模值在低频时较大,高频时较小,因此电容在此处起到阻止低频、通过高频的作用。

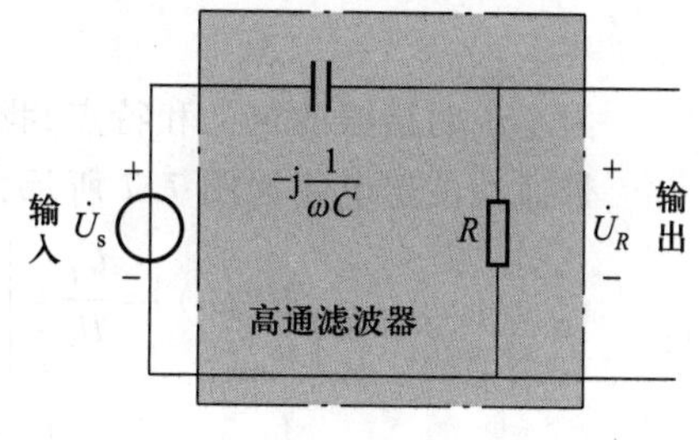


图 7.3　高通滤波器电路

图 7.3 所示网络函数及其幅值为

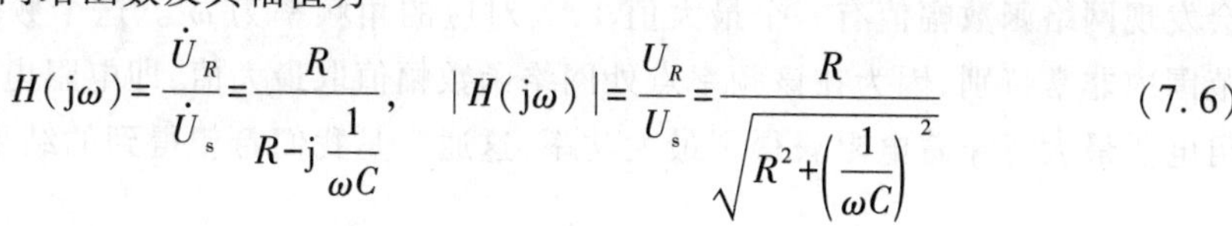

$$H(\mathrm{j}\omega)=\frac{\dot{U}_R}{\dot{U}_s}=\frac{R}{R-\mathrm{j}\frac{1}{\omega C}},\quad |H(\mathrm{j}\omega)|=\frac{U_R}{U_s}=\frac{R}{\sqrt{R^2+\left(\frac{1}{\omega C}\right)^2}} \tag{7.6}$$

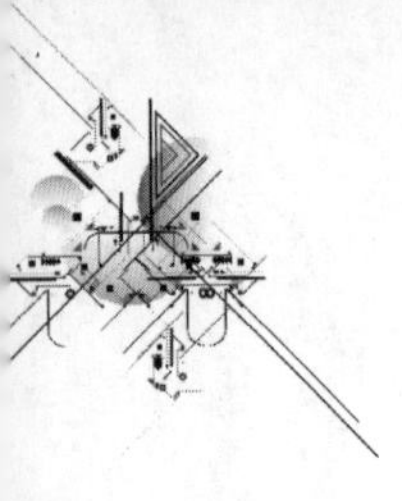

根据式(7.6)可以绘制出高通滤波器电路的幅频特性曲线,其示意图如图7.4所示。

(2) 由运放构成的低通有源滤波器

图7.5为由运放构成的低通有源滤波电路。之所以称其为有源滤波电路,是因为运放正常工作时必须由电源提供能量,是有源元件。

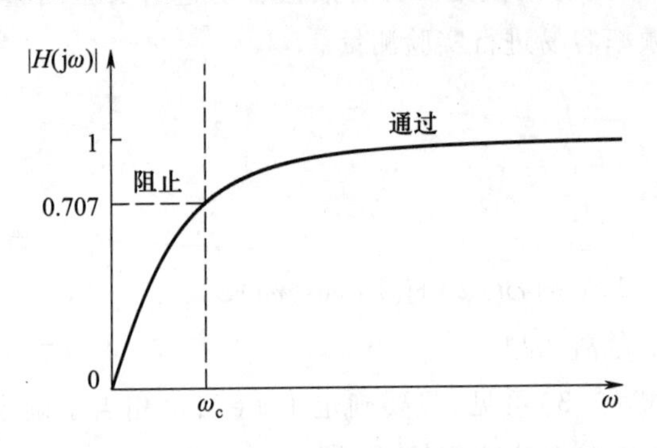


图7.4　高通滤波器电路幅频特性曲线

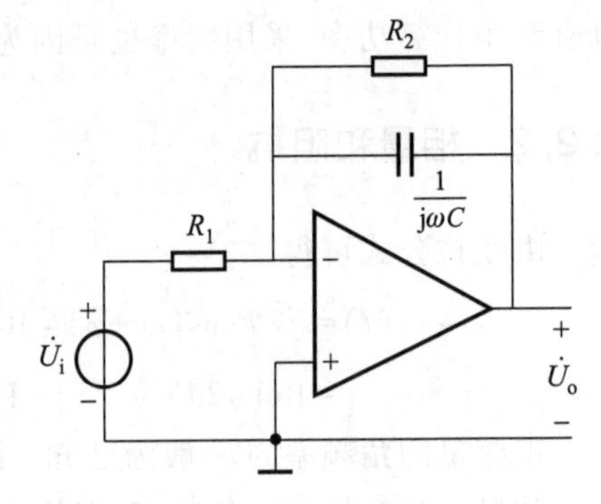


图7.5　低通有源滤波电路

根据虚短、虚断,可以得出图7.5所示电路的输入输出关系为

$$\dot{U}_{\mathrm{o}}=-\frac{R_2}{R_1}\frac{1}{1+\mathrm{j}R_2\omega C}\dot{U}_{\mathrm{i}} \tag{7.7}$$

式(7.7)两侧分别取模值,可得

$$|H(\mathrm{j}\omega)|=\frac{U_{\mathrm{o}}}{U_{\mathrm{i}}}=\frac{R_2}{R_1}\frac{1}{\sqrt{1+(R_2\omega C)^2}} \tag{7.8}$$

根据式(7.8)可以绘制出低通滤波器电路的幅频特性曲线,如图7.6所示。图7.6表明电路实现了低通滤波功能。

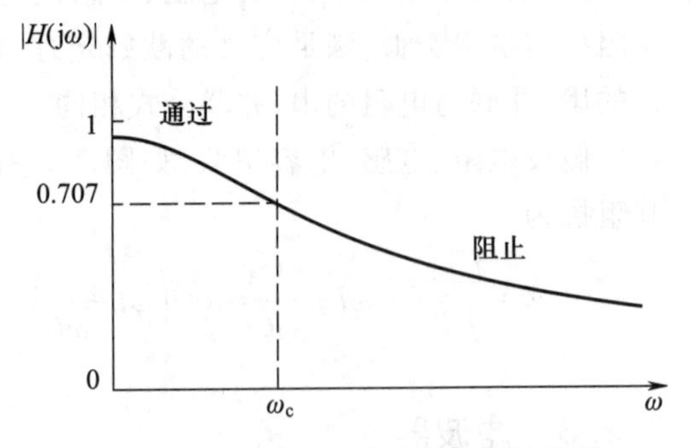


图7.6　低通滤波器电路幅频特性曲线

## 7.2.4　谐振

为了说明谐振的定义和特点,我们先从带通滤波器说起。

带通滤波器电路如图7.7所示,其网络函数的模值为

$$|H(\mathrm{j}\omega)|=\frac{U_R}{U_{\mathrm{s}}}=\left|\frac{R}{R+\mathrm{j}\omega L-\mathrm{j}\dfrac{1}{\omega C}}\right|=\frac{R}{\sqrt{R^2+\left(\omega L-\dfrac{1}{\omega C}\right)^2}} \tag{7.9}$$

根据式(7.9)可以绘制网络函数的幅频特性曲线,如图7.8所示。仔细观察图7.8会发现网络函数幅值有一个最大值1,其对应的角频率为$\omega_{\mathrm{r}}$。这个频率点在整个频率范围内非常特别,因为在该频率点处网络函数幅值取最大值,即电阻电压取最大值。电阻电压最大意味着电阻获得了最大功率,这通常是我们希望得到的结果。

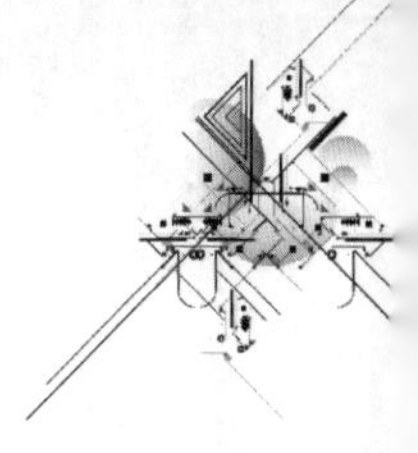

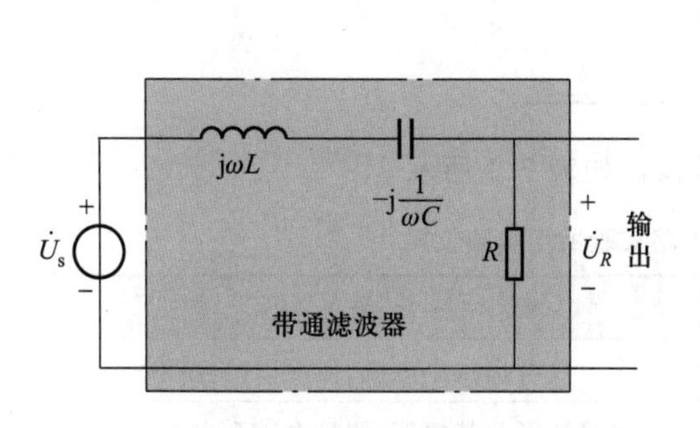

图 7.7　带通滤波器电路

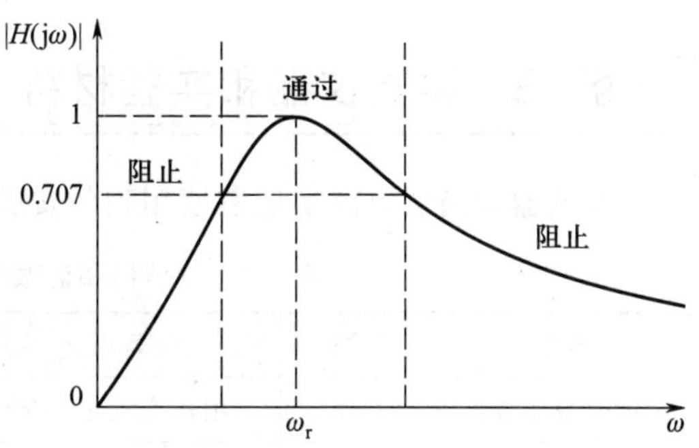

图 7.8　带通滤波器电路幅频特性曲线

$\omega_r$ 处取最大值时对应的电路工作状态称为谐振,这与共振、共鸣等概念类似。下面给出谐振的严格定义。

谐振:正弦稳态电路中,如果一个端口含有电容和电感等动态元件,其等效阻抗为实数,则称该端口发生了谐振,此时端口电压和电流同相位。可见,可用端口电压和电流同相位来判断电路发生谐振。

图 7.7 既是带通滤波器电路,同时也是 *RLC* 串联谐振电路。由图可见,电阻、电感和电容串联的等效阻抗为

$$Z_{eq}=R+\mathrm{j}\omega L-\mathrm{j}\frac{1}{\omega C}=R+\mathrm{j}\left(\omega L-\frac{1}{\omega C}\right) \tag{7.10}$$

根据谐振的定义和式(7.10)可知,要想发生谐振,则 $Z_{eq}$ 的虚部必须等于零[$\mathrm{Im}(Z_{eq})=0$],即

$$\omega L-\frac{1}{\omega C}=0 \tag{7.11}$$

由式(7.11)可得发生谐振时的角频率为

$$\omega_r=\frac{1}{\sqrt{LC}} \tag{7.12}$$

$\omega_r$ 称为谐振角频率。那么这一谐振角频率是否就是图 7.8 中最大值对应的角频率呢?下面我们来分析一下。

由式(7.9)可见,当 $\omega L-\frac{1}{\omega C}=0$ 时,$|H(\mathrm{j}\omega)|$ 最大,也就意味着 $U_R$ 最大。由式(7.10)和式(7.11)可见,$\omega L-\frac{1}{\omega C}=0$ 恰好是电路发生谐振的条件,因此 $\omega_r=\frac{1}{\sqrt{LC}}$ 就是图 7.8 中最大值对应的角频率。

由以上的分析可知,图 7.7 所示电路网络函数幅值最大是谐振的一个特点。这就能在一定程度上体现出谐振的特别之处和价值。

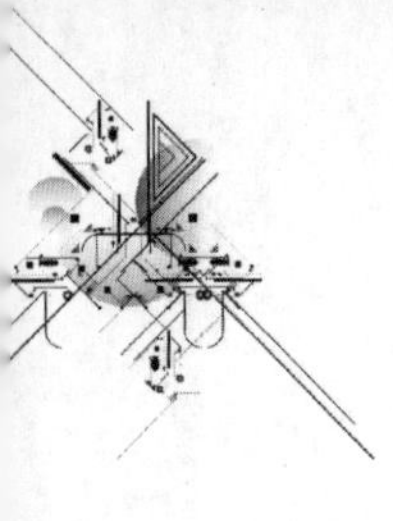



## §7.3　实验仪器和实验材料

滤波器和谐振电路实验需要用到的实验仪器如表 7.1 所示。

表 7.1　滤波器和谐振电路实验所用实验仪器

| 仪器名称 | 数量 | 仪器用途 | 备注 |
| --- | --- | --- | --- |
| 信号发生器 | 1 台 | 用作交流电压源 | 仅可提供小电流，但可以改变频率 |
| 示波器 | 1 台 | 用于测量波形 | 测量波形及其幅值、测量电压和电流相位差 |

滤波器和谐振电路实验需要用到的实验材料如表 7.2 所示。

表 7.2　滤波器和谐振电路实验所用实验材料

| 材料名称 | 数量 | 材料用途 |
| --- | --- | --- |
| 面包板或九孔板 | 1 块 | 用于搭建实验电路的平台 |
| 电感线圈 | 1 个 | 用于串联谐振实验 |
| 电容 | 若干 | 用于滤波器和谐振实验 |
| 电阻 | 若干 | 用于滤波器和谐振实验 |
| 连接线 | 若干 | 用于连接电路元件和测量 |

## §7.4　实验前仿真任务

(1) *RC* 高通滤波器

视频 7.1

根据图 7.3 所示 *RC* 高通滤波器电路原理图，在 Multisim 中搭建仿真电路，其中电阻在仿真电路中用灯泡代替，搭建过程详见视频 7.1。仿真电路参数自定，但要求从 1 Hz 开始增大电源频率(取 5 个频率)时，图 7.3 对应的仿真电路中的灯泡由暗变亮。记录仿真电路图，记录仿真参数：灯泡参数为________，电容值为________，电源电压有效值为________，并将仿真参数填入表 7.3 中。

表 7.3　*RC* 高通滤波器仿真参数

| 频率 | 1 Hz | | | | | |
| --- | --- | --- | --- | --- | --- | --- |
| 灯泡电压有效值 | | | | | | |

视频 7.2

(2) 运放构成的低通滤波器

根据图 7.5 所示由运放构成的低通滤波器电路原理图，在 Multisim 中搭建仿真电路，搭建过程详见视频 7.2。仿真电路参数自定，但要求从 1 Hz 开始增大电源频率(取

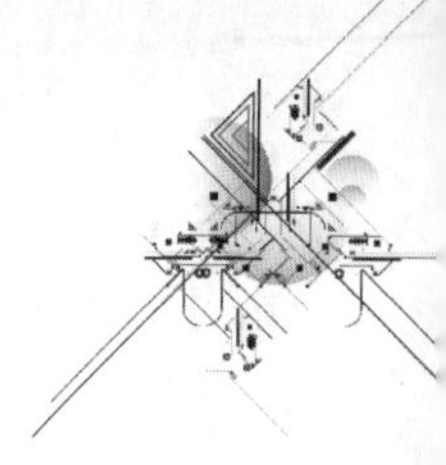

5 个频率）时，图 7.5 对应的仿真电路中的输出电压有效值随着频率增大而明显减小。记录仿真电路原理图和仿真参数，将仿真结果填入表 7.4 中。

表 7.4　由运放构成的低通滤波器仿真结果

| 频率 | 1 Hz | | | | | |
|---|---|---|---|---|---|---|
| 输出电压有效值 | | | | | | |

（3）谐振电路

根据图 7.7 所示谐振电路原理图，在 Multisim 中搭建仿真电路，其中电阻在仿真电路中用灯泡代替，搭建过程详见视频 7.3。仿真电路参数自定，但要求从 1 Hz 开始增大电源频率（取 6 个）时，图 7.7 对应的仿真电路中的灯泡先由暗变亮，再由亮变暗。记录仿真电路图，记录仿真参数：灯泡参数为________，电容值为________，电感值为________，电源电压有效值________，并将仿真参数填入表 7.5 中

视频 7.3

表 7.5　谐振仿真参数

| 频率 | 1 Hz | | | | | |
|---|---|---|---|---|---|---|
| 灯泡电压有效值 | | | | | | |

## §7.5　滤波器和谐振电路的实验过程

### 7.5.1　高通滤波器

高通滤波器实验电路如图 7.9 所示。设定信号发生器输出电压为 1 Vpp 的正弦信号，$R = 200\ \Omega$，$C = 1\ \mu F$。从 50 Hz 开始逐渐增大图中交流电压源的频率，取 10 个频率，在表 7.6 中记录频率和对应的电阻电压有效值。

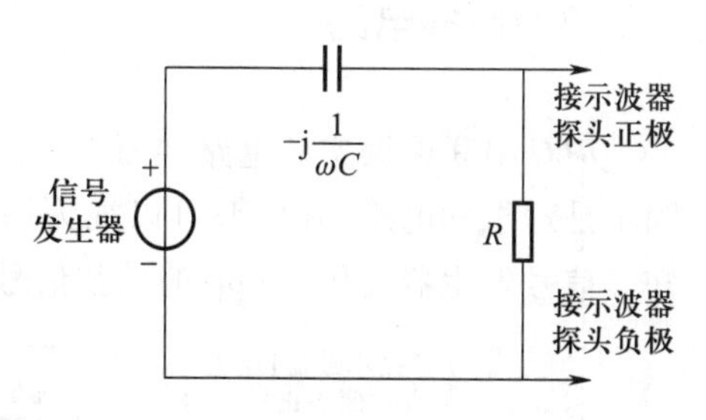


图 7.9　高通滤波器实验电路

表 7.6　高通滤波器实验结果

| 频率 | 50 Hz | | | | | | | | | 10 kHz |
|---|---|---|---|---|---|---|---|---|---|---|
| 电阻电压有效值 | | | | | | | | | | |

### 7.5.2　由运放构成的低通有源滤波器

由运放构成的低通有源滤波器实验电路如图 7.10 所示。图中电阻 $R_1 = 10\ k\Omega$，

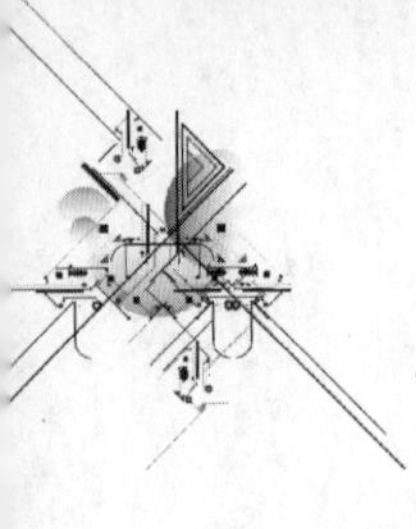



$R_2=10\ \text{k}\Omega$,电容 $C=1\ \mu\text{F}$,电压源是由信号发生器提供的 1 Vpp 正弦信号。从 1 Hz 开始逐渐增大正弦信号的频率,取 10 个频率,用示波器测量输出信号 $u_o$ 的有效值,并记录在表 7.7 中。

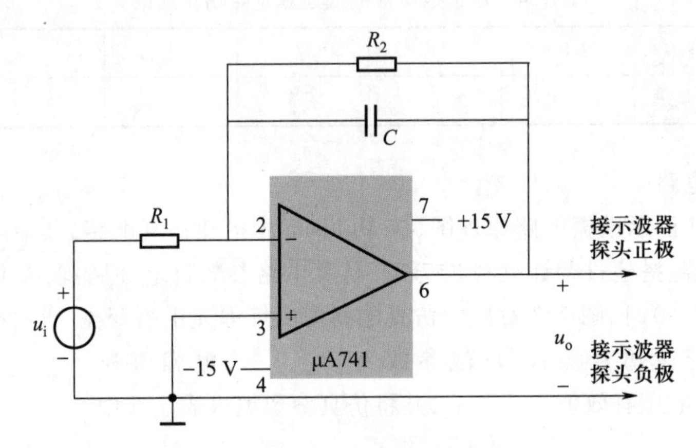


图 7.10　低通有源滤波器实验电路

表 7.7　由运放构成的低通滤波器实验结果

| 频率 | 1 Hz | | | | | | | | | 1 kHz |
|---|---|---|---|---|---|---|---|---|---|---|
| 输出电压 $u_o$ 有效值 | | | | | | | | | | |

## 7.5.3　谐振电路

*RLC* 串联谐振实验电路如图 7.11 所示。图中 $C=0.1\ \mu\text{F}$,电阻 $R=200\ \Omega$,电感线圈不是理想的电感,其模型可以视为一个电感和一个电阻的串联,电感值和电阻值未知。信号发生器提供 1 Vpp 的正弦信号。

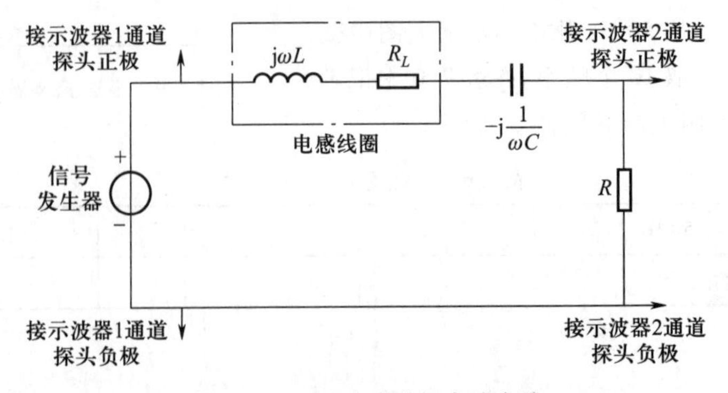


图 7.11　*RLC* 串联谐振实验电路

1) 从 1 kHz 开始逐渐增大图中交流电压源的频率,并且通过示波器实时观察

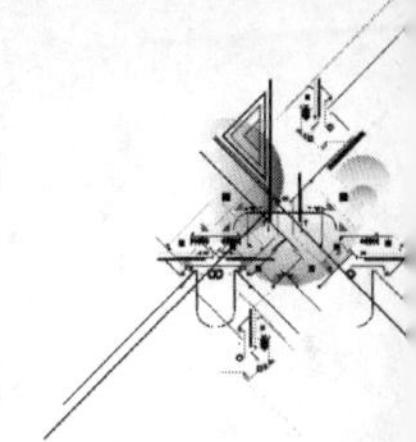

图 7.11 中示波器 1 通道(测量电源电压)和 2 通道(测量电阻电压,其相位与电路电流相同)波形的相位差。当电压和电流同相位时,电路发生串联谐振。记录此时的信号源输出频率 $f$(即谐振频率)= ________。

2) 在谐振频率两侧各取 5 个频率点,分别测量每个频率对应的电阻 $R$ 电压有效值。最后将包括谐振频率在内的总计 11 个频率及其对应的电阻 $R$ 电压有效值记录在表 7.8 中。

表 7.8　谐振电路实验结果

| 频率 | 1 kHz | | | | 谐振频率 | | | | 20 kHz |
|---|---|---|---|---|---|---|---|---|---|
| 电阻 $R$ 电压有效值 | | | | | | | | | |

## §7.6　实验报告要求

滤波器和谐振电路的实验报告要求如下。

1) 实验前必须完成 7.4 节仿真内容方可进入实验室完成实测任务,请将仿真结果附在实验报告册中并打印。

2) 根据实验理论基础和实验过程总结实验原理。

3) 根据实验测量数据,用 MATLAB/Excel 绘制 $RC$ 高通滤波器、由运放构成的低通有源滤波器、$RLC$ 串联谐振电路的幅频特性曲线,附在实验报告册中,并用电路理论对曲线进行解释。

4) 根据 $RLC$ 串联谐振电路的数据,结合所学电路理论,计算出图 7.11 中电感线圈的参数 $L$ 和 $R$,在实验报告册中给出计算依据、过程和结果。

# 第 8 章 电路基础实验六：互感

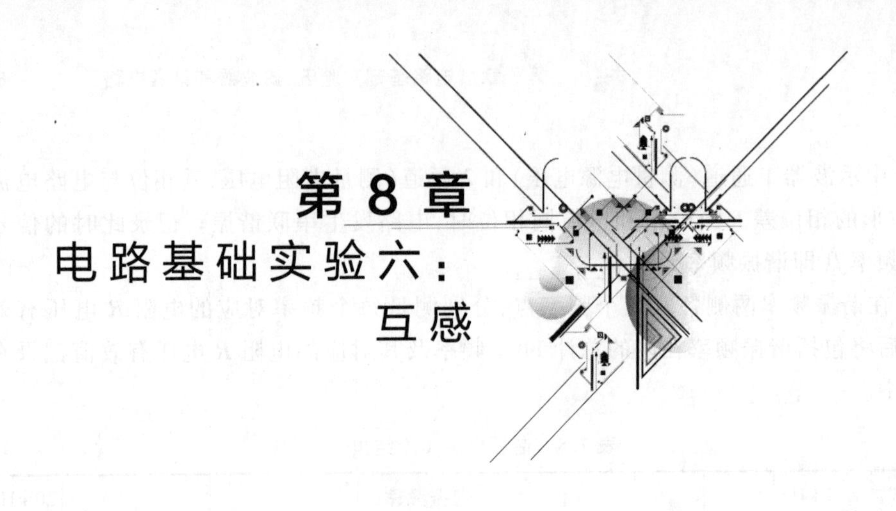

## §8.1 实验目标

互感通过磁场耦合实现能量传递和电信号的隔离，在实际中有广泛的应用，变压器就是互感应用的典型实例之一。通过互感实验，希望达到以下目标：

1) 通过实验验证两个电感线圈之间可以有磁场耦合，存在互感。
2) 掌握通过实验判定同名端的方法。
3) 通过实验验证同名端位置对互感电压的影响。
4) 掌握实验测量互感的方法。
5) 通过实验直观认识、理解含互感电路的瞬态响应。
6) 通过实验初步了解无线电能传输的部分原理。
7) 掌握用仿真软件仿真含有耦合电感电路的方法。
8) 通过有趣的实验现象激发学习兴趣。
9) 锻炼实验观察能力和在实验现场根据理论对实验结果进行定性分析的能力。
10) 锻炼应用多个知识点进行实验结果分析的能力。
11) 锻炼将实验、仿真和理论相互结合分析的能力。

## §8.2 实验的理论基础

下面简要介绍互感实验需要用到的知识点。

### 8.2.1 互感的定义

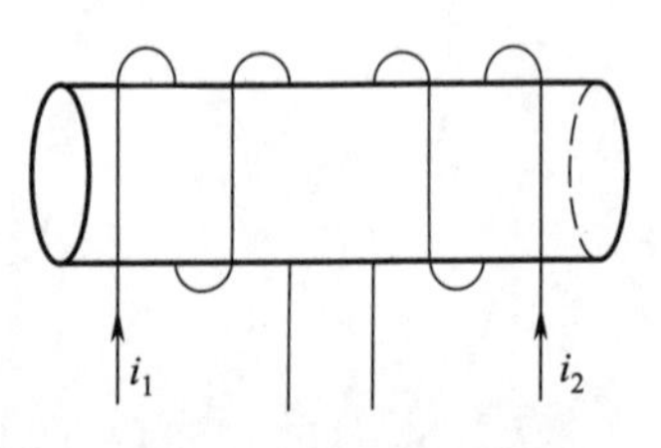

图 8.1 绕有两个线圈的螺线管

图 8.1 为绕有两个线圈的螺线管。当线圈通以电流时，通过右手法则可以判断两个线圈都会产生顺时针的磁场。

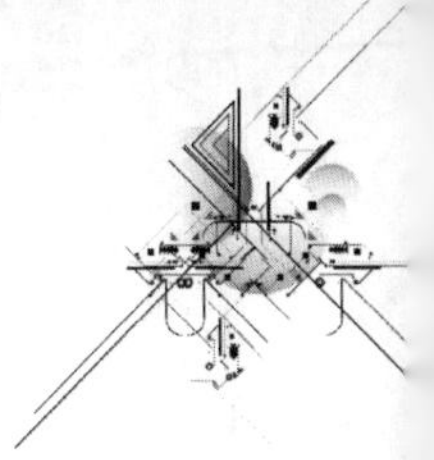

由图 8.1 可见,每个线圈产生的磁场既穿过自身,也有一部分会穿过另一个线圈,从而产生磁场的耦合。因此,每个线圈的磁通都包含两部分:自己产生的磁通和另一线圈耦合过来的磁通。显然,自己产生的磁通量与自己的电流成正比,而另一线圈耦合过来的磁通量与另一线圈的电流成正比。因此,线圈 1 和线圈 2 的磁链(即多匝线圈的磁通量)分别为

$\psi_1=L_1i_1$(线圈 1 自身产生的磁通量)$+Mi_2$(线圈 2 耦合过来的磁通量)　(8.1)

$\psi_2=L_2i_2$(线圈 2 自身产生的磁通量)$+Mi_1$(线圈 1 耦合过来的磁通量)　(8.2)

式(8.1)和式(8.2)中的 $L_1$ 和 $L_2$ 称为自感,$M$ 称为互感。互感是用来表征两个线圈之间耦合作用的。上述两式中自感磁通量和互感磁通量之所以相加,是因为图 8.1 中两个线圈产生的磁通都是顺时针方向,彼此使对方的磁通量增加,即磁场相互增强。

定义两个线圈的耦合系数为

$$k=\frac{M}{\sqrt{L_1L_2}} \tag{8.3}$$

耦合系数在 0~1 之间,用于表示两个线圈的耦合程度。耦合系数为 1 时,每个线圈自身产生的磁通完全耦合到另一个线圈,此时称为全耦合。

### 8.2.2　互感的同名端

图 8.1 中两个线圈产生的磁通方向相同,磁场相互增强。如果我们改变线圈 2 中电流的方向,如图 8.2 所示,根据右手法则,很容易判断出两个线圈产生的磁场方向相反,所以磁场相互削弱。

可是,在实际中通常看不到线圈内部如何绕制,因此无法根据右手法则判断线圈磁场相互增强还是削弱。解决以上问题的方法就是引入同名端的概念。

同名端定义:如果一个线圈的一个端子和另一个线圈的一个端子都流入电流,并且产生的磁场相互增强,则称这两个端子为同名端,并且在这两个端子的位置上用 • 来标记。两个线圈考虑互感和同名端的电路模型如图 8.3 所示,图中两个线圈上方的两个端子为同名端,其下方两个端子根据同名端定义可以判断也是同名端。可见根据同名端的位置和流入电流的端子位置就可以判断磁场相互增强还是削弱。例如,如果两个端子是同名端,并且都流入电流,则磁场相互增强。

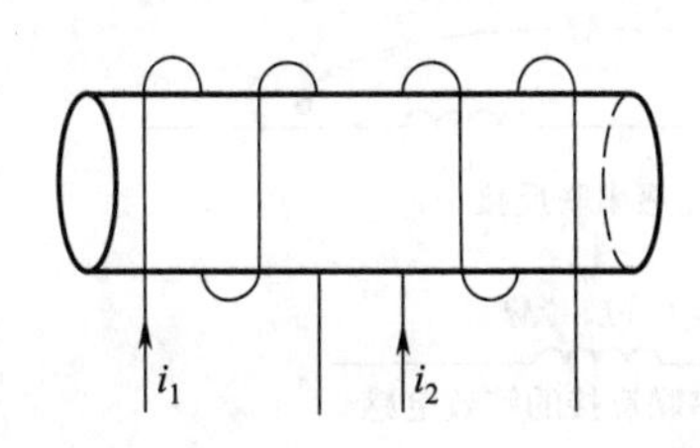


图 8.2　改变线圈 2 电流方向的螺线管

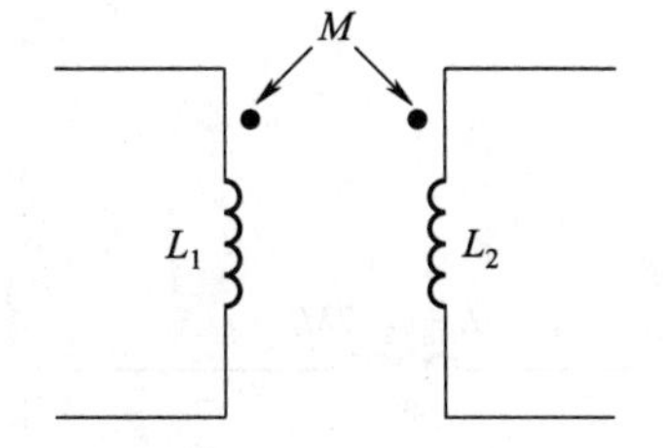


图 8.3　标有同名端和互感的两个耦合线圈的电路模型

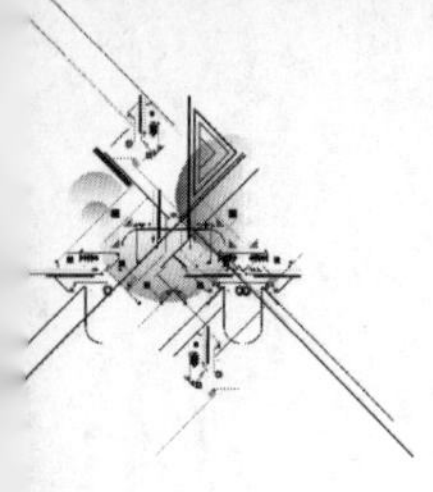

从同名端的定义可以看出，如果我们提前标记好同名端，就可以根据电流流入的端子判断出磁场相互增强还是相互削弱。在这一过程中，不需要知道线圈如何绕制，也不需要使用右手法则。同名端通常由生产线圈的厂家标记，但是如果生产厂家没有标记，又不知道线圈如何绕制，此时就需要进行实验来判断同名端的位置。

### 8.2.3　互感电压

两个线圈之间如果有磁场耦合，则一个线圈耦合到另一个线圈的磁通量如果发生变化，就会在另一个线圈上产生互感电压，其表达式为

$$u_M=\frac{\mathrm{d}\psi_M}{\mathrm{d}t}=\frac{\mathrm{d}(Mi)}{\mathrm{d}t}=M\frac{\mathrm{d}i}{\mathrm{d}t} \tag{8.4}$$

式(8.4)没有给出互感电压的极性。互感电压极性的判断方法是同名端一致原则。也就是说，若产生互感电压的电流由标记端流向非标记端，则在另一个线圈中产生的互感电压也必然由标记端指向非标记端。根据互感电压极性的判断方法，图 8.4 给出了左侧线圈电流在右侧线圈上产生的互感电压极性。可以说，互感之所以能发挥作用，关键就在于可以产生互感电压。因此，互感电压是关于互感最重要的内容。

如果我们将两个线圈串联起来，如图 8.5 所示，则称这种接法为互感串联顺接。

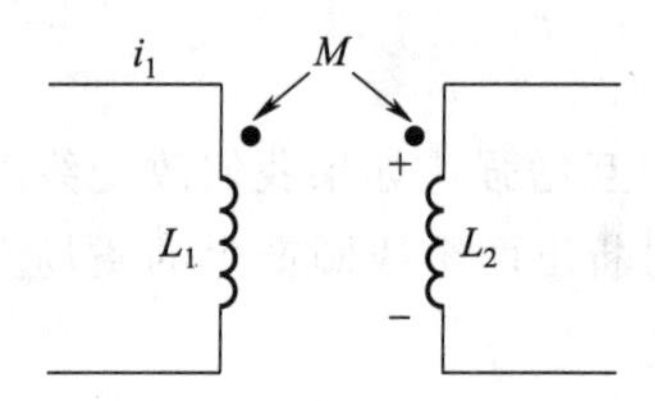


图 8.4　标有同名端和互感的两个耦合线圈的电路模型

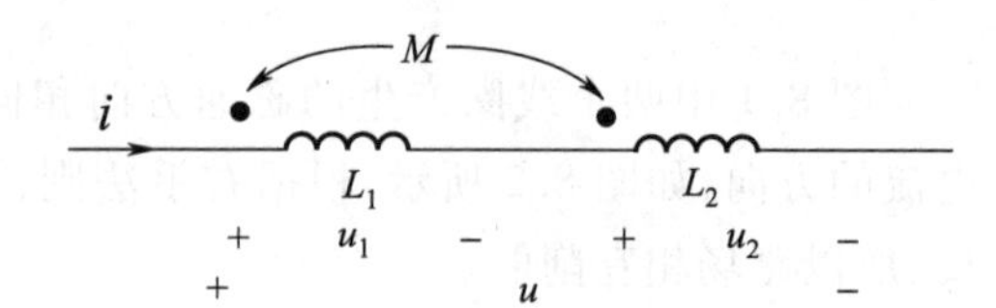


图 8.5　标记了电压电流参考方向的互感串联顺接

根据图 8.5 中同名端的位置和电流流入的位置，可以判断出两个线圈互感电压的正极均在图中标记同名端的位置，由此可得

$$u=u_1+u_2=\left(L_1\frac{\mathrm{d}i}{\mathrm{d}t}+M\frac{\mathrm{d}i}{\mathrm{d}t}\right)+\left(L_2\frac{\mathrm{d}i}{\mathrm{d}t}+M\frac{\mathrm{d}i}{\mathrm{d}t}\right)=(L_1+L_2+2M)\frac{\mathrm{d}i}{\mathrm{d}t} \tag{8.5}$$

由式(8.5)可见，图 8.5 所示的互感同方向串联可以等效为图 8.6 所示的一个电感。

如果将两个线圈串联反接，同样也可以去耦等效成一个电感，如图 8.7 所示。

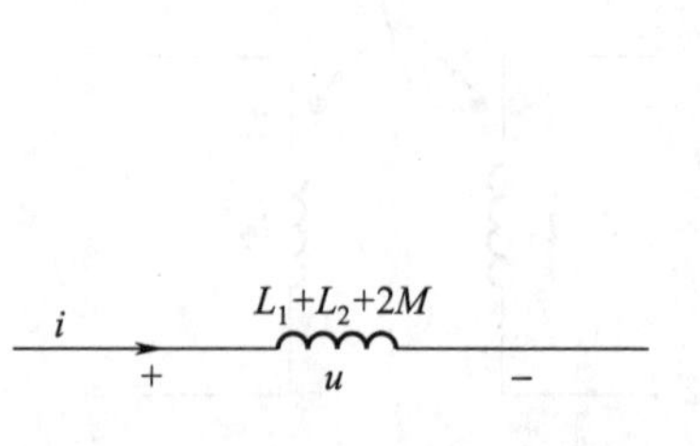


图 8.6　互感串联顺接的等效电感

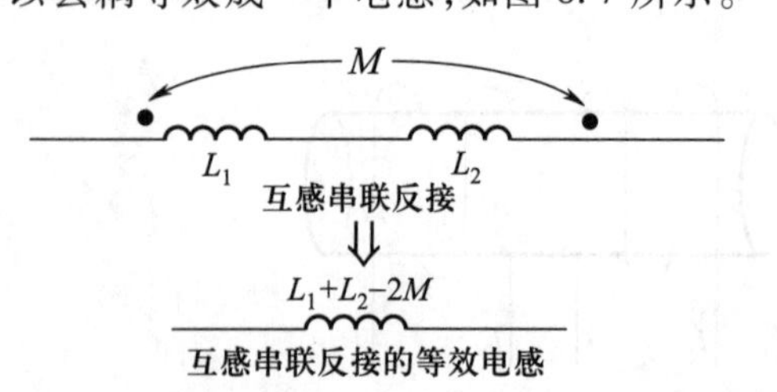


图 8.7　互感串联反接的等效电感

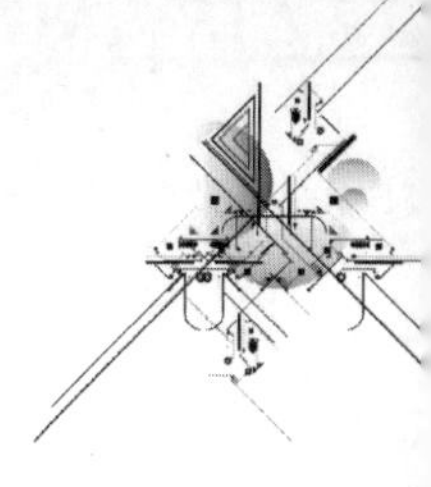

互感的串联顺接和串联反接可以用于判断互感同名端或测量互感 $M$。只要将两个线圈分别串联顺接和反接，再通过比较判断出同名端的位置，或计算出互感。

## §8.3　实验仪器和实验材料

互感实验需要用到的实验仪器如表 8.1 所示。

表 8.1　互感实验所用实验仪器

| 仪器名称 | 数量 | 仪器用途 | 备注 |
|---|---|---|---|
| 直流稳压电源 | 1 台 | 用作直流电压源 | 用于判断同名端位置以及用于含互感电路的瞬态响应实验 |
| 单相变压器 | 1 台 | 用作交流电压源 | 如果有交流稳压电源，可用来替代单相变压器 |
| 示波器 | 1 台 | 用于测量电压波形 | 用于测量含互感电路的互感电压瞬态响应波形 |
| 交流电压表 | 1 个 | 用于测量交流电压 | 测量交流电压有效值，万用表也可以用交流电压表替代 |
| 交流电流表 | 1 个 | 用于测量交流电流 | 测量交流电流有效值 |
| 直流电流表 | 1 个 | 用于判断互感同名端的位置 | 根据指针偏转方向可以判断互感同名端位置 |

互感实验需要用到的实验材料如表 8.2 所示。

表 8.2　互感实验所用实验材料

| 材料名称 | 数量 | 材料用途 |
|---|---|---|
| 面包板或九孔板 | 1 块 | 用于搭建实验电路的平台 |
| 电感线圈 | 2 个 | 两个线圈可以构成互感 |
| 灯泡 | 1 只 | 用于演示实验 |
| 电容 | 若干 | 用于演示实验、提高功率因数实验和高通滤波器实验 |
| 电阻 | 若干 | 用作采样电阻和负载电阻 |
| 连接线 | 若干 | 用于连接电路元件和测量 |
| 铁板、铝板 | 各 1 块 | 用于演示实验 |

## §8.4　实验前仿真任务

互感仿真电路原理图如图 8.8 所示，其参数如表 8.3 所示。根据图 8.8 所示电路

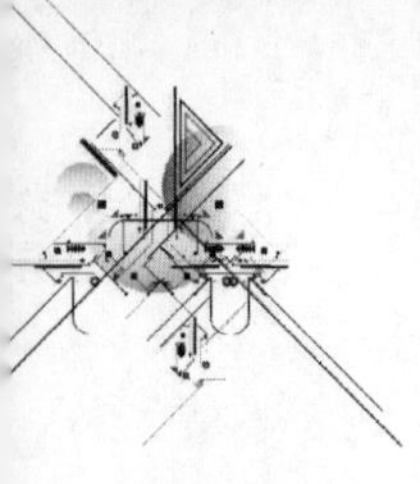



原理图在 Multisim 中搭建仿真电路，搭建过程详见视频 8.1。

视频 8.1

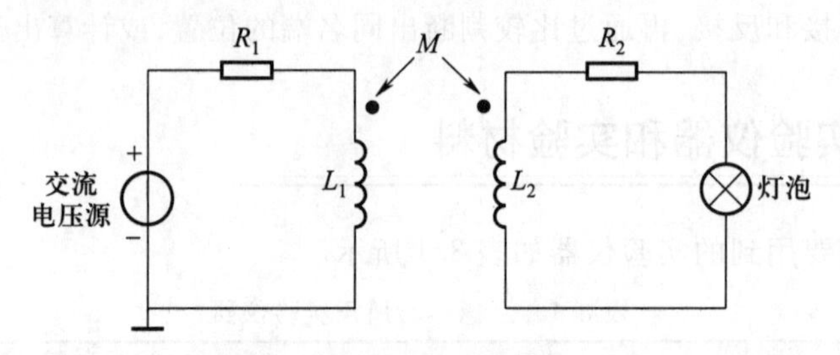


图 8.8　互感仿真电路原理图

表 8.3　互感仿真电路参数

| 交流源电压有效值 | 交流源频率 | $R_1$ | $R_2$ | $L_1$ | $L_2$ | 灯泡 |
|---|---|---|---|---|---|---|
| 50 V | 50 Hz | 30 Ω | 30 Ω | 0.4 H | 0.4 H | 5 Ω |

仿真时耦合系数分别取 3 个不同的值，仿真得到灯泡的电流。将仿真电路图、灯泡电流填写到实验报告册中。

## §8.5　互感的实验过程

### 8.5.1　通过灯泡亮度变化演示磁场耦合的存在和互感的影响

实验电路如图 8.9 所示，图中互感采用两个形状基本相同的空心电感线圈。由于实际的线圈都有电阻，故图 8.9 中标出了两个线圈的电阻。图中的交流电压源可用变压器或交流稳压源等实现。

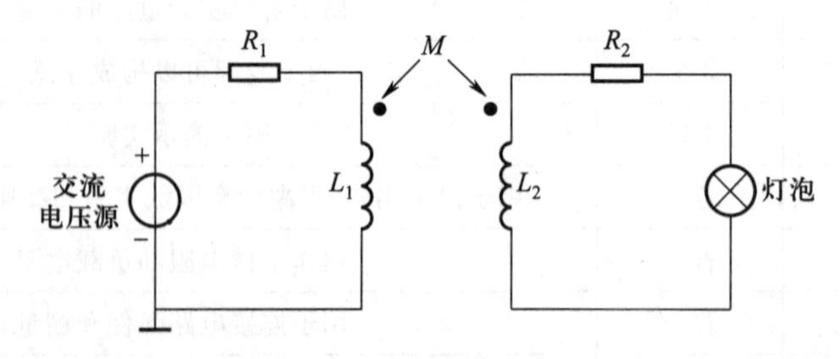


图 8.9　互感演示实验电路

将两个线圈平行紧靠放置，按照图 8.9 在面包板或九孔板上连接好实验电路。交流电压源的电压从零开始逐渐增大，直至灯泡被点亮。接下来完成以下几项实验操作：

1) 增加两个线圈之间的距离，观察灯泡亮度的变化，分析亮度变化的原因。

2) 将两个线圈重新平行紧靠放置。在两个线圈紧靠的位置竖向放置一块铁板，观

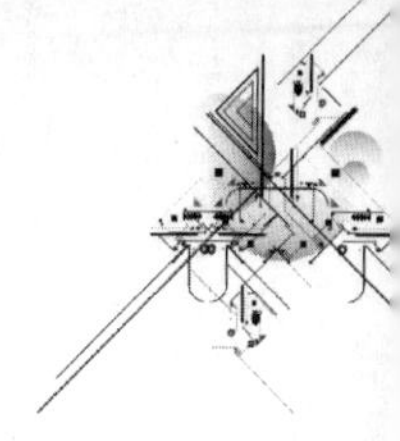

察灯泡亮度的变化,分析亮度变化的原因。

3) 将铁板换成铝板,观察灯泡亮度的变化,分析亮度变化的原因。

## 8.5.2　互感同名端位置的实验确定

互感同名端位置的实验确定方法有两种。如果只有直流电压源,可采用直流判断法。如果只有交流电压源,可采用交流判断法。

首先用直流判断法确定互感同名端的位置,实验电路如图 8.10 所示。图中两个线圈之间有互感,但同名端位置未知,所以图中没有标出同名端和互感。图中电流表为直流电流表,其上方为流入端,下方为流出端。

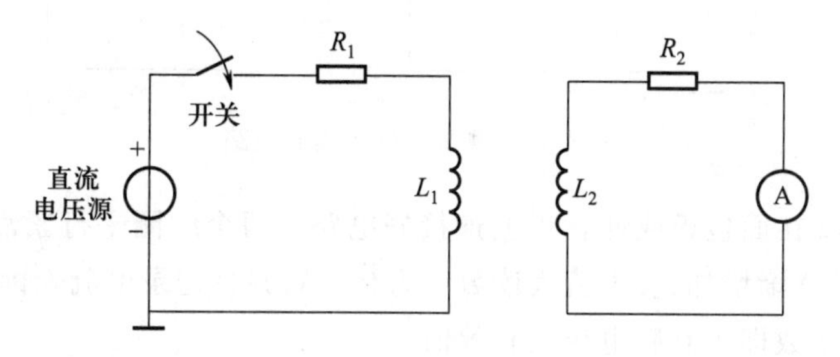


图 8.10　直流判断法确定互感同名端位置的实验电路

根据图 8.10 在面包板或九孔板上连接好电路。开关原来处于断开状态。现在将开关闭合。观察直流电流表的指针偏转方向以判断同名端的位置:如果正偏,则两个线圈上方的两个端子为同名端;如果反偏,则 $L_1$ 上方端子与 $L_2$ 下方端子为同名端。

接下来用交流判断法确定互感同名端的位置,实验电路如图 8.11 所示。图中交流电压源可用变压器或交流稳压源实现,电流表为交流电流表。两个线圈串联,但同名端位置未知,所以没有标出同名端和互感。

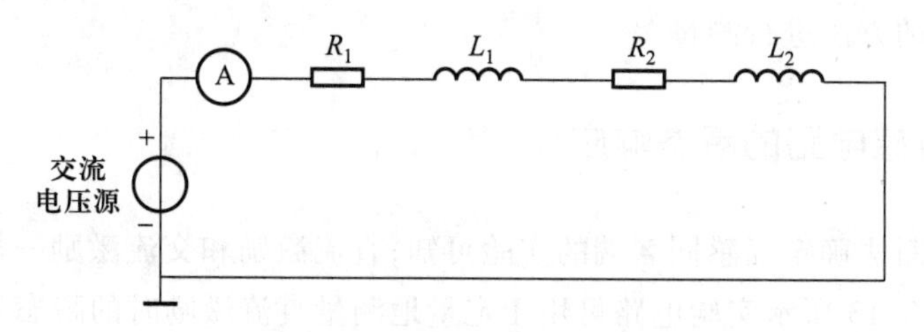


图 8.11　交流判断法确定互感同名端位置的实验电路

根据图 8.11 在面包板或九孔板上连接好电路。两个线圈平行紧靠放置。交流电压源的电压由零逐渐增加,使电流表读数约为 0.2 A。此时电路先断电,然后将 $L_2$ 水平旋转 180°(即调转方向),仍保持与 $L_1$ 平行紧靠放置。再次通电后,比较线圈调转前后电流表的读数,可以判断同名端的位置:如果线圈调转后电流表读数增大,则调转前两个线圈的左端为同名端;如果线圈调转后电流表读数减小,则调转后两个线圈的左端为同名端。

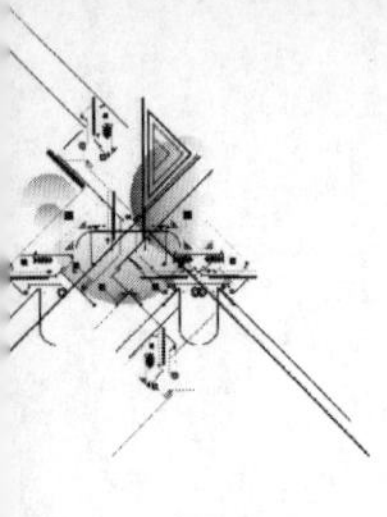



## 8.5.3　互感的测量和耦合系数的计算

8.5.2 节仅确定了互感的同名端位置，但没有测量出互感 $M$ 的值。测量互感 $M$ 的实验电路如图 8.12 所示。图中交流电压源可以采用变压器或交流稳压源实现。电流表和电压表均为交流电表。

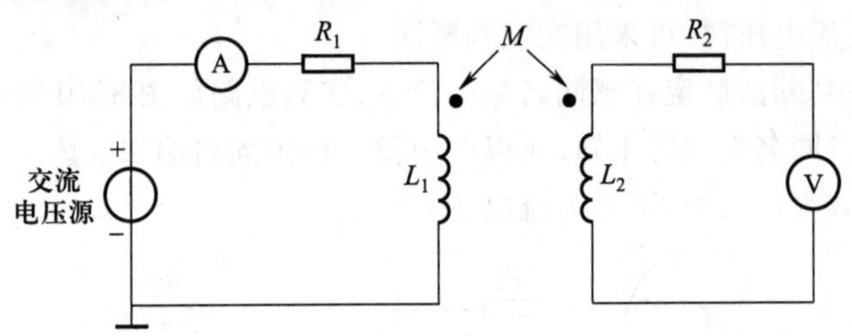


图 8.12　测量互感的实验电路

根据图 8.12 在面包板或九孔板上连接好电路。两个线圈平行紧靠放置。交流电压源的电压由零逐渐增加，使电流表读数约为 0.2 A，并且记录电流表读数。同时，记录电压表读数，该读数即为互感电压的有效值。

互感 $M$ 的计算公式为

$$M=\frac{\text{电压表读数}}{\text{电流表读数}\times 2\pi\times 50} \tag{8.6}$$

互感 $M$ 得到后，可根据以下公式计算出互感的耦合系数：

$$k=\frac{M}{\sqrt{L_1 L_2}} \tag{8.7}$$

式中 $L_1$ 和 $L_2$ 均为已知量，在线圈内侧有标记。如果 $L_1$ 和 $L_2$ 未知，可以用正弦稳态电路实验所介绍的方法进行测量。

## 8.5.4　含互感电路的瞬态响应

由直流判断法确定互感同名端的实验可知，直流激励和交流激励一样，都可以产生互感电压。图 8.13 所示实验电路可用于定量地测量直流激励时的瞬态互感电压。

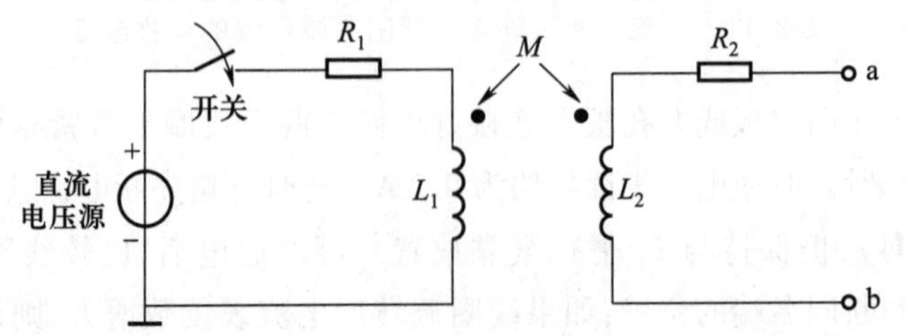


图 8.13　测量直流激励时瞬态互感电压的实验电路

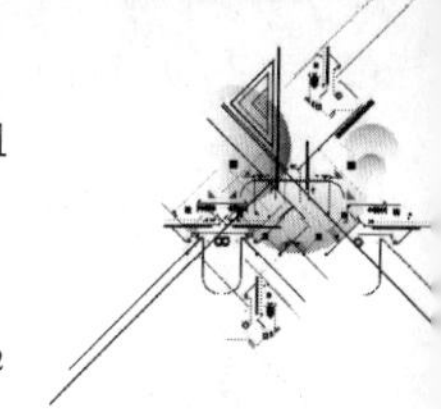

首先,根据图 8.13 在九孔板或面包板上连接好电路。两个线圈平行紧靠放置,$L_2$ 开路。示波器一个通道的两个端子分别接图中的 a 和 b,其中黑色端子接 b 点。

开关原来处于断开状态。现在将开关闭合,利用示波器的单次测量功能测量 a、b 两点之间的互感电压波形。

### 8.5.5　提高含互感电路中灯泡的亮度

由演示实验可见,虽然两个线圈之间没有连线,但是通过互感可以使灯泡点亮。这实际上是一种无线电能传输。为了对无线电能传输有更进一步的了解,下面做关于提高灯泡亮度的实验。

要提高图 8.9 所示电路中灯泡的亮度,很自然地想到的方法是增大交流源电压的有效值。假定交流电压源的有效值和频率都不能改变,怎样才能提高灯泡的亮度呢?

首先可以在 $L_1$ 左侧串联一个电容,如图 8.14 所示。交流电压源的电压有效值与 8.4.1 节演示实验中的相同。观察灯泡亮度是否提高。改变串联的电容值,再观察灯泡的亮度是否提高。分析为什么在 $L_1$ 左侧串联电容可以提高灯泡的亮度。

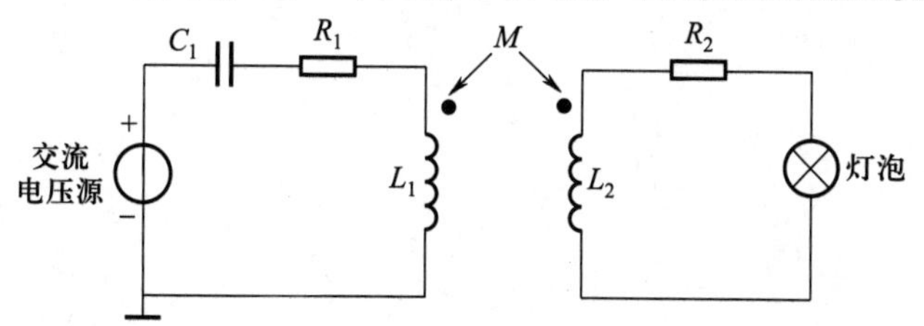


图 8.14　在 $L_1$ 左侧串联电容以提高灯泡亮度的实验电路

保留左侧串联的电容,在 $L_2$ 右侧串联一个电容,如图 8.15 所示。观察灯泡亮度是否提高。改变串联的电容值,再观察灯泡的亮度是否提高。分析为什么在 $L_2$ 右侧串联电容可以提高灯泡的亮度。

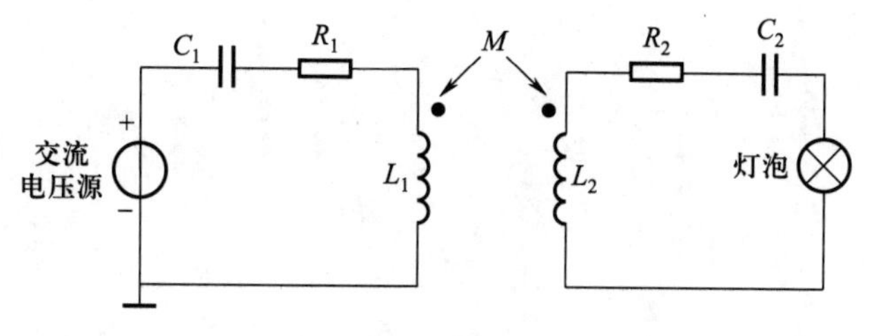


图 8.15　在 $L_2$ 右侧串联电容以提高灯泡亮度的实验电路

## §8.6　实验报告要求

互感的实验报告要求如下。

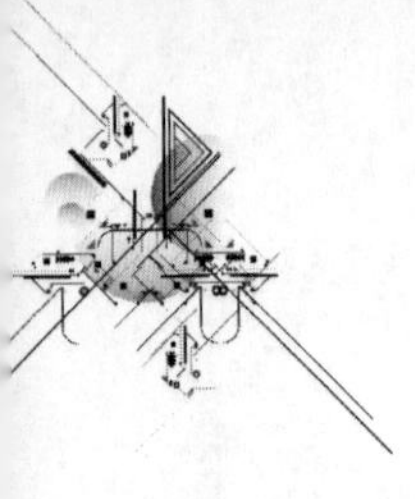



1）实验前仿真结果整理：将实验前的仿真参数和仿真结果插入到实验报告册的相应位置。

2）8.4.1节演示实验结果分析：通过所学理论解释演示实验灯泡亮度变化的原因。

3）给出8.4.2节互感同名端位置交流实验判断方法的理论依据。

4）给出根据8.4.3节实验结果计算互感$M$的理论依据。

5）通过理论推导8.4.4节中的瞬态互感电压，所用参数均为实验中所用和测量的参数，并将理论推导的瞬态互感电压表达式进行MATLAB绘图；比较MATLAB绘图与实验中示波器显示的波形，分析异同及其原因。

6）Multisim仿真及分析：根据图8.15搭建仿真电路。仿真参数尽可能与实验所用参数相同；仿真时需要设置互感的耦合系数，该耦合系数采用实验中通过测量计算得到的耦合系数；通过仿真给出不同位置电容取不同值时的灯泡电流；尝试采用与实验中不同的电容值进行仿真，获得比采用实验参数时更大的灯泡电流；最后尝试通过理论对仿真结果进行分析。

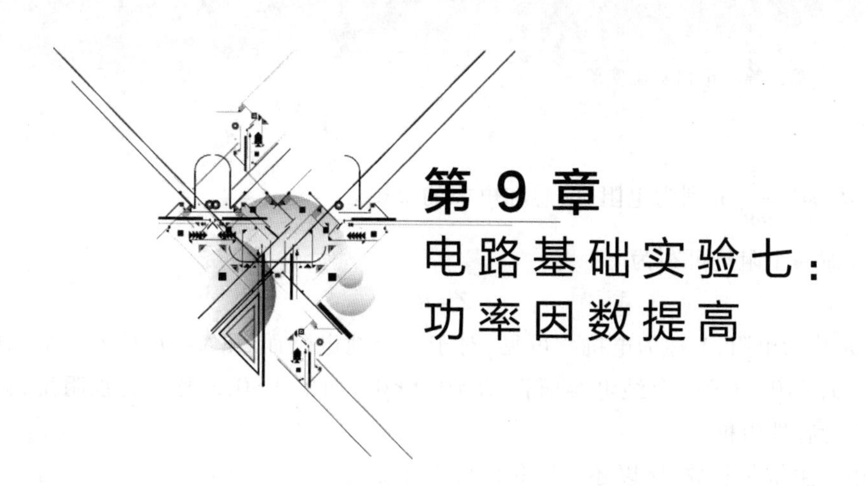

# 第 9 章 电路基础实验七：功率因数提高

## §9.1 实验目标

正弦稳态电路是电路课程的关键内容，而提高功率因数是正弦稳态电路的典型应用之一。通过功率因数提高实验，希望达到以下目标：

1）掌握阻抗和正弦稳态电路功率的概念。

2）掌握提高功率因数的背景和方法。

3）掌握电容并联等效。

4）掌握用 MATLAB/Excel 将实验数据绘制成曲线的方法。

5）锻炼通过电路软件进行计算机仿真的能力。

6）锻炼将理论、仿真和实验相互结合的能力。

## §9.2 实验的理论基础

功率因数的提高涉及很多正弦稳态电路的概念，下面简要介绍功率因数提高实验需要用到的知识点。

### 9.2.1 阻抗

阻抗：在相量域中，含有电阻、电感或电容的支路的电压和电流之比称为阻抗。可见阻抗与电阻类似，满足广义的欧姆定理，因此阻抗的串并联与电阻的串并联公式相同。

假设电阻、电感、电容串联，如图 9.1 所示，则其阻抗为

$$Z=\frac{\dot{U}}{\dot{I}}=R+\mathrm{j}\omega L+\frac{1}{\mathrm{j}\omega C}=R+\mathrm{j}\left(\omega L-\frac{1}{\omega C}\right) \qquad (9.1)$$

+ $\dot{U}$ −
$\dot{I}$ $R$ $\mathrm{j}\omega L$ $\frac{1}{\mathrm{j}\omega C}$

图 9.1 正弦稳态电路电阻、电感、电容串联

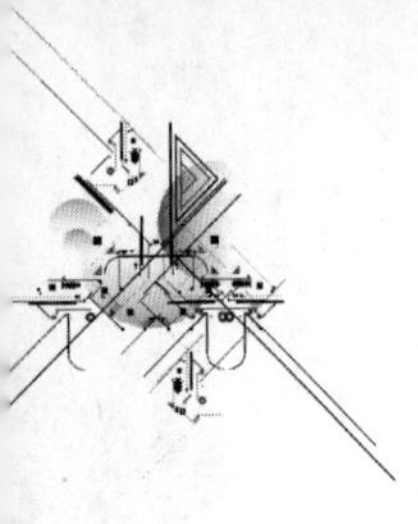



式中,$R$、$j\omega L$、$\frac{1}{j\omega C}$分别为电阻、电感和电容的阻抗。

任意一个阻抗可写为

$$Z=R+jX \tag{9.2}$$

式中,$R$ 称为电阻,$X$ 称为电抗。可见,对于一个纯电阻而言,$X=0$;对于一个纯电感而言,$R=0$,$X>0$;对于一个纯电容而言,$R=0$,$X<0$。如果 $X>0$,$Z$ 称为感性阻抗;如果 $X<0$,$Z$ 称为容性阻抗。

由于阻抗是复数,所以还可以写成极坐标形式:

$$Z=|Z|\angle\theta_z \tag{9.3}$$

式中,$|Z|$为阻抗模值,$\theta_z$ 为阻抗角。根据式(9.1)阻抗的定义可知,阻抗角反映了阻抗电压和电流的相位差。

### 9.2.2 功率因数

功率因数定义为有功功率除以视在功率,即

$$\lambda=\frac{P}{S} \tag{9.4}$$

式中,$S=UI$ 为视在功率,$P$ 为有功功率,又称平均功率,其表达式为

$$P=UI\cos\varphi \tag{9.5}$$

式中,$\varphi$ 称为功率因数角,代表支路电压和支路电流的相位差。由式(9.1)阻抗的概念可知,阻抗等于电压相量除以电流相量,因此阻抗角就等于电压和电流的相位差,即功率因数角。

视在功率代表做功的潜力,有功功率代表实际做功的能力,因此式(9.5)的功率因数体现了实际发挥潜力的程度。将有功功率和视在功率的表达式代入式(9.5)可得

$$\lambda=\cos\varphi \tag{9.6}$$

可见,只要确定了 $\varphi$,即支路电压和支路电流的相位差,就确定了功率因数。

### 9.2.3 提高功率因数的背景和方法

一般希望功率因数越大越好。由式(9.6)可知,功率因数最大为 1,此时意味着潜力得到完全的发挥。

由式(9.5)和式(9.6)可得

$$I=\frac{P}{U\cos\varphi}=\frac{P}{U\lambda} \tag{9.7}$$

由式(9.7)可见,功率因数越高,电流 $I$ 越小。电力系统在输电时输电线都有电阻,电流

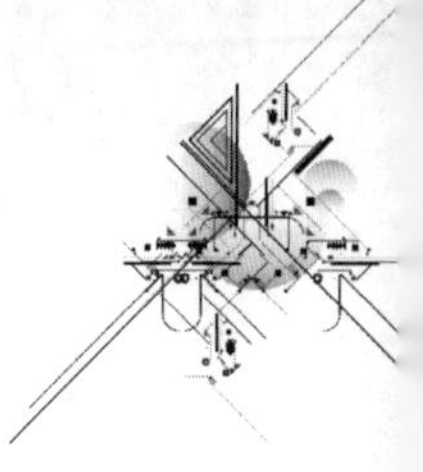

流过电阻会产生功率的损耗。提高功率因数可以减小输电线路的电流,从而减小输电线路的功率损耗。这对于电力系统的经济运行极为重要。

由式(9.6)可见,通过使功率因数角(即阻抗角)尽可能靠近 0,可以提高功率因数。可见,提高功率因数其实就是减小阻抗角的绝对值。如果阻抗本来是感性阻抗,那么通过并联电容可以减小阻抗角的绝对值;如果阻抗本来是容性阻抗,那么可以通过并联电感减小阻抗角的绝对值。之所以采用并联的形式提高功率因数,是因为并联电容或电感不改变阻抗的电压,从而保证阻抗始终能正常运行。

电力系统输电线路由于有对地电容,长距离输电时呈现容性阻抗。此时,为了提高功率因数,可以在输电线路并联电感(在电力系统中通常称为电抗器)。

用电设备大多数是感性阻抗,例如电动机、日光灯等。此时,为了提高功率因数,可以在感性阻抗旁边并联电容,如图 9.2 所示。

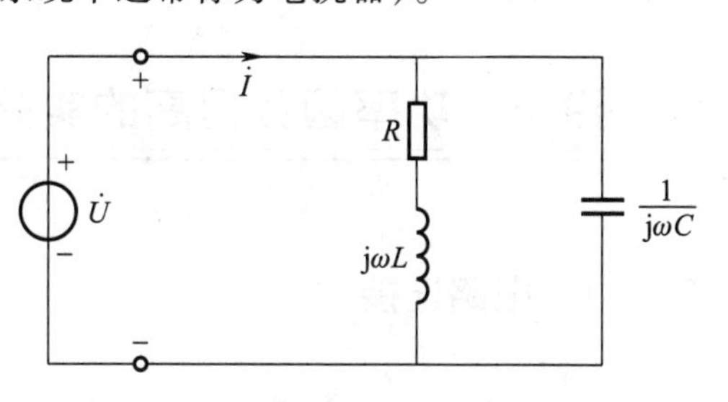


图 9.2　在感性阻抗旁边并联电容以提高电路的功率因数

由于电感的无功功率大于零,为感性无功功率,而电容的无功功率小于零,为容性无功功率,所以在感性阻抗旁边并联电容,相当于用容性无功功率中和感性无功功率,从而减小总的无功功率。无功功率减小,即 $Q=UI\sin\varphi$ 减小,因此电压和电流的相位差 $\varphi$ 的绝对值减小,功率因数 $\lambda=\cos\varphi$ 就提高了。可见,功率因数提高也可以理解为无功功率的补偿。

## §9.3　实验仪器和实验材料

功率因数提高电路实验需要用到的实验仪器如表 9.1 所示。

表 9.1　功率因数提高电路实验所用实验仪器

| 仪器名称 | 数量 | 仪器用途 | 备注 |
| --- | --- | --- | --- |
| 交流电路实验平台 | 1 套 | 提供有效值可调交流电源、感性阻抗、电容、智能电量仪和电流插孔板 | 功率因数提高模块包含 5 个电容、5 个开关、1 个电阻和 1 个电感 |

## §9.4　实验前仿真任务

(1) 仿真电路搭建

按照图 9.2 所示电路,在 Multisim 中搭建仿真电路,要求交流电压源的频率 $f=50$ Hz,$R=100\ \Omega$,$L=450$ mH。根据视频 9.1,在 Multisim 中搭建仿真电路。

视频 9.1

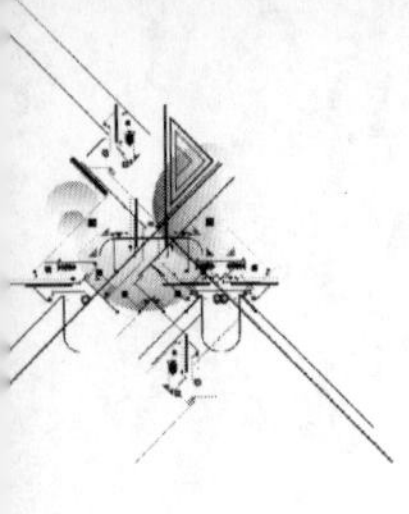

(2) 仿真过程

改变并联电容的电容值(取 4 个,含为零的电容值),要求必须包含一个电容值使得电压和电流的相位差近似为零。测量每个电容值对应的电压源电流有效值以及电压和电流的相位差,并用计算器计算出对应的功率因数。最后通过 Multisim 的交流参数扫描功能,绘制电压源电流有效值随并联电容值变化的曲线,要求曲线先单调递减,再单调递增。

(3) 仿真要求

请将仿真电路图、仿真参数、测量值和曲线填写或插入到实验报告册的相应位置,并在实验前打印出来。

## §9.5 功率因数提高的实验过程

### 9.5.1 电路连接

图 9.3 所示为功率因数提高电路图。

根据图 9.3 在实验室的交流电路实验平台上连线。交流电路实验平台中单相调压器的输出在通电以前必须设置为零。功率因数提高模块的 5 个开关在通电以前全部拨到关断(OFF)状态,如图 9.4 所示。

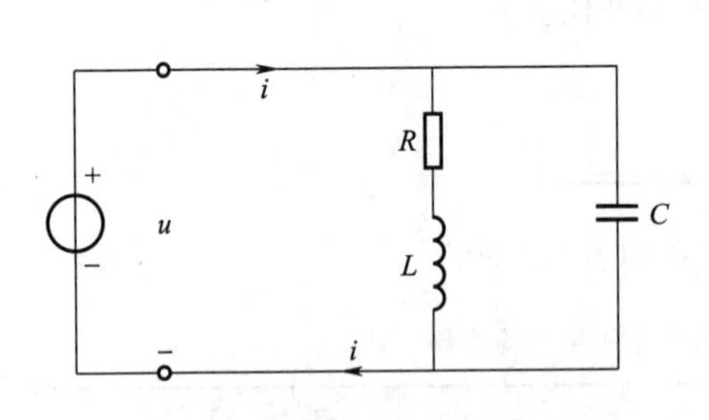


图 9.3 功率因数提高电路图

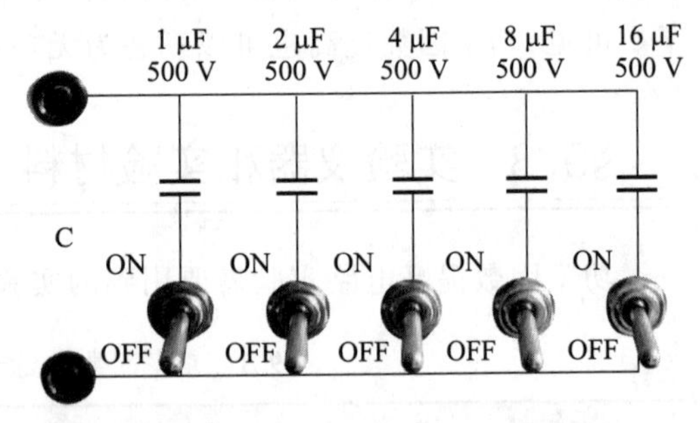


图 9.4 功率因数提高模块的电容和开关

### 9.5.2 通电和测量

从零开始,将实验平台变压器的输出逐步增大到 30 V。通过拨动图 9.4 所示开关,分别测量并记录电容值为 0 μF、6 μF、10 μF、12 μF、14 μF、15 μF、16 μF、17 μF、19 μF、24 μF、31 μF 时对应的智能电量仪读数(含有功功率、电流有效值),计算功率因数、功率因数角。将测量数据记录到表 9.2 中。

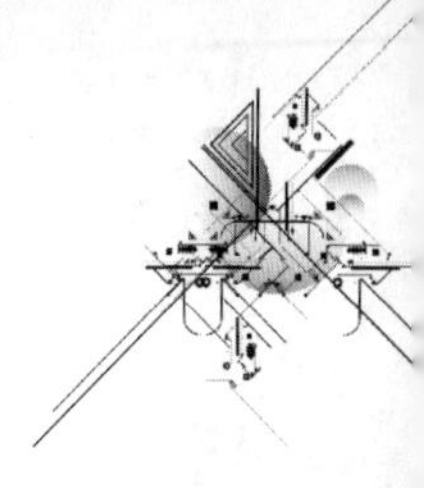

表 9.2　功率因数提高测量结果

| 电容值 | 有功功率<br>(读取智能电量仪) | 电流有效值<br>(读取智能电量仪) | 功率因数<br>(计算) | 功率因数角<br>(计算) |
|---|---|---|---|---|
| 0 μF | | | | |
| 6 μF | | | | |
| 10 μF | | | | |
| 12 μF | | | | |
| 14 μF | | | | |
| 15 μF | | | | |
| 16 μF | | | | |
| 17 μF | | | | |
| 19 μF | | | | |
| 24 μF | | | | |
| 31 μF | | | | |

## §9.6　实验报告要求

功率因数提高的实验报告要求如下。

1) 实验前必须完成 9.4 节仿真内容方可进入实验室完成实测任务,请将仿真结果附在实验报告册中并打印。

2) 根据实验理论基础和实验过程总结实验原理。

3) 当 $f=50$ Hz,$R=100\ \Omega$,$L=450$ mH 时,通过电路理论,计算出能够使功率因数提高到 1 的电容值,将计算过程和结果填写到实验报告册中。

4) 根据实验测量数据,用 MATLAB/Excel 绘制以电容值 $C$ 为横坐标,以功率因数为纵坐标的曲线,以及以电流有效值 $I$ 为纵坐标的曲线,并对曲线进行理论解释,将曲线和理论解释插入或填写到实验报告册中。

5) 实验中的 450 mH 电感线圈不是理想电感,可以等效为一个电感和一个电阻串联。这会导致理论分析结果与实验结果的差异。请根据实验结果,结合电路理论,计算出 450 mH 电感线圈的等效串联电阻,将计算依据和计算结果填写到实验报告册中。

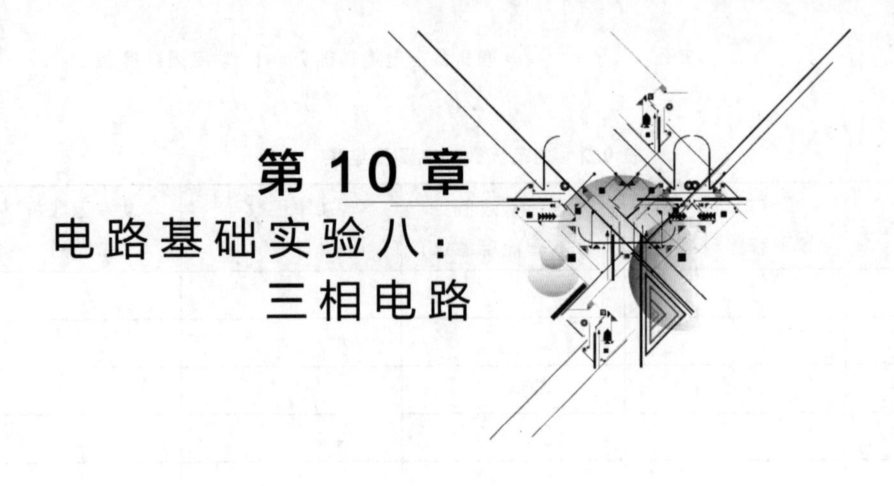

# 第10章 电路基础实验八：三相电路

## §10.1 实验目标

三相电路实验有别于其他实验，格外强调安全性，侧重验证和思考，而非设计和动手。通过三相电路实验，希望达到以下目标：

1) 通过三相电路实验讲解实验安全的重要性，引起对实验安全的重视，掌握保证安全的措施。

2) 通过三相电路实验对“地”的概念有更深入更全面的理解。

3) 验证对称三相电路星形和三角形接法线电压有效值和相电压有效值的关系。

4) 验证对称三相电路星形接法负载端和电源端的中性点电位差为零。

5) 验证不对称三相电路两个中性点电位差不等于零，三相负载电压不对称。

6) 验证三相四线制可以解决不对称三相电路负载电压不对称的问题。

7) 掌握用二瓦计法测量三相电路总的有功功率。

8) 掌握三相电路的仿真方法。

9) 锻炼通过理论分析实验结果的能力。

10) 通过灯泡非线性解释中性点电位与线性电路理论分析不一致的问题，从而认识到非线性对电路的影响，锻炼当实验结果与预期结果不一致时分析、思考可能原因的能力。

11) 培养和增强工程安全意识。

## §10.2 实验的理论基础

三相电路主要用于大功率发电、输电和用电，其电压和电流通常较高，对安全性要求也较高，需要特别注意。下面简要介绍三相电路实验需要用到的知识点。

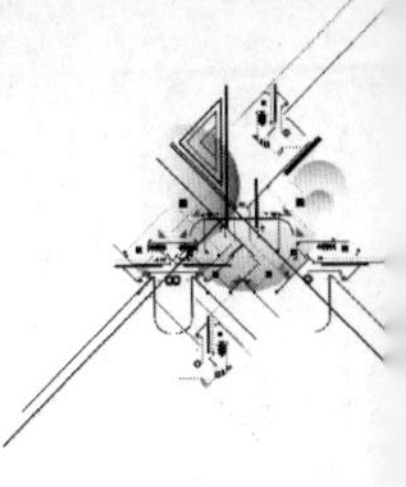

### 10.2.1　对称三相电路

对称三相电路定义:三相电源对称、三相负载相等的电路称为对称三相电路。图 10.1 为一个典型的对称三相电路。

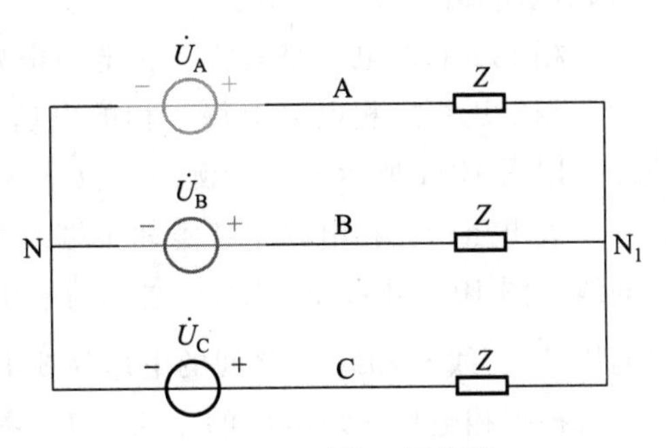

图 10.1　对称三相电路

三相电源对称指三相电压源的三相输出电压为有效值相等且相位依次滞后 120°的正弦量。对称三相电压源的输出电压为

$$u_A=\sqrt{2}U\cos\omega t \qquad (10.1)$$

$$u_B=\sqrt{2}U\cos(\omega t-120°) \qquad (10.2)$$

$$u_C=\sqrt{2}U\cos(\omega t-120°-120°)=\sqrt{2}U\cos(\omega t+120°) \qquad (10.3)$$

由式(10.1)~式(10.3)可见,三相电压源的 A、B、C 三相输出电压的有效值相同,相位依次滞后 120°,其中 A 相电压的初相位一般默认为 0°。

图 10.2 为三相电压源的输出电压波形。

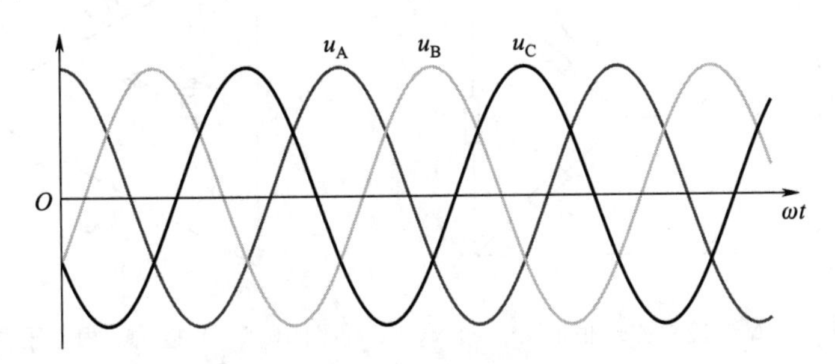

图 10.2　三相电压源输出电压波形

由式(10.1)~式(10.3)可得三相电压源输出电压的相量形式为

$$\dot{U}_A=U\angle 0° \qquad \dot{U}_B=U\angle -120° \qquad \dot{U}_C=U\angle 120° \qquad (10.4)$$

根据式(10.4)可以画出对称三相电压源输出电压的相量图,如图 10.3 所示。

由图 10.3 可见,对称三相电压源输出电压具有对称性,且

$$\dot{U}_A+\dot{U}_B+\dot{U}_C=0 \qquad (10.5)$$

可以证明图 10.1 所示对称三相电路中的中性点 $N_1$ 和 N 等电位,因此对称三相负载上的电压等于对称三相电源的电压,也就是说对称三相负载的电压也是对称的。

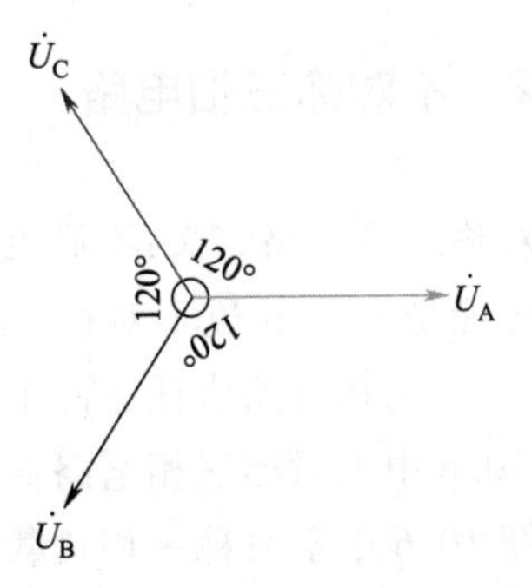

图 10.3　对称三相电压源输出电压相量图

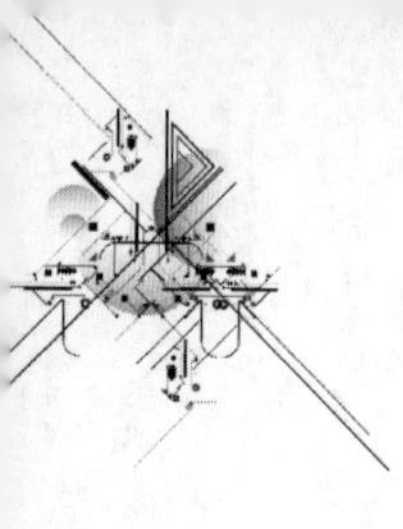

根据三相电压源和三相负载接法的不同,对称三相电路有多种连接方式。图 10.1 所示电路为 Y-Y 连接,又称星形-星形连接。如果将负载改为三角形接法(又称 Δ 接法),电路如图 10.4 所示。

相电压和线电压是对称三相电路中非常重要的概念。

相电压指三相电路中每一相的电压,此处的相不是指相位,而是指具体的电路元件。以图 10.1 所示电路为例,$\dot{U}_A$、$\dot{U}_B$、$\dot{U}_C$ 指三个电压源的电压,因而是相电压。

线电压指三相电路中任意两个端线之间的电压。端线指连接三相电源和三相负载的线。图 10.1 中线 A 和线 B 之间的电压为线电压 $\dot{U}_{AB}$,线 B 和线 C 之间的电压为线电压 $\dot{U}_{BC}$,线 C 和线 A 之间的电压为线电压 $\dot{U}_{CA}$。

根据相电压和线电压的定义可知,图 10.4 中三角形接法负载的相电压等于线电压,而图 10.1 中 Y-Y 接法的相电压不等于线电压。

根据相电压和线电压的定义,可得图 10.1 中相电压和线电压的相量图如图 10.5 所示。

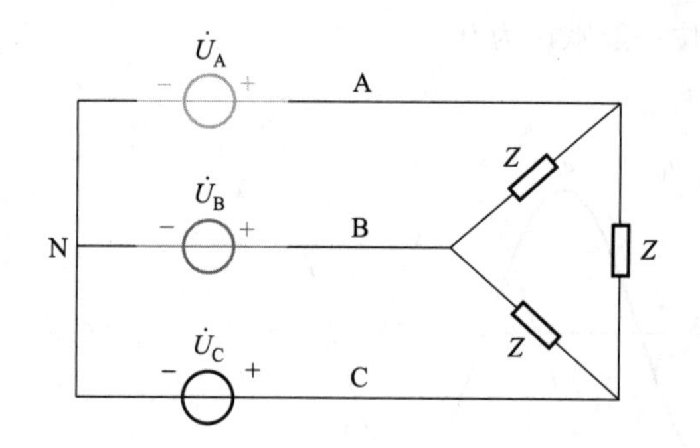


图 10.4　Y-Δ 连接对称三相电路

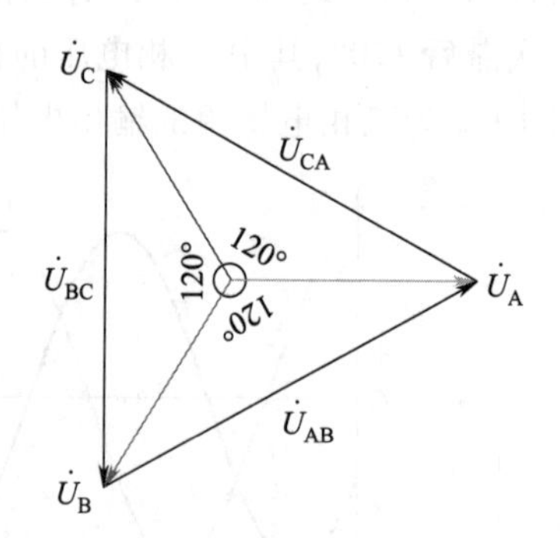


图 10.5　Y 接法三相电压源相电压和线电压的相量图

由图 10.5 可见,线电压有效值为相电压有效值的$\sqrt{3}$倍。可见相量图是分析三相电路非常有用的工具。居民用电为三相电,相电压有效值为 220 V,线电压有效值为 380 V。

## 10.2.2　不对称三相电路

不对称三相电路定义:不满足对称性的电路称为不对称三相电路。不满足对称性的原因可能是三相电源不对称,也可能是负载不对称,其中后者更常见。例如,如果图 10.6 所示三相电路中任意两个负载不相等,则三相负载就不对称。

图 10.6 中不对称三相电路 $N_1$ 不再与 N 等电位,这称为中性点位移。此时可以定性绘制图 10.6 中不对称三相负载电压的相量图,如图 10.7 所示。可见,三相负载不对称会导致三相负载上的电压不对称,即负载电压的有效值不相等,相位也可能不再依次滞后 120°。这会对三相负载造成非常不利的影响。

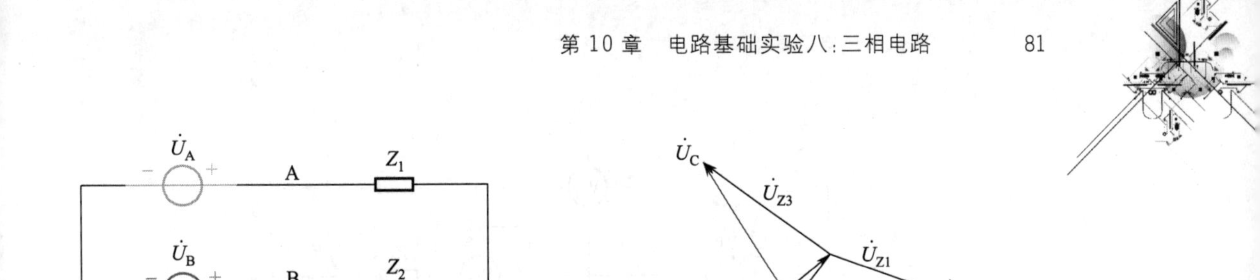


图 10.6　不对称三相电路,三相负载不全部相等　　　　图 10.7　不对称三相电路负载电压的相量图

解决不对称三相电路负载电压不对称的方法很简单,就是强制使三相负载电压对称,如图 10.8 所示。

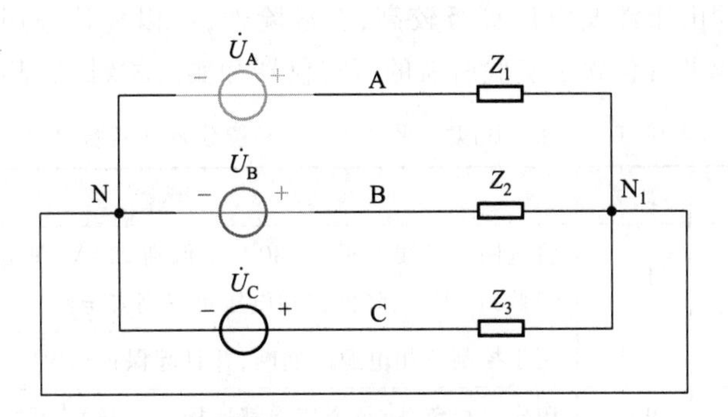


图 10.8　三相四线制解决三相负载电压不对称

对比图 10.8 和图 10.6 可见,图 10.8 增加了一条导线,该导线强迫 $N_1$ 与 N 等电位,这样负载电压就等于三相电压源的电压,因此负载电压就一定对称了。由于图 10.8 所示电路增加了一条导线,所以我们称该接法为三相四线制,图 10.6 的接法称为三相三线制。所增加的这条导线因为连接了两个中性点,所以称为中线。如果该中线还连接大地,那么也可称为零线,而 A、B、C 这三个端线称为火线。显然火线上的电位很高,非常危险,因此千万不要触碰。零线相对安全,但也不是绝对安全,特别是当电路出现故障的时候,零线上也可能有较高电压,因此也不要触碰。

### 10.2.3　二瓦计法测量三相电路总的有功功率

如果我们想测量三相三线制电路三相总的有功功率,可以用三个功率表分别对三相有功功率进行测量,然后加起来即可。不过,还有一种更简便的测量方法,该方法只用将两个功率表(功率表又称瓦特表)接入电路,然后将两个功率表读数加起来即为三相总的有功功率。因为该方法只用了两个瓦特表,所以称为二瓦计法。注意:二瓦计法适用于测量三相三线制电路的总有功功率,不能用于测量三相四线制电路的总有功功率。

两个功率表接入三相电路的位置如图 10.9 所示。

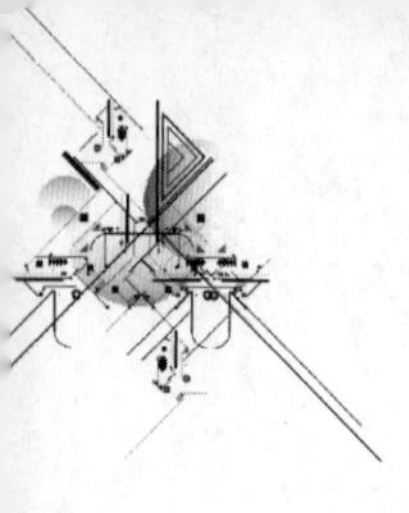

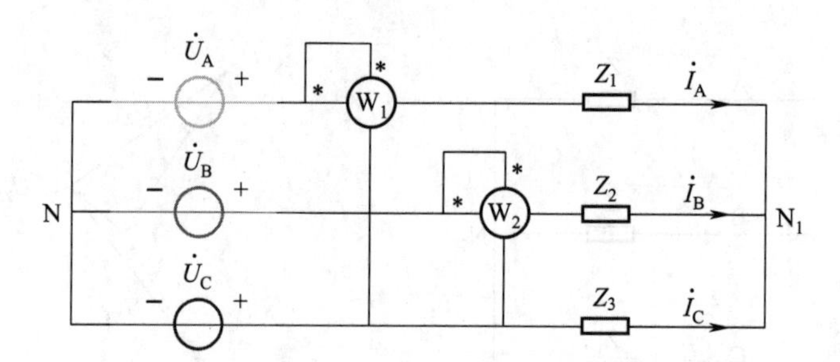


图 10.9　二瓦计法测量三相三线制电路总有功功率

## §10.3　实验仪器和实验材料

三相电路实验由于涉及电压等级较高，有危险性，所以建议采用三相电路实验平台。三相电路实验平台包含了实验所需的所有仪器和实验材料，如表 10.1 所示。

表 10.1　三相电路实验平台包含的实验仪器和实验材料

| 仪器或材料名称 | 数量 | 用途 |
|---|---|---|
| 三相变压器 | 1 台 | 将电网三相线电压由 380 V 降低到 220 V，即相电压由 220 V 电压降低到 127 V，降低三相电压可提高安全性 |
| 三相空气开关 | 1 个 | 用于控制三相电源的通断，并且起保护作用 |
| 灯泡 | 9 个 | 用作三相负载，每个灯泡都连接一个开关，可控制其通断 |
| 智能电量仪 | 1 块 | 同时具备交流电压表、电流表和功率表的功能 |
| 电流插孔板 | 1 块 | 测量电流时用到 |
| 连接线 | 若干 | 用于连接电路元件和测量 |

表 10.1 中 9 个灯泡的连接方式如图 10.10 所示，实验中可根据需要连线和进行开关的通断。

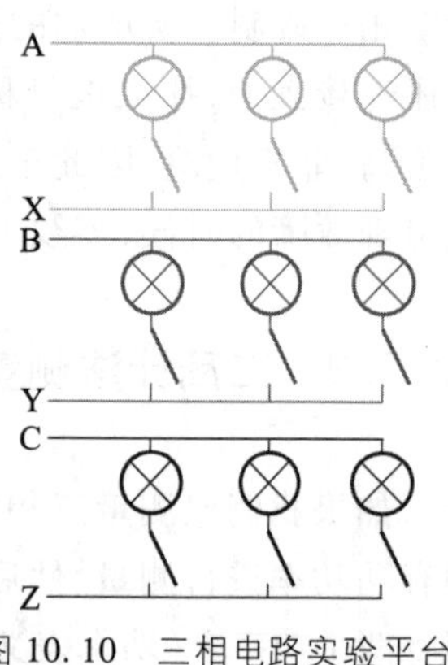


图 10.10　三相电路实验平台

## §10.4　实验前仿真任务

(1) 搭建仿真电路

视频 10.1

根据图 10.1 和图 10.6 所示对称和不对称三相电路原理图分别在 Multisim 中搭建仿真电路，搭建过程详见视频 10.1。三相电压源有效值为 220 V，频率为 50 Hz，相位依次滞后 120°。负载阻抗选择电阻，阻值自选。

(2) 仿真过程

分别仿真对称和不对称时三相负载电阻的电压波形。分别仿真对称和不对称时两

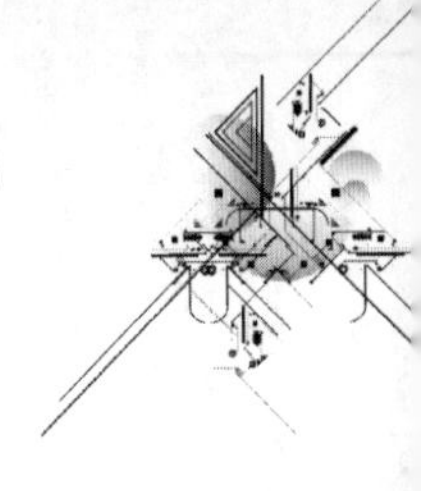

个中性点之间的电压有效值。

(3) 仿真要求

请将仿真电路图、仿真参数、测量值和波形填写或插入到实验报告册的相应位置，并在实验前打印出来。

# §10.5　三相电路的实验过程

## 10.5.1　星形接法对称三相电路实验

负载星形接法对称三相电路原理图如图 10.1 所示。实验中对称三相负载用灯泡模拟，目的是为了使实验结果更加直观。星形接法对称三相灯泡的连接方式如图 10.11 所示，X、Y、Z 连接形成的点为负载侧的中性点，记为 N′。将负载的 A、B、C 三端分别连接至三相电源的三端 U、V、W。注意实验平台三相电源输出端标记为 U、V、W，分别对应三相电路理论分析的 A、B、C。此后为了与三相电路的理论分析保持一致，不采用 U、V、W 的标记方法，但在实验接线时始终要牢记实验平台的 U、V、W 分别对应理论分析的 A、B、C。

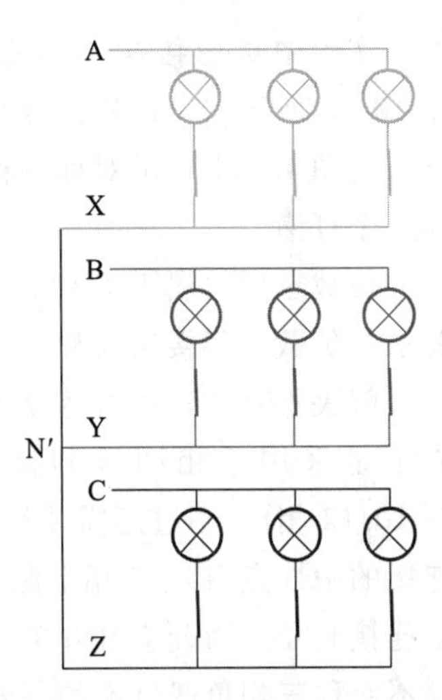

图 10.11　星形接法对称三相灯泡连接方式

接好线，检查无误后，将空气开关合上，接入三相电源。

三相电路实验切记接通三相电源前务必将接线连好，如果想改变接线，务必要断开电源，然后再改变接线，这是保障安全的重要措施。同时切记在通电时不要用手直接接触三相实验平台的任何位置。

1) 观察三相灯泡的亮度，看亮度是否基本相同。

2) 不接中性线的情况下，分别测量并记录 A、N′之间，B、N′之间，C、N′之间的负载相电压有效值，A、B 之间，B、C 之间，C、A 之间的负载线电压有效值，以及图 10.11 中 X、Y、Z 连接的中性点 N′与三相电源的中性点 N 之间的电压有效值，请将测量数据填写在表 10.2 中

表 10.2　不接中性线情况下星形接法对称三相电路

| 测量值 | $U_{AN'}$ | $U_{BN'}$ | $U_{CN'}$ | $U_{AB}$ | $U_{AC}$ | $U_{BC}$ | $U_{NN'}$ |
|---|---|---|---|---|---|---|---|
| 测量结果 | | | | | | | |

3) 接中性线的情况下，分别测量并记录 A、N′之间，B、N′之间，C、N′之间的负载相

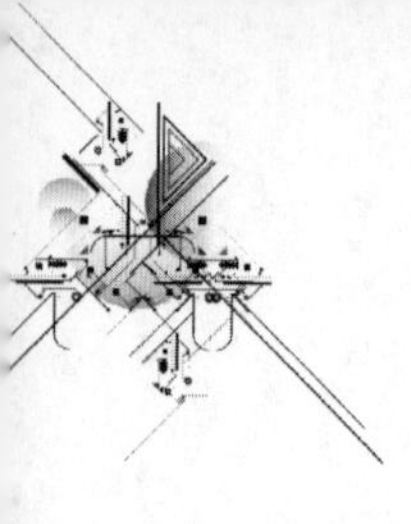



电压有效值，A、B之间，B、C之间，C、A之间的负载线电压有效值，以及图10.11中X、Y、Z连接的中性点N′与三相电源的中性点N之间的电压有效值、电流有效值，请将测量数据填写在表10.3中。

表10.3　接中性线情况下星形接法对称三相电路

| 测量值 | $U_{AN'}$ | $U_{BN'}$ | $U_{CN'}$ | $U_{AB}$ | $U_{AC}$ | $U_{BC}$ | $U_{NN'}$ | $I_{NN'}$ |
|---|---|---|---|---|---|---|---|---|
| 测量结果 | | | | | | | | |

## 10.5.2　星形接法不对称三相电路实验

实验中星形接法不对称三相灯泡的连接方式如图10.12所示，X、Y、Z连接形成的点为负载侧的中性点。与图10.11所示对称三相灯泡比较可见，A相少并联一个灯泡。

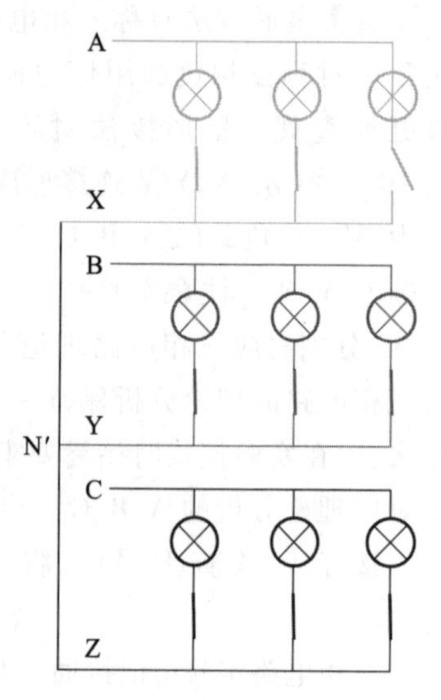


图10.12　星形接法不对称三相灯泡连接方式

负载星形接法不对称三相电路的实验过程和实验要求与负载星形接法对称三相电路相同。

解决不对称三相灯泡负载亮度不同于对称负载的方法是采用三相四线制接法。三相灯泡的接法与图10.12相同，不过还需要增加一条连接线，将X、Y、Z连接的中性点N′与三相电源的中性点N连接起来。切记连接时需先断开空气开关。连接后接通空气开关，观察不对称三相负载灯泡的亮度是否与对称时相同。

1）观察三相灯泡的亮度。

2）不接中性线的情况下，分别测量并记录图10.12中不对称三相电路A、N′之间，B、N′之间，C、N′之间的负载相电压有效值，A、B之间，B、C之间，C、A之间的负载线电压有效值，以及X、Y、Z连接的中性点N′与三相电源的中性点N之间的电压有效值，将测量数据填写在表10.4中

表10.4　不接中性线情况下星形接法不对称三相电路

| 测量值 | $U_{AN'}$ | $U_{BN'}$ | $U_{CN'}$ | $U_{AB}$ | $U_{AC}$ | $U_{BC}$ | $U_{NN'}$ |
|---|---|---|---|---|---|---|---|
| 测量结果 | | | | | | | |

3）接中性线的情况下，分别测量并记录图10.12中不对称三相电路A、N′之间，B、N′之间，C、N′之间的负载相电压有效值，A、B之间，B、C之间，C、A之间的负载线电压有效值，以及X、Y、Z连接的中性点N′与三相电源的中性点N之间的电压有效值、电流有效值，将测量数据填写在表10.5中。

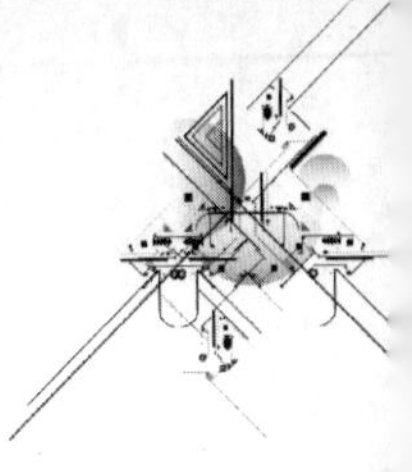

表 10.5　接中性线情况下星形接法不对称三相电路

| 测量值 | $U_{AN'}$ | $U_{BN'}$ | $U_{CN'}$ | $U_{AB}$ | $U_{AC}$ | $U_{BC}$ | $U_{NN'}$ | $I_{NN'}$ |
|---|---|---|---|---|---|---|---|---|
| 测量结果 | | | | | | | | |

## 10.5.3　二瓦计法测量星形接法不对称三相电路总有功功率

二瓦计法测量不对称三相电路总的有功功率的原理图如图 10.9 所示。将实验平台智能电量仪的电压测量端并联在电路中,电流测量端串联在电路中,数字面板上显示的功率值即为所测量的功率值。不对称三相负载灯泡的连接方式与图 10.12 相同。注意二瓦计法不能用来测量三相四线制的三相总有功功率。

连线完成检查无误后,接通空气开关。

1) 用智能电量仪测量并记录 $\mathrm{Re}(\dot{U}_{AC}\dot{I}_{A}^{*})$ 的功率,再测量并记录 $\mathrm{Re}(\dot{U}_{BC}\dot{I}_{B}^{*})$ 的功率,将两个读数相加后填写在表 10.6 中。

表 10.6　二瓦计法测量三相不对称电路功率

| $\mathrm{Re}(\dot{U}_{AC}\dot{I}_{A}^{*})$ | $\mathrm{Re}(\dot{U}_{BC}\dot{I}_{B}^{*})$ | 两个功率读数之和 |
|---|---|---|
| | | |

2) 用智能电量仪测量三相负载各自的功率(相当于三瓦计法),并将三相的功率读数相加后填写在表 10.7 中。

表 10.7　三瓦计法测量三相不对称电路功率

| A 相功率读数 | B 相功率读数 | C 相功率读数 | 三相功率读数之和 |
|---|---|---|---|
| | | | |

## 10.5.4　三角形接法对称三相电路实验

负载三角形接法对称三相电路原理图如图 10.4 所示,可见此时负载相电压与线电压相同。实验中三角形接法对称三相灯泡的连接方式如图 10.13 所示。

负载灯泡三角形接法的实验过程和实验要求与星形接法基本相同,需要分别测量三相负载线电压的有效值,将数据填写在表 10.8 中。不同的是三角形接法负载无中性点,因此无法测量与三相电源中性点之间的电压。

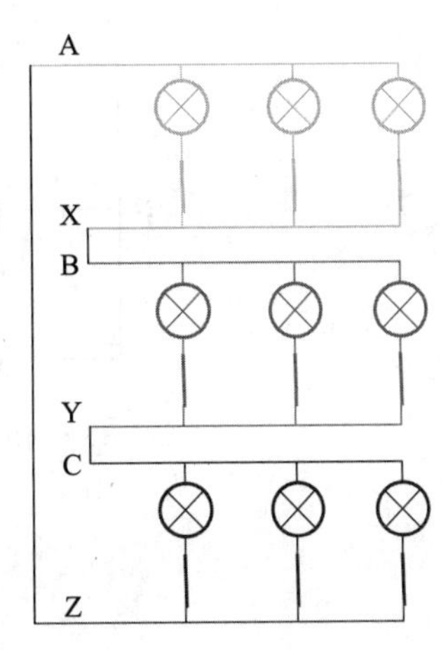


图 10.13　三角形接法对称三相灯泡连接方式

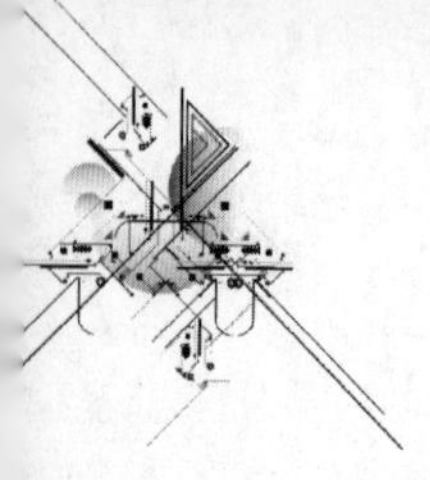



表 10.8　三角形接法对称三相电路三相负载电压有效值

| 被测量 | 测量值 |
| --- | --- |
| $U_{AB}$ | |
| $U_{BC}$ | |
| $U_{CA}$ | |

## §10.6　实验报告要求

三相电路的实验报告要求如下。

1）实验前必须完成 10.4 节仿真内容方可进入实验室完成实测任务，请将仿真结果附在实验报告册中并打印。

2）根据实验理论基础和实验过程总结实验原理。

3）根据实验数据求三角形接法和星形接法时负载灯泡电压有效值的比值，给出理论依据，并将计算结果和理论分析填写到实验报告册中。

4）假定三相灯泡为线性电阻，通过理论分析图 10.12 所示不对称接法的中性点电压计算值，与实验实测值进行比较，定性给出两者差异较大的原因，将比较结果和差异原因填写到实验报告册中。

5）图 10.14 所示为 A 相负载短路的三相电路。在 Multisim 中搭建仿真电路，参数自选。仿真得到负载短路时 A 相、B 相、C 相电流的波形。再仿真 A 相负载不短路时对称三相电路的三相电流波形。对 A 相负载短路和不短路时的仿真波形进行理论分析。将仿真电路、仿真参数、仿真波形和理论分析插入或填写到实验报告册中。

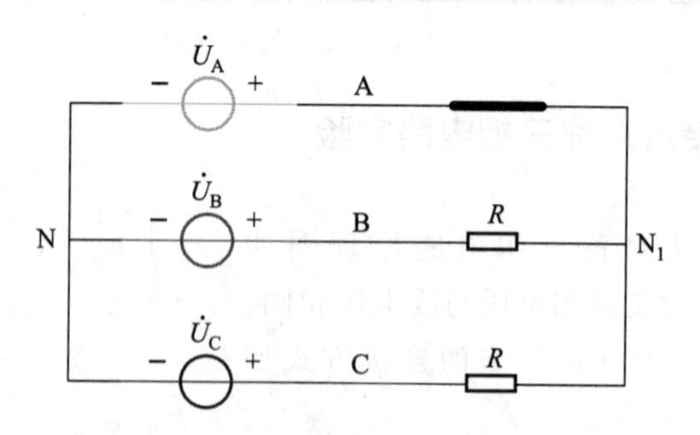


图 10.14　A 相负载短路的三相电路

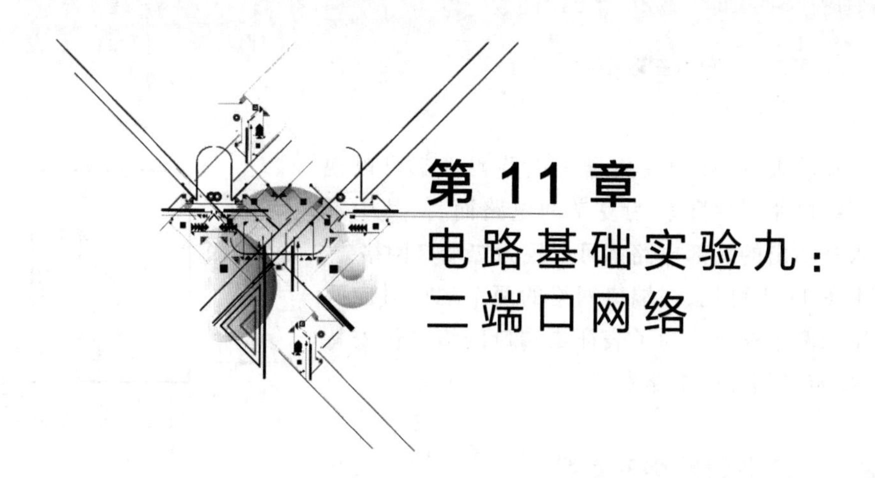

# 第 11 章 电路基础实验九：二端口网络

## §11.1 实验目标

二端口网络是指有两个端口的电路网络。由于电路都有输入和输出，而二端口网络的两个端口可以视为输入端口和输出端口，所以二端口网络对于分析和设计电路具有重要作用。通过二端口网络实验，希望达到以下目标：

1）掌握二端口网络参数的定义。

2）掌握通过实验确定二端口网络参数的方法。

3）掌握二端口网络级联的特性。

4）加深对正弦稳态电路频率特性的理解和掌握。

5）加深对滤波器类型的理解和掌握。

6）培养学生电路实验的安全意识。

7）掌握保证电路安全的具体措施。

8）锻炼将理论、仿真和实验相互结合的能力。

9）通过二端口网络级联的实验现象激发学生的学习兴趣和探索创新精神。

## §11.2 实验的理论基础

二端口网络与一端口网络有诸多不同，下面简要介绍二端口网络实验需要用到的知识点。

### 11.2.1 二端口网络的定义

图 11.1 所示网络 N 具有两个端口，如果满足

$$i_1 = i'_1, \quad i_2 = i'_2 \tag{11.1}$$

则称网络 N 为二端口网络。

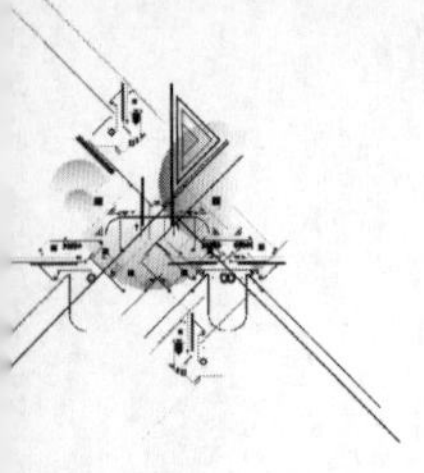



运算放大器、理想变压器等电路元件都可以视为二端口网络。对于较为复杂的电路而言，其中具有输入和输出的局部电路都可以视为二端口网络。

由图 11.1 可见，二端口网络的两个端口对应两个电压和两个电流。为了表征二端口网络的伏安特性，需要定义相应的电路参数。

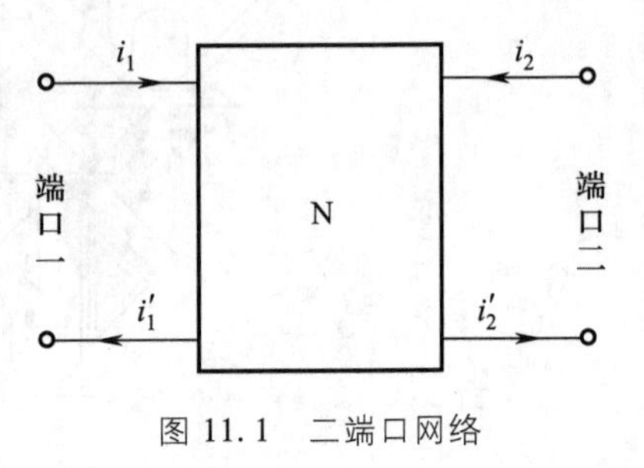


图 11.1　二端口网络

## 11.2.2　二端口网络的参数

二端口网络常用的参数有 4 种：阻抗参数 $\boldsymbol{Z}$、导纳参数 $\boldsymbol{Y}$、混合参数 $\boldsymbol{H}$、传输参数 $\boldsymbol{T}$。

为什么要定义这么多二端口网络参数呢？我们知道，对于一个电阻器而言，既可以定义电阻 $R$，也可以定义电导 $G$，串联时适合用电阻 $R$，并联时适合用电导 $G$。可见，对于一个电阻器来说，定义多个参数是为了适用于不同的场合。同样，二端口网络定义多个参数也是为了适用于不同的场合。

那么，为什么定义 4 种二端口网络参数，而不是更多呢？因为定义 4 种就够用了。

对于图 11.2 所示的标记了电压和电流的二端口网络 N，分别给出其 4 种参数的定义。

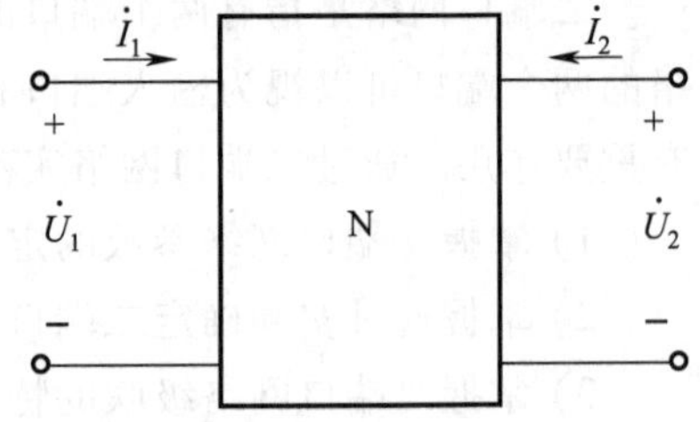


图 11.2　标记了电压和电流的二端口网络

(1) 阻抗参数 $\boldsymbol{Z}$

对于图 11.2 所示二端口网络，可以用两个电流来表示两个电压，即

$$\begin{aligned}\dot{U}_1&=Z_{11}\dot{I}_1+Z_{12}\dot{I}_2\\ \dot{U}_2&=Z_{21}\dot{I}_1+Z_{22}\dot{I}_2\end{aligned}\tag{11.2}$$

将式中的四个系数组合为一个矩阵

$$\boldsymbol{Z}=\begin{bmatrix}Z_{11}&Z_{12}\\Z_{21}&Z_{22}\end{bmatrix}\tag{11.3}$$

称 $\boldsymbol{Z}$ 参数矩阵为二端口网络的 $\boldsymbol{Z}$ 参数。由于其体现了阻抗的特点，所以 $\boldsymbol{Z}$ 参数也称为阻抗参数。

(2) 导纳参数 $\boldsymbol{Y}$

对于图 11.2 所示二端口网络，可以用两个电压来表示两个电流，即

$$\begin{aligned}\dot{I}_1&=Y_{11}\dot{U}_1+Y_{12}\dot{U}_2\\ \dot{I}_2&=Y_{21}\dot{U}_1+Y_{22}\dot{U}_2\end{aligned}\tag{11.4}$$

将式中的四个系数组合为一个矩阵

$$\boldsymbol{Y}=\begin{bmatrix}Y_{11}&Y_{12}\\Y_{21}&Y_{22}\end{bmatrix}\tag{11.5}$$

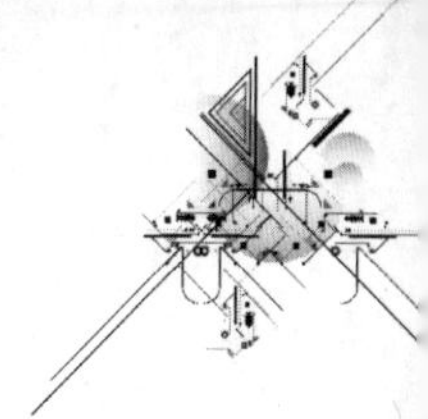

称 $\boldsymbol{Y}$ 参数矩阵为二端口网络的 $\boldsymbol{Y}$ 参数。由于其体现了导纳的特点,所以 $\boldsymbol{Y}$ 参数也称为导纳参数。

(3) 混合参数 $\boldsymbol{H}$

对于图 11.2 所示二端口网络,其电压电流关系还可以表示为

$$\begin{aligned}\dot{U}_1 &= H_{11}\dot{I}_1 + H_{12}\dot{U}_2\\ \dot{I}_2 &= H_{21}\dot{I}_1 + H_{22}\dot{U}_2\end{aligned} \tag{11.6}$$

将式中的四个系数组合为一个矩阵

$$\boldsymbol{H} = \begin{bmatrix} H_{11} & H_{12} \\ H_{21} & H_{22} \end{bmatrix} \tag{11.7}$$

称 $\boldsymbol{H}$ 参数矩阵为二端口网络的 $\boldsymbol{H}$ 参数。由于式(11.6)左右两边都既有电压,也有电流,下标既有 1,也有 2,多种元素混合在一起,所以 $\boldsymbol{H}$ 参数也称为混合参数。

(4) 传输参数 $\boldsymbol{T}$(又称 $\boldsymbol{A}$ 参数)

对于图 11.2 所示二端口网络,其左侧的电压、电流和右侧的电压、电流的关系可以表示为

$$\begin{aligned}\dot{U}_1 &= T_{11}\dot{U}_2 + T_{12}(-\dot{I}_2)\\ \dot{I}_1 &= T_{21}\dot{U}_2 + T_{22}(-\dot{I}_2)\end{aligned} \tag{11.8}$$

将式中的四个系数组合为一个矩阵

$$\boldsymbol{T} = \begin{bmatrix} T_{11} & T_{12} \\ T_{21} & T_{22} \end{bmatrix} \tag{11.9}$$

称 $\boldsymbol{T}$ 参数矩阵为二端口网络的 $\boldsymbol{T}$ 参数。由于式(11.8)左侧为二端口网络左侧的电压、电流,右侧为二端口网络右侧的电压、电流,式(11.9)反映了左、右两侧电压、电流的传输关系,所以 $\boldsymbol{T}$ 参数也称为传输参数。

### 11.2.3　二端口网络参数的确定方法

二端口网络参数的确定方法有两种情况:如果已知二端口网络的内部结构和参数,可根据 KCL 和 KVL,结合二端口网络参数的定义方程组来确定二端口网络参数;如果二端口网络是一个黑匣子,可以通过实验测量的方法确定二端口网络参数。下面讲解通过实验确定黑匣子二端口网络参数的方法。

以 $\boldsymbol{T}$ 参数的确定为例。图 11.2 中二端口网络 $\boldsymbol{T}$ 参数的定义方程组在式(11.8)中已给出,为了便于后面进行分析,此处重写一遍。

$$\begin{aligned}\dot{U}_1 &= T_{11}\dot{U}_2 + T_{12}(-\dot{I}_2)\\ \dot{I}_1 &= T_{21}\dot{U}_2 + T_{22}(-\dot{I}_2)\end{aligned} \tag{11.10}$$

由式(11.10)可见,如果要用实验测量的方法确定 $\boldsymbol{T}$ 参数,可以将式中 $\dot{I}_2$ 置零,相当于图 11.2 中右侧开路,此时在图 11.2 中左侧端口接入一个电压源,如图 11.3 所示。

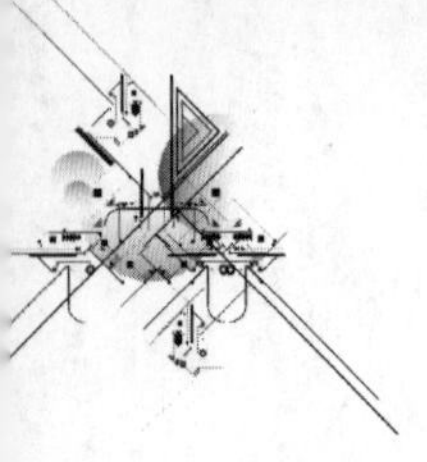

将 $\dot{I}_2=0$ 代入式(11.10)可得

$$\begin{aligned}\dot{U}_1&=T_{11}\dot{U}_2\\ \dot{I}_1&=T_{21}\dot{U}_2\end{aligned} \tag{11.11}$$

式中 $\dot{U}_1$ 为接入电压源的电压,该电压已知。通过实验可以测量出 $\dot{I}_1$ 和 $\dot{U}_2$。此时,**T** 参数中的 $T_{11}$ 和 $T_{21}$ 可通过式(11.11)求出。

用类似的方法可以求出 $T_{12}$ 和 $T_{22}$。将式(11.10)中的 $\dot{U}_2$ 置零,相当于图 11.2 中右侧端口短路,此时在图 11.2 中左侧端口接入一个电压源,如图 11.4 所示。测量右侧端口电流和左侧端口开路电压即可。由于该过程与前面完全相同,所以详细过程省略。

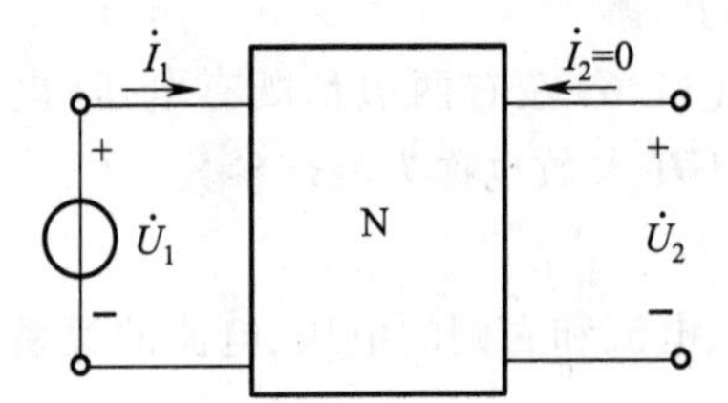


图 11.3 测量法确定二端口网络 **T** 参数(右侧端口开路)

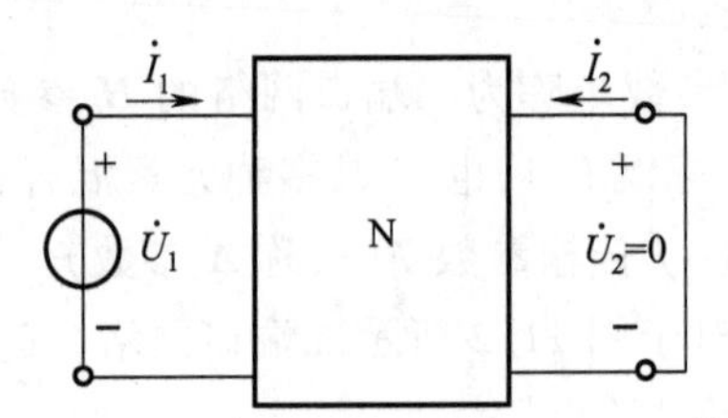


图 11.4 测量法确定二端口网络 **T** 参数(右侧端口短路)

将 $\dot{U}_2=0$ 代入式(11.10)可得

$$\begin{aligned}\dot{U}_1&=T_{12}(-\dot{I}_2)\\ \dot{I}_1&=T_{22}(-\dot{I}_2)\end{aligned} \tag{11.12}$$

式中 $\dot{U}_1$ 为接入电压源的电压,该电压已知。通过实验可以测量出 $\dot{I}_1$ 和 $-\dot{I}_2$。此时,**T** 参数中的 $T_{12}$ 和 $T_{22}$ 可通过式(11.12)求出。

以上实验测量确定二端口网络参数的方法存在很大的风险。这是因为二端口网络为黑匣子,其中的电路拓扑和元件参数未知,当将一个端口短路时,电路中可能产生非常大的电流,甚至可能导致电路烧毁。为了避免出现危险,在给二端口网络施加电压激励时,应从零开始逐步增大电压,保证电路中不出现过大的电流。

### 11.2.4 二端口网络的连接

多个二端口网络可以相互连接,从而实现更多功能。二端口网络的连接有很多种方式,具体包括:级联、串联、并联、串并联和并串联。其中最常见的连接方式是级联,两个二端口网络级联如图 11.5 所示。

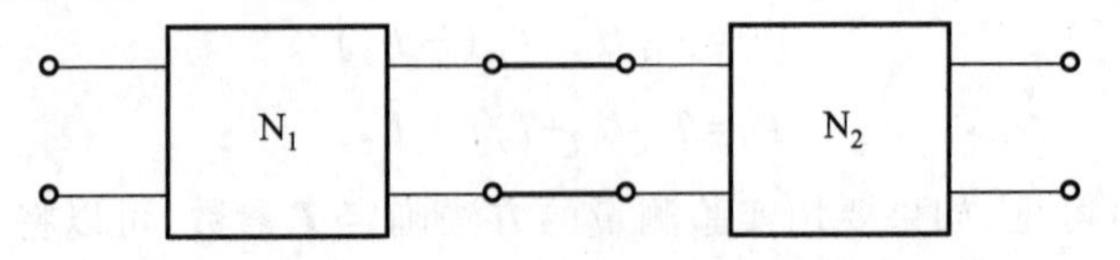


图 11.5 两个二端口网络级联

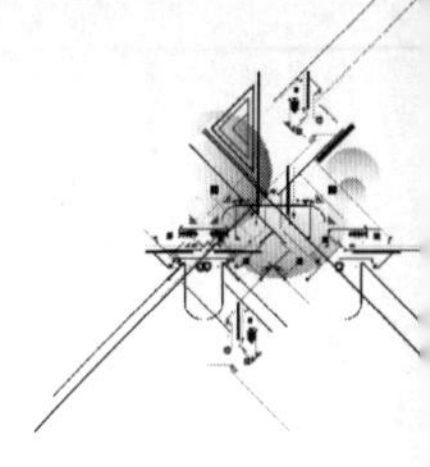

由图 11.5 可见,两个二端口网络连接后构成了新的复合二端口网络。如果图 11.5 所示的两个二端口网络的 $\boldsymbol{T}$ 参数分别为 $\boldsymbol{T}'$ 和 $\boldsymbol{T}''$,则可以证明由两个二端口网络构成的复合二端口网络的 $\boldsymbol{T}$ 参数为

$$\boldsymbol{T}=\boldsymbol{T}'\boldsymbol{T}'' \tag{11.13}$$

## §11.3　实验仪器和实验材料

二端口网络实验需要用到的实验仪器如表 11.1 所示。

表 11.1　二端口网络实验所用实验仪器

| 仪器名称 | 数量 | 仪器用途 | 备注 |
| --- | --- | --- | --- |
| 直流稳压电源 | 1 台 | 为电路提供电源 | |
| 信号发生器 | 1 台 | 为电路提供正弦输入 | 如果负载采用灯泡,信号发生器需内置功率放大功能;如果对负载没有要求,可采用常规信号发生器 |
| 万用表 | 1 台 | 用于测量电压和电流 | |

二端口网络实验需要用到的实验材料如表 11.2 所示。

表 11.2　二端口网络实验所用实验材料

| 材料名称 | 数量 | 材料用途 |
| --- | --- | --- |
| 面包板或九孔板 | 1 块 | 搭建实验电路的平台 |
| 二端口网络电路板 | 2 块 | 提前制作好的二端口网络电路板,内含若干电阻 |
| 电容 | 若干 | 用于构成滤波器 |
| 电感 | 若干 | 用于构成滤波器 |
| 灯泡 | 1 个 | 用作电路负载 |
| 连接线 | 若干 | 连接电路元件和测量 |

## §11.4　实验前仿真任务

(1) 仿真电路搭建

自行搭建低通滤波器、高通滤波器以及将低通滤波器和高通滤波器级联的仿真电路。三个电路的输入信号为幅值相同的正弦电压信号,电路拓扑和电路元件参数自选。

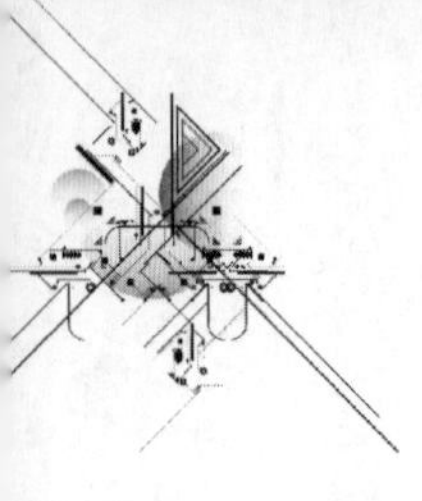

(2) 仿真过程

改变输入信号的频率,使上述三个仿真电路的输出电压幅值发生明显改变(需要保证低通滤波器输出电压幅值随频率增大而减小;高通滤波器输出电压幅值随频率增大而增大;低通滤波器和高通滤波器级联时输出电压幅值随频率增大先增大,后减小)。

(3) 仿真要求

请将仿真电路图和仿真结果(利用 Multisim 的扫频功能绘制出三个仿真电路的幅频特性曲线)插入到实验报告册中,并打印出来。

## §11.5　二端口网络的实验过程

### 11.5.1　二端口网络 *T* 参数的测量

待测黑匣子二端口网络 1 内有若干电阻,如果 11.6 所示。

令图 11.6 所示二端口网络右侧端口保持开路,在左侧端口施加直流电压,如图 11.7 所示。由于二端口网络为黑匣子,为了保证电路安全,施加电压应从 0 开始逐渐增大,直至可以读出电流读数,此时不可再继续增大电压。通过直流稳压电源的面板读数可以得到 $U_1$ 和 $I_1$,用万用表可以测量出右侧端口的电压 $U_2$。

图 11.6　待测黑匣子二端口网络 1

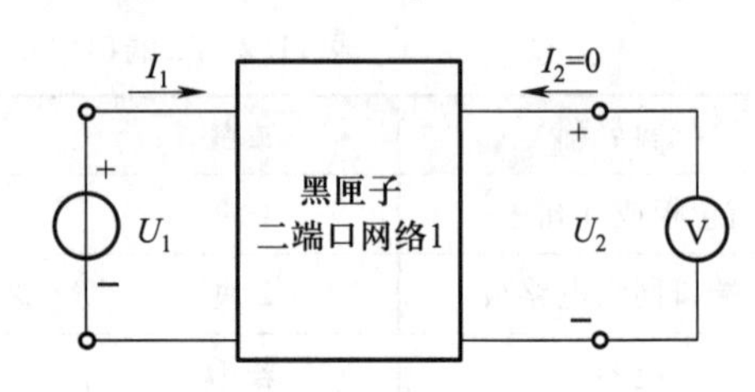


图 11.7　测量法确定黑匣子二端口网络 1 的 *T* 参数(右侧端口开路)

再令二端口网络右侧端口短路,在左侧端口施加直流电压,如图 11.8 所示。由于二端口网络为黑匣子,为了保证电路安全,施加电压应从 0 开始逐渐增大,直至可以读出电流读数,此时不可再继续增大电压。通过直流稳压电源的面板读数可以得到 $U_1$ 和 $I_1$,用安培表或万用表可以测量出右侧端口的短路电流 $I_2$,注意测量电流时,流入电流的端子应连接二端口网络右侧上方端子。

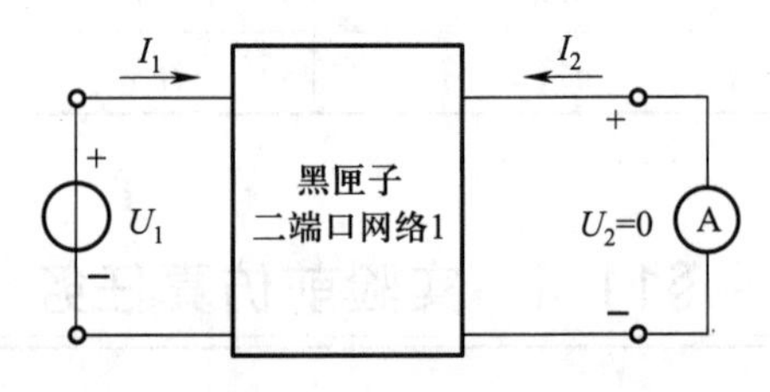


图 11.8　测量法确定黑匣子二端口网络 1 的 *T* 参数(右侧端口开路)

将黑匣子二端口网络 1 的测量结果和 *T* 参数计算结果填写到表 11.3 中。

表 11.3　黑匣子二端口网络 1 的测量结果和 $\boldsymbol{T}$ 参数计算结果

| 条件 | 测量结果 | | | 计算结果 | |
|---|---|---|---|---|---|
| 右侧端口开路 | $U_1$ | $I_1$ | $U_2$ | $T_{11}=\frac{U_1}{U_2}$ | $T_{21}=\frac{I_1}{U_2}$ |
| | | | | | |
| 右侧端口短路 | $U_1$ | $I_1$ | $I_2$ | $T_{12}=\frac{U_1}{I_2}$ | $T_{22}=\frac{I_1}{I_2}$ |
| | | | | | |

重复以上测量过程,将黑匣子二端口网络 2 的测量结果和 $\boldsymbol{T}$ 参数计算结果填写到表 11.4 中。

表 11.4　黑匣子二端口网络 2 的测量结果和 $\boldsymbol{T}$ 参数计算结果

| 条件 | 测量结果 | | | 计算结果 | |
|---|---|---|---|---|---|
| 右侧端口开路 | $U_1$ | $I_1$ | $U_2$ | $T_{11}=\frac{U_1}{U_2}$ | $T_{21}=\frac{I_1}{U_2}$ |
| | | | | | |
| 右侧端口短路 | $U_1$ | $I_1$ | $I_2$ | $T_{12}=\frac{U_1}{I_2}$ | $T_{22}=\frac{I_1}{I_2}$ |
| | | | | | |

将黑匣子二端口网络 1 和黑匣子二端口网络 2 级联起来,构成复合二端口网络,如图 11.9 所示。重复以上测量过程,将级联的复合二端口网络的测量结果和 $\boldsymbol{T}$ 参数计算结果填写到表 11.5 中。

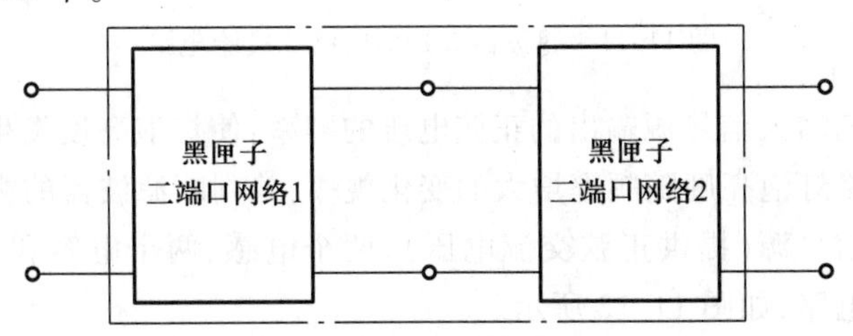


图 11.9　待测级联复合二端口网络

表 11.5　黑匣子二端口网络 1 和黑匣子二端口网络 2 级联的复合二端口网络的测量结果和 $\boldsymbol{T}$ 参数计算结果

| 条件 | 测量结果 | | | 计算结果 | |
|---|---|---|---|---|---|
| 右侧端口开路 | $U_1$ | $I_1$ | $U_2$ | $T_{11}=\frac{U_1}{U_2}$ | $T_{21}=\frac{I_1}{U_2}$ |
| | | | | | |
| 右侧端口短路 | $U_1$ | $I_1$ | $I_2$ | $T_{12}=\frac{U_1}{I_2}$ | $T_{22}=\frac{I_1}{I_2}$ |
| | | | | | |

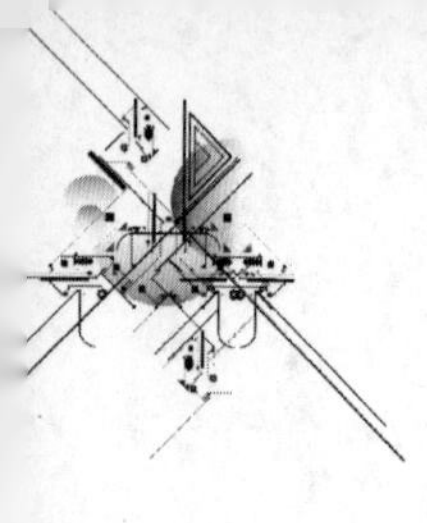

## 11.5.2　二端口网络演示实验

由实验室的信号源(提供正弦交流电压)、电感、电容和灯泡可以构成如图 11.10 所示滤波器电路。

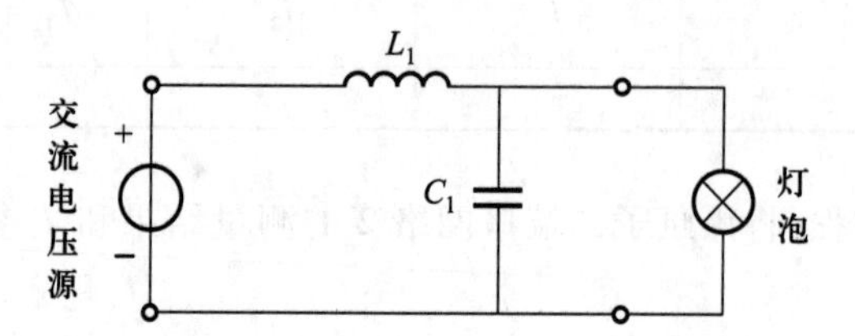


图 11.10　滤波器二端口网络 1 的实验电路

从零开始逐渐增大信号源输出的正弦电压的频率,使灯泡亮度发生明显变化,总结图 11.10 所示电路灯泡亮度随频率增大的变化规律,并判断滤波器的类型。

由实验室的信号源(提供正弦交流电压)、电感、电容和灯泡可以构成如图 11.11 所示滤波器电路。

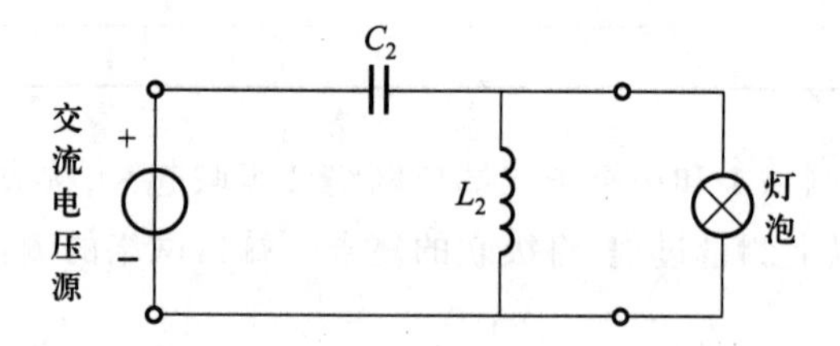


图 11.11　滤波器二端口网络 2 实验电路

从零开始逐渐增大信号源输出的正弦电压的频率,使灯泡亮度发生明显变化,总结图 11.11 所示电路灯泡亮度随频率增大的变化规律,并判断滤波器的类型。

由实验室的信号源(提供正弦交流电压)、两个电感、两个电容和灯泡可以构成两个滤波器级联的电路,如图 11.12 所示。

从零开始逐渐增大信号源输出的正弦电压的频率,使灯泡亮度发生明显变化,总结图 11.12 所示电路灯泡亮度随频率增大的变化规律,并判断两个滤波器级联后的滤波器类型。

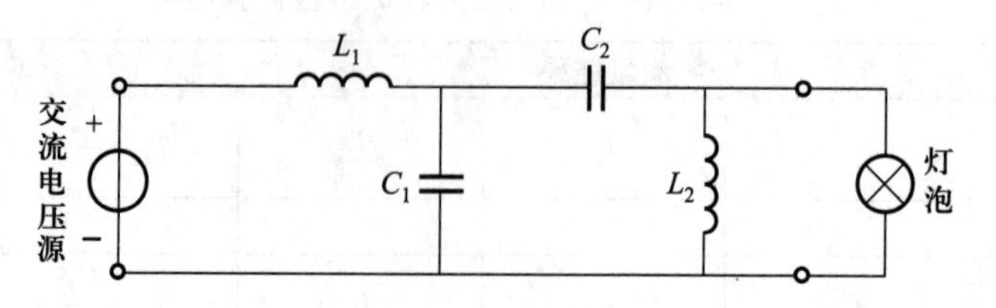


图 11.12　两个滤波器级联的二端口网络实验电路

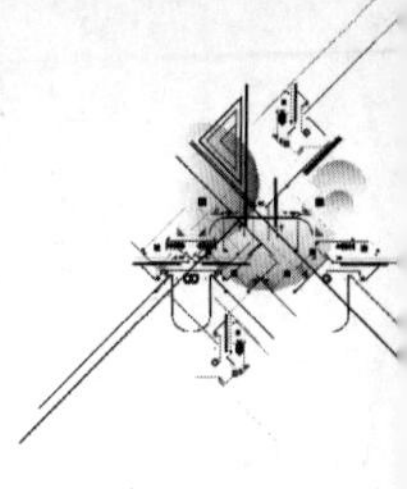

## §11.6　实验报告要求

二端口网络的实验报告要求如下。

1）实验前必须完成 11.4 节仿真内容方可进入实验室完成实测任务，请将仿真结果附在实验报告册中并打印出来。

2）根据实验理论基础和实验过程总结实验原理和保障二端口网络实验安全需要注意的事项。

3）将表 11.3~表 11.5 的结果填写到实验报告册中，并根据表格中的数据分别写出三个表格对应的二端口网络 $\boldsymbol{T}$ 参数的矩阵形式 $\boldsymbol{T}_1$、$\boldsymbol{T}_2$、$\boldsymbol{T}_3$。

4）计算 $\boldsymbol{T}$ 参数矩阵 $\boldsymbol{T}_1$ 和 $\boldsymbol{T}_2$ 的乘积，与 $\boldsymbol{T}_3$ 比较，计算矩阵中 4 个元素的误差百分比。

5）通过理论分析解释二端口网络演示实验中的实验现象。

# 第三篇
# 电路综合设计实验

# 第 12 章 万用表和信号发生器的设计与制作

第 12~15 章为电路综合设计实验。综合指实验涉及的电路知识多,并且可能有部分知识在教材中没有提及,需要自行查阅和理解相关知识并用于实验设计。设计指综合应用所学和查阅的电路知识设计实验电路,包括电路拓扑、电路参数、实验步骤等。

第 3~11 章的电路基础实验以验证分析为主,因此实验原理、实验方案和实验步骤非常详细,需要设计的部分很少。虽然部分电路基础实验有一点综合性和设计性,但总体来看不强。

从本章开始的电路综合设计实验侧重综合和设计,因此对实验原理和实验方案仅做简要介绍或提示,电路拓扑、实验参数和实验步骤需要自行设计,并根据设计完成实验任务和要求,撰写实验报告。

电路综合设计实验总计有 4 个,具体包括:万用表和信号发生器的设计与制作,数模转换和模数转换电路的设计与实现,光触发延时报警电路的设计与实现,电路的计算机编程设计与实现。从题目可以看出,综合设计实验贴近工程实际,并且实验方案可能有很多种,需要自行查阅资料,综合运用电路知识进行相关设计,实现实验目标。这对于自学能力、探索能力、知识综合能力、设计能力、调试纠错能力、计算机技术应用能力等具有很强的锻炼作用。

电路综合设计实验首先要明确理解设计任务和要求,然后根据实验原理和方案提示,综合运用电路知识设计出包含所有细节的实验方案,最后根据所设计的实验方案进行实验,完成设计任务和要求。如果实验结果不理想,要及时采取调试、修改参数甚至改变实验方案等措施,完成设计任务和要求。

下面介绍万用表和信号发生器的设计与制作。

在电路基础实验中,万用表和信号发生器是经常使用的仪器设备。它们的工作原理是什么?我们能自己制作万用表和信号发生器吗?如果真的能做到,这是一件多么有意义和有成就感的事情啊!

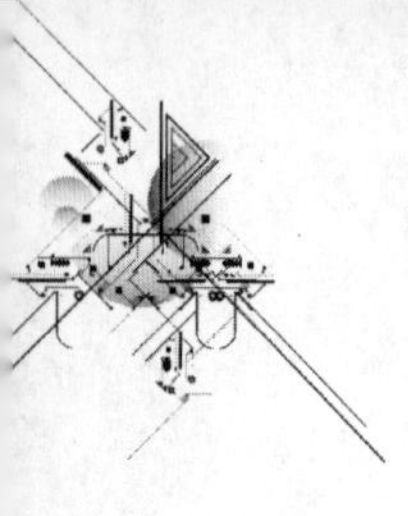



# §12.1　万用表的设计与制作

## 12.1.1　实验目的

万用表是一种很常用的多功能、多量程的电工仪表，了解其工作原理，掌握其使用方法非常重要。本实验要求使用 MF47 型指针式万用表表头，设计并制作一个简易的万用表，拟达到以下教学目标：

1）加深对电阻串联分压、并联分流的理解。

2）学习二极管整流的实验原理及实验方法。

3）学习电路设计与实现的基本步骤。

4）锻炼查阅文献和利用电路基本理论解决实际问题的能力。

5）提高分析解决问题和自主学习的能力，培养对科学研究的兴趣。

6）锻炼软件仿真、动手操作和排查故障的能力。

## 12.1.2　实验任务和要求

使用 MF47 型指针式万用表表头，自行设计并制作简易万用表，要求万用表具有以下功能：

1）直流电压挡，量限为 1 V、5 V 和 10 V。

2）直流电流挡，量限为 10 mA、50 mA 和 100 mA。

3）交流电压挡，量限为 2 V、20 V 和 50 V。

4）欧姆挡，测量倍率为×1、×10。

## 12.1.3　实验原理及方案提示

以下介绍可能用到的实验原理及方案，仅供提示与参考，鼓励学生在此基础上探索新的设计方案。

（1）总体思路

实验总体思路框图如图 12.1 所示。

（2）表头参数的测量

在本实验中，将表头视作线性直流电流表，用理想指针和电阻的串联等效替代，仅考虑测量表头的内阻和满偏电流。

表头的内阻可以采用电阻分压法测量，测量电路如图 12.2 所示。表头的满偏电流可以直接测量获得，也可以通过测量半偏电流间接获得。

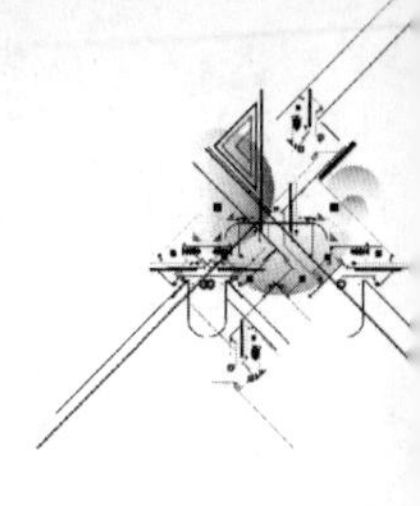

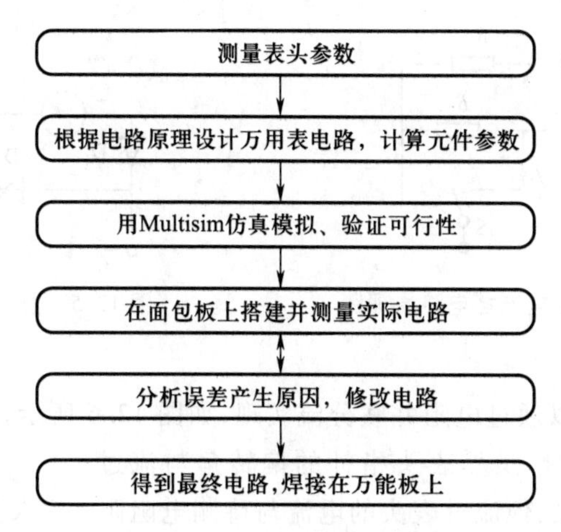


图 12.1　实验总体思路框图

(3) 直流电压挡设计

万用表的直流电压挡可以通过电阻串联分压实现,如图 12.3 所示,可实现两种量程挡位直流电压的测量。测量时,将直流电压加在万用表的正、负两端,通过调节开关 S 的位置选择不同的量程,电阻 $R_1$、$R_2$ 的阻值由所需量程决定。

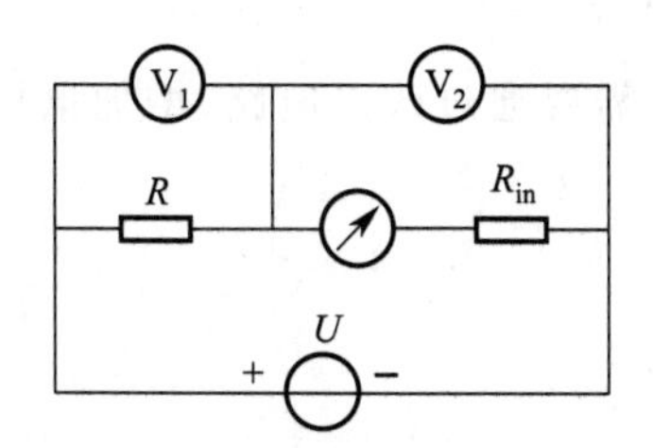


图 12.2　表头内阻测量电路

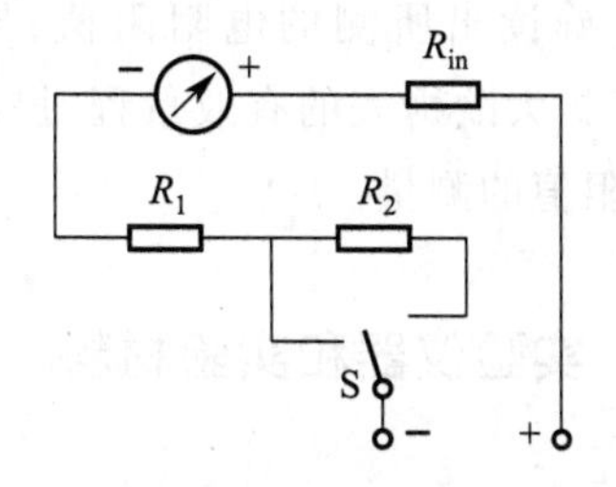


图 12.3　直流电压挡电路原理图

(4) 直流电流挡设计

与直流电压挡类比可知,万用表的直流电流挡可通过电阻并联分流实现,如图 12.4 所示,可实现两种量程挡位的直流电流的测量。测量时,直流电流从万用表正端流入、负端流出,通过调节开关 S 的位置选择不同的量程,电阻 $R_1$、$R_2$ 的阻值由所需量程决定。

(5) 交流电压挡设计

MF47 型指针式万用表表头是磁电系测量机构,只有通过直流电流才能使线圈偏转,因此可以通过对交流电进行整流实现交流电压的测量,整流部分如图 12.5 所示。表头指针的偏转角与整流后流过表头的电流的平均值呈线性关系,因此经过半波整流后,电压的平均值与原交流电压的有效值呈线性关系,所以交流电压挡的刻度线可以选择复用直流电压表的刻度线。

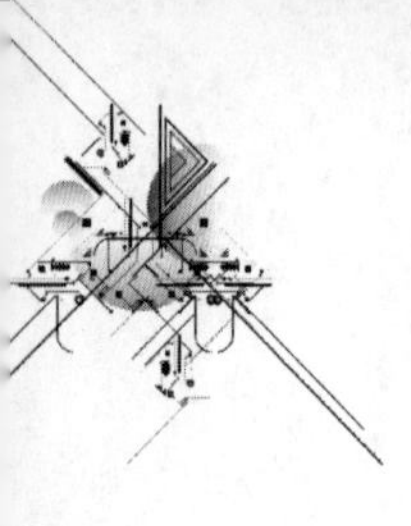

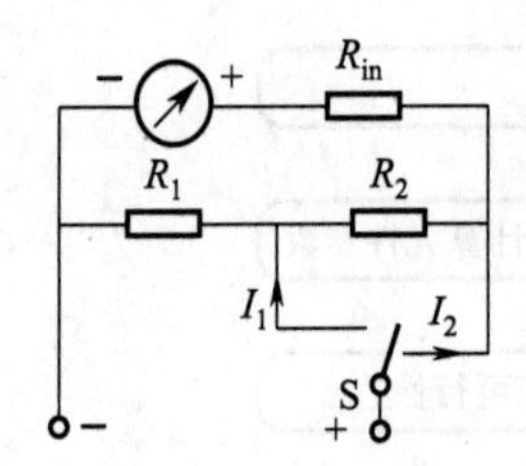


图 12.4　直流电流挡电路原理图

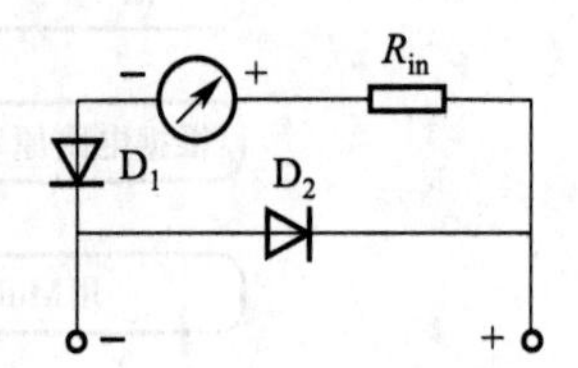


图 12.5　整流电路原理图

(6) 欧姆挡设计

万用表欧姆挡可以通过电阻并联分流实现，如图 12.6 所示，可实现两种量程挡位的电阻的测量。测量时，虽然表头指针的偏转角与流过表头的电流呈线性关系，但流过表头的电流与待测电阻阻值呈非线性关系。因此，虽然表头指针的偏转角与待测电阻的大小一一对应，但刻度分布并不均匀，低阻端刻度稀疏，高阻端刻度密集。

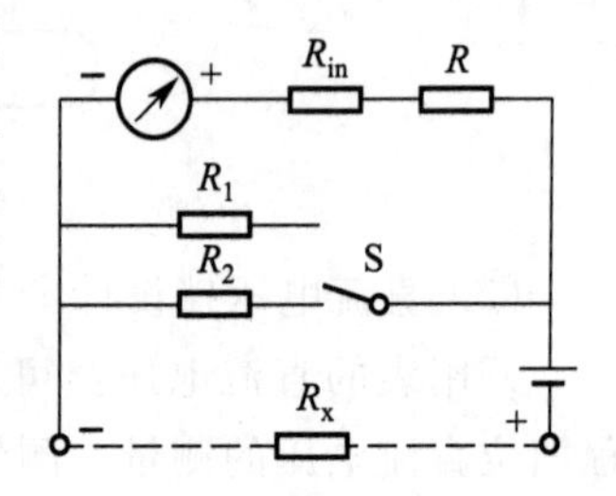


图 12.6　欧姆挡电路原理图

理论上欧姆表量程为 $0\sim+\infty$，但在实际测量中，当测量电阻阻值较大时，指针指向刻度较为密集的高阻端区域，难以准确读出所测的电阻阻值，导致读数误差较大。因此，为了扩大欧姆表的有效量程，提高测量精度，需要通过改进电路，增加量程挡位，实现电阻阻值的测量。

### 12.1.4　实验仪器和实验材料

所需实验仪器和实验材料见表 12.1。

表 12.1　万用表的设计与制作所需实验仪器与实验材料

| 仪器或材料名称 | 数量 |
|---|---|
| 万用表 | 1 台 |
| 直流稳压源 | 1 台 |
| 示波器 | 1 台 |
| 信号发生器 | 1 台 |
| 计算机 | 1 台 |
| MF47 型指针式万用表表头 | 1 块 |
| 电阻、二极管、拨动开关、干电池及导线 | 若干 |
| 面包板 | 1 块 |
| 万能板 | 1 块 |
| 焊枪及焊锡 | 1 套 |

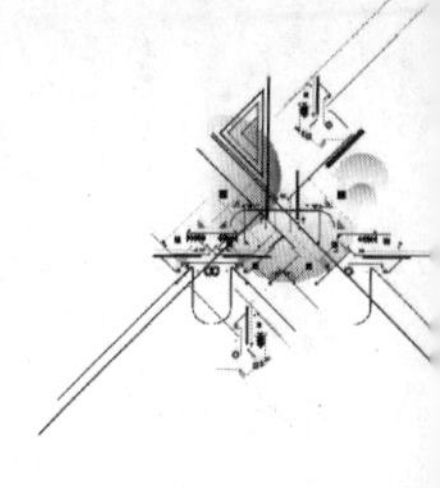

### 12.1.5　实验注意事项

1）电阻在通过电流时，自身会消耗功率，产生热量。因此在选择电阻时，应注意电阻的额定功率，如果电阻上所加功率超过额定值，电阻就有可能被烧毁。

2）使用万能板时，一般需要使用直插式电子器件，使用贴片封装的电子器件容易造成短路。

3）万能板容易老化折损，因此只能在临时实验测试中使用，若想做真正的产品，可以学习制作印制电路板。

### 12.1.6　实验报告要求

1）包含但不限于：实验背景、实验任务、实验原理、实验内容及步骤、实验结果及分析、实验总结、参考文献。

2）给出万用表各挡位设计电路的原理图。

3）给出电路参数设计的理论公式推导过程及详细计算结果。

4）给出电路仿真原理图及仿真结果，论证理论计算。

5）给出实际电路搭建结果图。

6）给出实测数据结果及误差分析。

7）阐述实验过程中遇到的问题及解决方案。

## §12.2　信号发生器的设计与制作

### 12.2.1　实验目的

信号发生器是一种能提供不同频率、波形和输出电平电信号的设备，在电路实验和设备检测中使用十分广泛。信号发生器的设计方法多种多样，本实验要求实现能够产生方波、三角波、正弦波等波形的简易信号发生器，拟达到以下教学目标：

1）加深对运算放大器、电感、电容等元件的理解。

2）学习电路设计与实现的基本步骤。

3）锻炼查阅文献和利用电路基本理论解决实际问题的能力。

4）增强对电路知识的综合应用能力。

5）提高分析解决问题和自主学习的能力，培养对科学研究的兴趣。

6）锻炼软件仿真、动手操作和排查故障的能力。

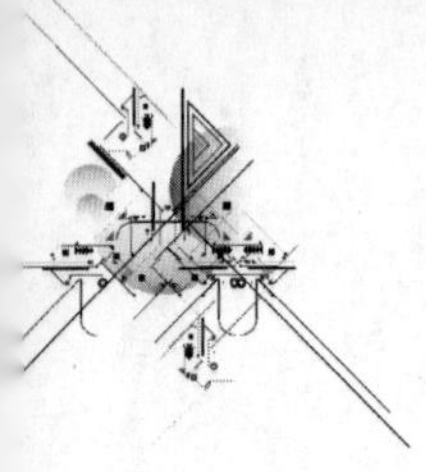

### 12.2.2 实验任务和要求

基于 Multisim 仿真平台，自选实验元件，设计并制作简易信号发生器，要求信号发生器具有以下功能：

1) 能够产生方波、三角波、正弦波。

2) 能够产生占空比、频率可调的方波。

3) 能够独立调节三角波的占空比、频率、幅值。

提高任务：

4) 能够产生频率为 500 Hz 的正弦波。

5) 能够产生谐波畸变 10%以内的正弦波。

### 12.2.3 实验原理及方案提示

下面介绍可能用到的实验原理及方案，仅供提示与参考，鼓励学生在此基础上探索新的设计方案。

(1) 总体思路

实验总体思路框图见图 12.7。

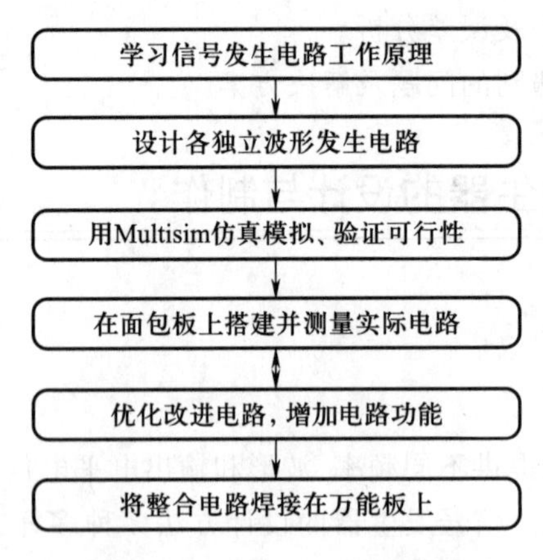


图 12.7　实验总体思路框图

(2) 方波发生电路

方波发生电路如图 12.8 所示。因为运算放大器非理想，因此在上电后，运算放大器的正、负输入引脚电位不完全一致，电路难以维持稳态。由于运算放大器是一种高增益(可达几百万甚至更高)的放大器，假设正输入端电位略大于负输入端，此时输出会迅速向正电源电压变化，将稳压管$D_{Z1}$正向导通，$D_{Z2}$反向击穿，使得$u_o$保持在$+U_Z$。此时电容充电，充电过程较为缓慢，在此期间输出电压一直保持在$+U_Z$。当运算放大器负

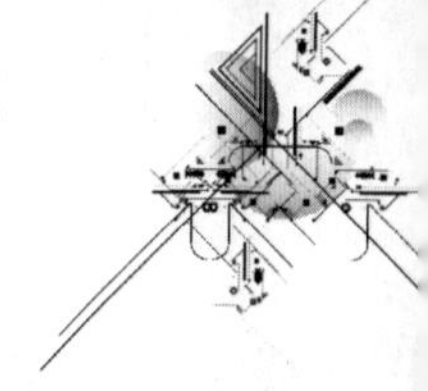

输入端电位略大于正输入端，输出迅速向负电源电压变化，则稳压管 $D_{Z1}$ 反向击穿，$D_{Z2}$ 正向导通，$u_o$ 保持在 $-U_Z$。此时电容反向充电，充电期间输出电压一直保持在 $-U_Z$，直至运算放大器负输入端电位略小于正输入端，输出电平再次翻转，不断循环形成方波。

(3) 三角波发生电路

在获得方波的基础上，连接积分电路，即可获得三角波，如图 12.9 所示。设运算放大器为理想运放，$u_o(0)=0$ V，则 $u_o(t)=-\frac{1}{RC}\int_0^t u_i(x)\mathrm{d}x$。当输入信号为阶跃信号时，$u_i(t)=U_i\varepsilon(t)$，则输出为 $u_o(t)=-\frac{1}{RC}U_i t$。

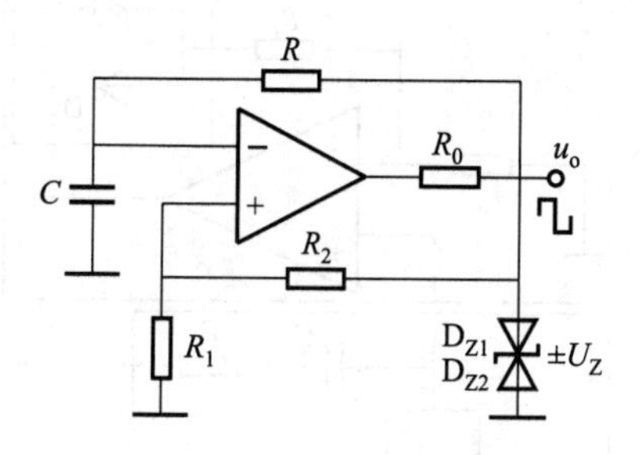


图 12.8　方波发生电路

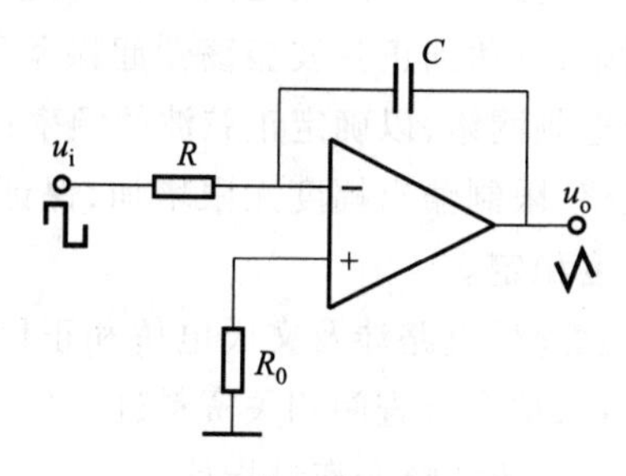


图 12.9　积分电路

(4) 方波-三角波发生电路

能够同时产生方波、三角波的电路结构如图 12.10 所示。

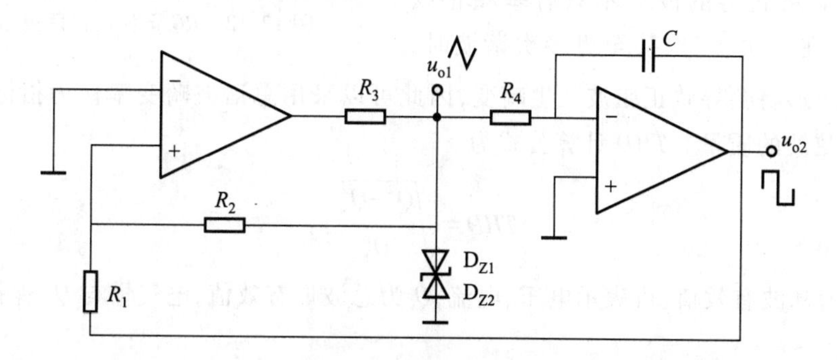


图 12.10　方波-三角波发生电路

(5) 正弦波发生电路

由于三角波可以通过傅里叶级数展开为余弦函数的形式，因此在获得三角波的基础上，利用特定频率的低通有源滤波器保留基波，即可得到正弦波。低通有源滤波器如图 12.11 所示。

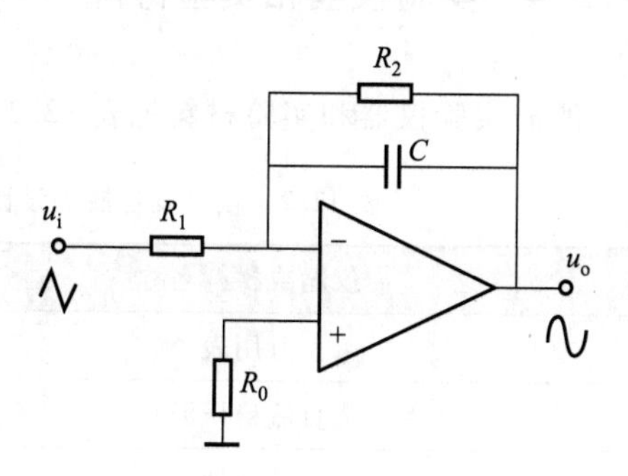


图 12.11　低通有源滤波器

(6) *RC* 正弦波振荡电路

可以由正弦波振荡电路直接产生正弦

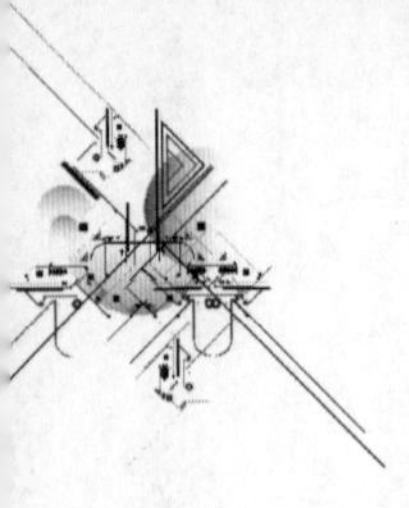



波。正弦波振荡电路包含电压放大电路、正反馈网络、选频网络和限幅电路。实现正弦波振荡电路的方法有很多,均需要满足以下几个基本条件:

1）拥有噪声信号作为信号的起始来源,这一点会自动满足。

2）信号中某一频率的正弦波,经放大电路与反馈电路后,相移为 2 π的整数倍。

3）刚起振时,电路对该频率的正弦波不断放大,输出信号幅值不断增加。

4）当输出信号达到一定幅值时,保持输出幅值不变,获得稳定输出。

当选频网络由 $R$、$C$ 组成时,称为 $RC$ 正弦波振荡电路,如图 12.12 所示。其中① 为电压放大电路,采用同相比例器结构;② 为正反馈网络,以达到正弦波振荡器起振条件,同时兼作选频网络,以确定正弦波的频率;③ 为限幅电路,限制输出幅度无限增加,保证输出信号幅度稳定。

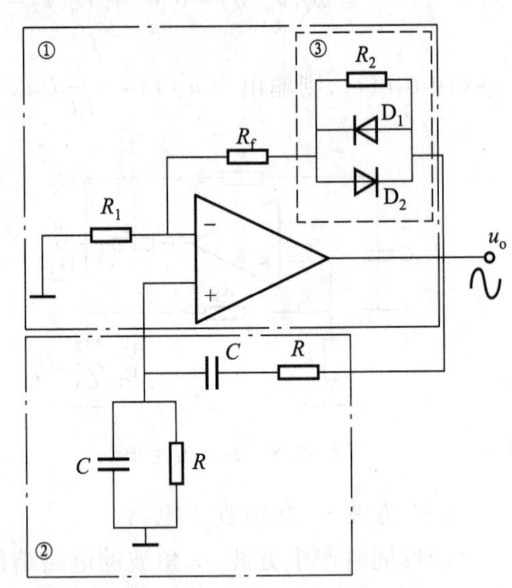

图 12.12　$RC$ 正弦波振荡电路

注意此处电路涉及文氏电桥和正反馈的相关知识,请自行查阅相关资料进行学习。

（7）正弦波畸变衡量指标

采用总谐波畸变率（total harmonic distortion,THD）来描述正弦波波形品质。当由正弦波发生电路获得的波形不只有基频正弦波,而是存在二次、三次甚至更多次谐波时,这些倍频波形将会导致正弦波产生畸变,因此可以采用总谐波畸变率作为指标来衡量所获得正弦波的质量。$THD$ 计算公式为

$$THD=\sqrt{\frac{Q^2-Q_1^2}{Q_1^2}} \tag{12.1}$$

式中,$Q_1$ 为基波有效值,可表示电压、电流;$Q$ 为总波形有效值,电气量与 $Q_1$ 保持一致。

## 12.2.4　实验仪器和实验材料

所需实验仪器和实验材料见表 12.2。

表 12.2　信号发生器的设计与制作所需实验仪器和实验材料

| 仪器或材料名称 | 数量 |
|---|---|
| 万用表 | 1 台 |
| 直流稳压源 | 1 台 |
| 示波器 | 1 台 |

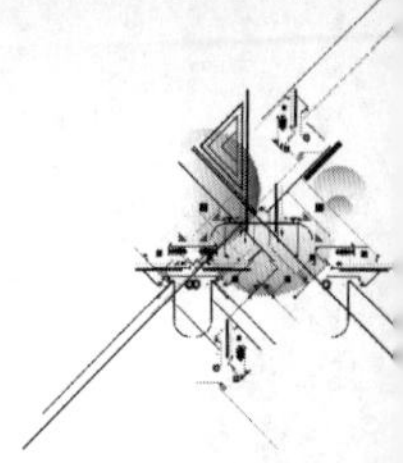

续表

| 仪器或材料名称 | 数量 |
|---|---|
| 信号发生器 | 1 台 |
| 计算机 | 1 台 |
| 电阻、电容、稳压管、运算放大器及导线 | 若干 |
| 面包板 | 1 块 |
| 万能板 | 1 块 |
| 焊枪及焊锡 | 1 套 |

### 12.2.5　实验注意事项

1）上述原理图仅供参考与提示，需在充分理解原理的基础上自行设计电路图，避免生搬硬套。

2）实现波形发生器的方式有很多，鼓励学生采用上文未提到的方式实现，如用单片机实现。

3）设计电路时，注意考虑理想元件与实际元件模型的区别。

4）选用运算放大器时，注意提前阅读芯片的数据手册。

### 12.2.6　实验报告要求

1）包含但不限于：实验背景、实验任务、实验原理、实验内容及步骤、实验结果及分析、实验总结、参考文献。

2）给出信号发生器各波形挡位设计电路的原理图。

3）给出电路参数设计的理论公式推导过程及详细计算结果。

4）给出电路仿真原理图及仿真结果，论证理论计算。

5）给出实际电路搭建结果图。

6）给出实测数据结果及误差分析。

7）给出优化方案及优化结果。

# 第13章 数模转换和模数转换电路的设计与实现

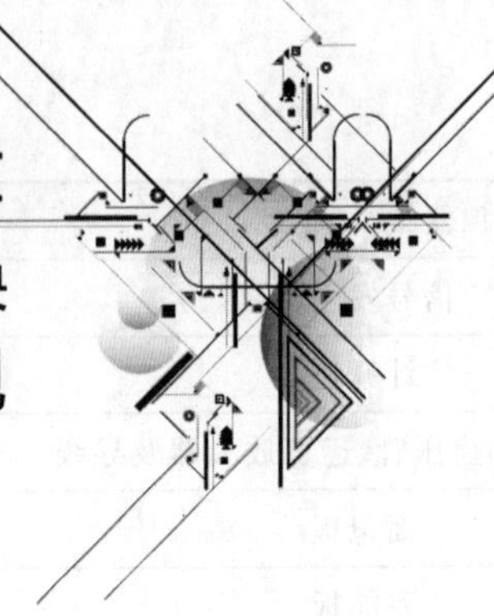

在工业和日常生活中的许多物理量都是非电信号的模拟量(在一定范围内随时间连续变化的量),比如长度、温度、速度、压力等,传感器可以将这些模拟量转化成对应的电信号。同时,也存在大量的电信号模拟量。

随着科技的快速发展,现代社会已成为数字社会。之所以采用数字信号,是因为数字信号特别适合计算机等仪器设备进行运算和控制。可是,实际中绝大部分电信号都是模拟量,为了进行数字化计算和控制,就需要将模拟信号转化为数字信号,这就是模数转换,称为 A/D 转换。同时,在实际应用中经常需要将数字信号转化为模拟信号,以实现数字系统与模拟系统的连接。将数字信号转化为模拟信号的过程称为数模转换,也称为 D/A 转换。

数模转换和模数转换广泛影响各种数字系统的发展。在数字信号处理、通信、工业测量、航空航天、计算机等领域,A/D 和 D/A 转换技术对整个系统的处理速度、计算精度以及可靠程度影响非常大。

本章的实验目的是利用仿真软件和分立元件设计并搭建基础的 D/A 和 A/D 转换电路。了解转换电路的设计思路,加深对数模/模数转换电路的理解。

## §13.1 数模转换(D/A 转换)电路的设计与实现

### 13.1.1 实验目标

数模转换(D/A 转换)电路是将数字信号转换为模拟信号的功能电路。本实验要求使用仿真软件设计并构建数模转换电路,并利用分立元件搭建核心功能电路,以达到以下实验目标:

1) 锻炼查阅文献的能力。

2) 掌握 D/A 转换电路的基本功能,了解电路设计的基本思路。

3) 熟悉并掌握 D/A 转换典型结构,思考典型电路的改进方案。

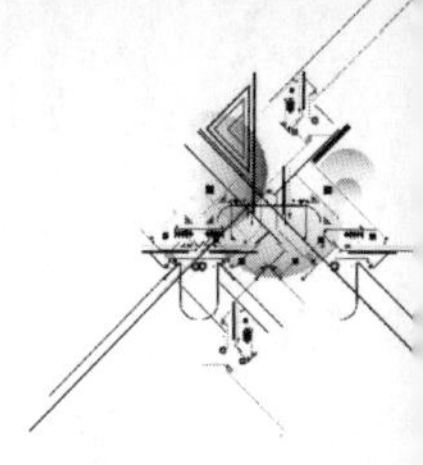

4）掌握运用仿真软件构建核心转换电路的方法，提高参数设计能力。

5）利用分立元件搭建核心功能电路，激发学以致用的兴趣。

6）锻炼将理论、仿真与实际电路相互结合，迭代设计的能力。

### 13.1.2　实验任务和要求

1）利用仿真软件，采用开尔文-瓦利分压结构（Kelvin-Varley divider）实现 3 位数字信号转换成模拟信号的 D/A 转换电路；要求输出电压范围为 0~5 V 以及-5~5 V。

2）拟定表格，仿真并记录任务 1）中不同数字信号仿真得到的模拟信号幅值。

3）确定仿真电路的性能参数：分辨率、量化误差、偏移误差、满刻度误差。

4）利用分立元件，实际搭建任务 1）中的 D/A 转换电路。

5）拟定表格，测量并记录任务 4）中不同数字信号对应得到的模型信号幅值。

6）比较实际电路与仿真电路的性能参数：分辨率、量化误差、偏移误差、满刻度误差。

7）利用 $R$-$2R$ 电阻梯形结构，重新实现 1）~6），对比两种结构数模转换电路的优缺点。

提高任务：

1）采用开尔文-瓦利分压结构，仿真 8 位数字信号 D/A 转换电路。

2）以开尔文-瓦利分压结构为基础，提出改进方案，减少所需的电阻数量。

### 13.1.3　实验原理及方案提示

（1）基础 D/A 转换电路——开尔文-瓦利分压结构

开尔文-瓦利分压数模转换电路（Kelvin-Varley divider D/A 转换）也称电阻串数模转换电路，其基本结构如图 13.1 所示，这种结构思路清晰，$N$ 位的 D/A 转换电路可以由 $2^N$ 个等值电阻串联，并配合 $2^N$ 个开关组成。由图 13.1 可以看出，电路的基本设计思路是，将参考电压 $V_{ref}$ 通过电阻进行等分，通过闭合某一支路的开关，获得对应的输出模拟信号。

通常在实现开尔文-瓦利分压 D/A 转换电路时，为了降低共模抑制比①，一般会串联一个特殊的电阻 $R_{div}$，如图 13.1 所示，$R_{div}$ 值为总串联电阻的一半。此时，需要在输出端增加一个 2 倍增益的放大电路。此处省略放大电路。

实际电路中，开关由 CMOS 代替，配合数字译码器，将输入信号转化成集成电路各支路的通断状态。在任意时刻，只有一个开关处于闭合状态。

图 13.1 中每个开关支路代表一个二进制数，例如当输入数字信号为 3 时，其二进制形式为 0x**11**，此时需要闭合开关 $\text{Binary}_{11}$，对应的输出电压为

$$V_{out}=\frac{R_3+R_4+R_5}{R_2+R_3+R_4+R_5+R_{div}}V_{ref}=\frac{3}{8}V_{ref} \tag{13.1}$$

① 共模抑制比的概念可以参考模拟电子技术相关书籍。

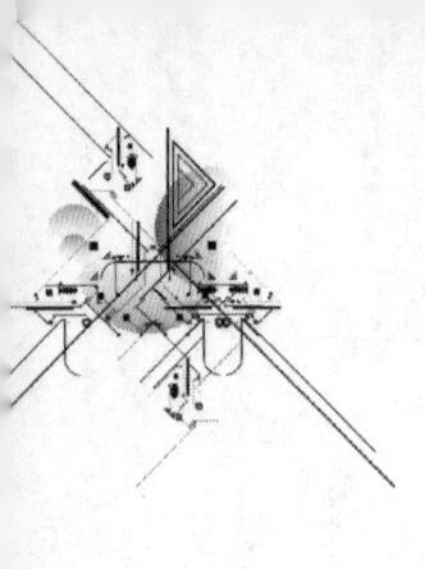

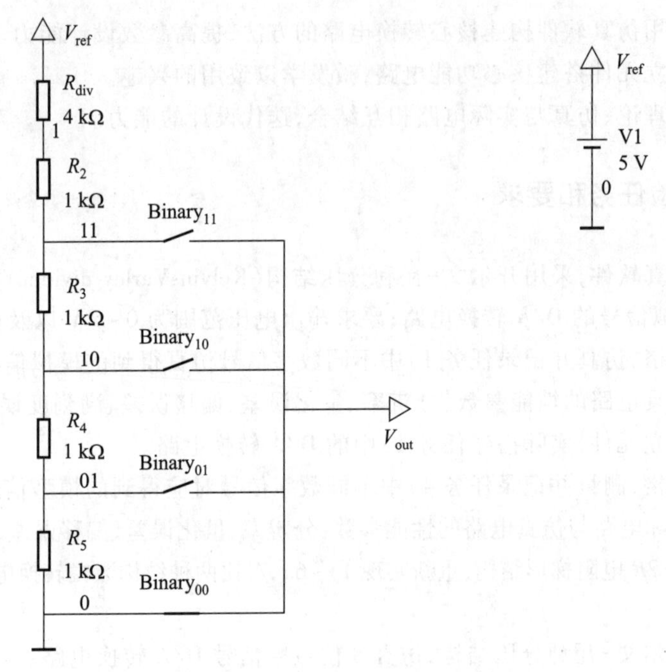


图 13.1　开尔文-瓦利分压数模转换电路

当输入数字信号为 1 时，其二进制形式为 0x**01**，则需闭合开关 $Binary_{01}$，输出电压为

$$V_{out}=\frac{R_5}{R_2+R_3+R_4+R_5+R_{div}}V_{ref}=\frac{1}{8}V_{ref} \tag{13.2}$$

(2) 基础 D/A 转换电路——$R$-$2R$ 电阻梯形结构

开尔文-瓦利分压数模转换电路存在一定的设计不足。当数字信号输入位数增加时，需要的电阻数量呈指数级增加。为了弥补这种缺陷，可以采用一种新的设计思路，即 $R$-$2R$ 电阻梯形结构，如图 13.2 所示。

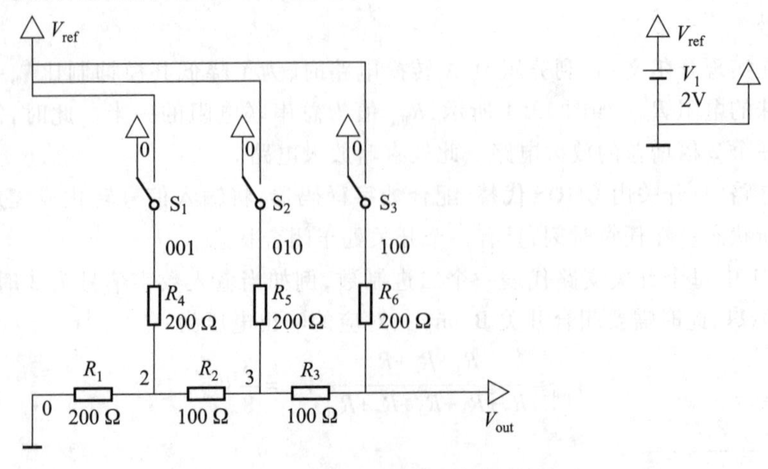


图 13.2　$R$-$2R$ 电阻梯形数模转换电路

图 13.2 中每个开关支路代表 1 位二进制数。如果输入数字信号为 7,则二进制形式为 0x**111**,此时需要闭合 $S_1 \sim S_3$;如果输入数字信号为 5,则二进制形式为 0x**101**,此时需要闭合 $S_1$、$S_3$。

$R-2R$ 电阻梯形数模转换电路设计的核心是 $R_1$、$R_2$ 与 $R_4$ 组成的 T 形结构,如图 13.3 所示。从 $R_2$ 右端向左端看,可以认为 $R_1$ 与 $R_4$ 并联,再与 $R_2$ 串联,形成一个 200 Ω 的等效电阻。从 $R_3$ 的右端向左端看,仍然是这样一种 T 形结构。

R4
200 Ω
1
R1
200 Ω
R2
100 Ω

图 13.3　$R-2R$ T 形结构

请自行列表分析这个电路在不同开关通断情况下,输出电压($V_{out}$)与参考电压($V_{ref}$)的关系。

(3) D/A 转换电路的性能参数

1) 分辨率。

分辨率指的是最小输出电压变化量与最大输出电压之比。一般用输入数字信号位数 $n$ 表示:

$$R=\frac{U_{LSB}}{U_{FSB}}=\frac{1}{2^n-1} \tag{13.3}$$

式中,$U_{LSB}$ 为最低有效位变化时的输出电压,$U_{FSR}$ 为满量程输出电压。

2) 转换误差。

转换误差也称线性误差,是实际输出电压与理论输出电压之间的最大误差。

3) 量化误差。

量化误差是由数模转换电路分辨率有限引起的误差,即实际 A/D 转换电路的阶梯状转移特性曲线与理想 A/D 转换电路的转移特性直线之间的最大偏差。

4) 偏移误差。

偏移误差为输入数字信号为零时输出模拟信号的电压幅值。实际使用中,可以通过电位器调节偏移误差,使其接近于零。

5) 满刻度误差。

满刻度误差为满刻度输出时对应的输入信号与理想输入信号之差值。

6) 建立时间。

建立时间为输入信号变化时输出信号达到规定误差范围需要的时间。

7) 转换速度。

转换速度为输入信号由全 **0** 变为全 **1** 所需的建立时间,用来表示数模转换器的速度。[①]

---

① 建立时间和转换速度两个性能指标不在本次实验考察范围内。

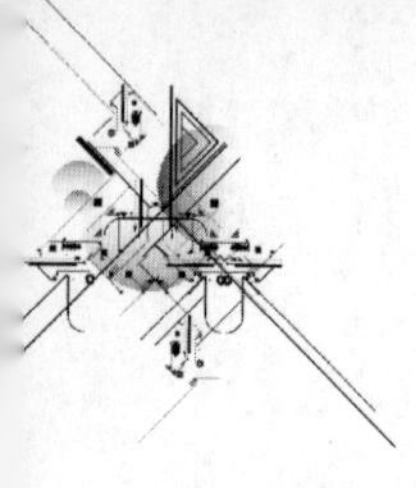



### 13.1.4　实验仪器和实验材料

所需实验仪器和实验材料见表 13.1。

表 13.1　数模转换电路设计与实现所需的实验仪器和实验材料

| 仪器或材料名称 | 数量 |
| --- | --- |
| 计算机以及仿真软件 | 1套 |
| 双通道直流稳压源 | 1台 |
| 万用表 | 1台 |
| 电阻、电容、拨动开关、运算放大器、编码器 | 若干 |
| 面包板、导线 | 1套 |

### 13.1.5　实验注意事项

1）本次实验不考虑负载对 D/A 转换电路的影响。仿真和实际测量时，负载可以开路。

2）如果 D/A 转换电路需要带载，一般可以在输出端增加由运放组成的基本放大电路。

### 13.1.6　实验报告要求

1）报告组成：实验背景、实验任务、实验原理、实验设计、理论分析、仿真电路及结果、实际电路及结果、实验总结、参考文献。

2）报告内容完整，逻辑清晰，文字简练，图表清楚，数据直观，电路美观，重点结论突出。

3）切记要实事求是，内容不允许抄袭，不捏造实验数据，实验过程应可重复。

4）实验总结部分应总结从实验得到的规律、经验、教训和收获，并且给出可能的实验改善方案，实验总结应清晰明了，不要用夸张的语气描述感想。

## §13.2　模数转换（A/D 转换）电路的设计与实现

### 13.2.1　实验目标

模数转换（A/D 转换）电路是工业测量与控制系统中的核心部件，是现实世界和数

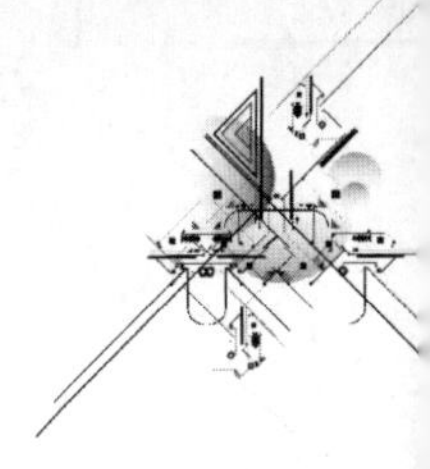

字系统的桥梁。本实验要求使用仿真软件设计并构建 A/D 转换电路,并利用分立元件搭建核心功能电路,以达到以下实验目标:

1) 锻炼查阅文献的能力。

2) 掌握 A/D 转换电路的基本功能,了解电路设计的基本思路。

3) 熟悉并掌握 A/D 转换典型结构,思考典型电路的改进方案。

4) 掌握运用仿真软件构建核心转换电路的方法,提高参数设计能力。

5) 利用分立元件搭建核心功能电路,激发学以致用的兴趣。

6) 锻炼将理论、仿真与实际电路相互结合,迭代设计的能力。

### 13.2.2　实验任务和要求

1) 使用仿真软件(可选 Multisim)提供的 A/D 转换芯片模型,仿真模数转换过程。要求输入信号为不同幅值的电压信号,输出数字信号可以用虚拟二极管的亮灭表示。自拟表格,记录不同输入电压幅值和输出数字信号的关系。

2) 利用仿真软件和分立元件,设计并搭建并行比较型模数转换(flash A/D 转换)电路。要求输入电压范围为 0~5 V,输出数字信号为 3 位。自拟表格,记录仿真和实际电路的输入和输出数据。

3) 通过仿真软件改进设计,尝试提高 flash A/D 转换电路分辨率,使输出数字信号变为 6~8 位。要求输入电压范围为 0~5 V。

4) 尝试利用仿真软件对积分型模数转换电路进行仿真。要求分别使用理想运放和非理想仿真元件进行仿真,输入信号为-5~5 V 的正弦信号,观察不同频率输入信号下,电路是否能够正常输出。结合电路结构分析影响转换速度的结构参数。

### 13.2.3　实验原理及方案提示

模数转换电路是现代数据采集系统中的基本组成部分,其功能是将时间连续、幅值连续的模拟信号转换成时间离散、幅值离散的数字信号。为了适应不同的应用场景,模数转换技术有很多不同的类型,它们的优缺点如表 13.2 所示。

表 13.2　模数转换技术的优缺点比较

| 类型 | 优势 | 劣势 | 是否用到 D/A 转换 |
|---|---|---|---|
| 并行比较型(flash) | 速度快 | 位分辨率低 | 否 |
| 积分型(dual slope) | 成本低 | 采样速度低 | 否 |
| 流水线型(pipeline) | 速度快 | 分辨率高 | 是 |
| 逐次逼近型(SAR) | 识别速度和采样率都比较好 | 抗噪声混叠性能差 | 是 |
| Σ-Δ 型 | 动态性能好,抗噪声混叠 | 有延迟 | 是 |

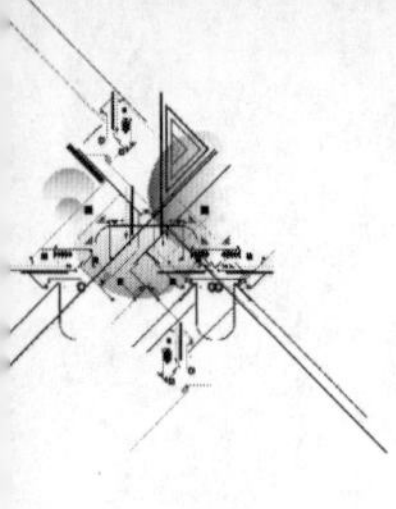

完整的 A/D 转换转化过程包括采样、保持、量化、编码四个步骤。转换输出数字信号的最小单位量叫作量化单位。将采样、保持后的电压信号转化为量化单位整数倍的过程叫作量化。本次实验重点关注的是各种类型模数转换电路的量化方法和思路，对于逻辑控制和时序控制，不做要求。

(1) 并行比较型

并行比较型 A/D 转换电路也叫 flash A/D 转换电路，如图 13.4 所示，其核心电路结构比较直观，将多个比较器平行排列，每个比较器设置不同的参考电压，输入信号和每个比较器的参考电压进行运算，输出结果并行输入一个编码器中，即可得到输出数字信号。

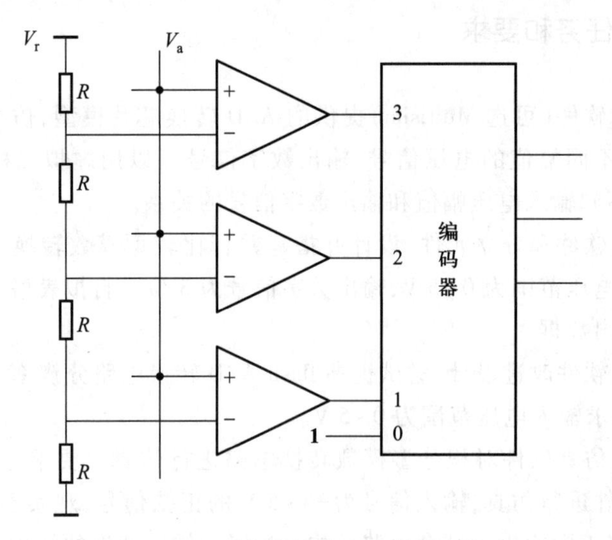


图 13.4　并行比较型 A/D 转换电路

A/D 转换电路输出数字信号的位数决定了分辨率。输出位数越多，电路分辨率越高。并行比较型 A/D 转换电路输出信号的位数是由电路中使用的比较器数量决定的。例如，8 位转换电路需要 $2^8-1=255$ 个比较器。因此输出信号位数越多，所需要的比较器数量以及电路功耗都是以指数形式增长的。常见的并行比较型 A/D 转换电路一般为 4~10 位。

(2) 积分型

积分型 A/D 转换电路也叫双斜面 A/D 转换电路，如图 13.5 所示，其结构比较复杂，需要使用运放组成的积分电路、比较器、数字控制电路、数字时钟电路等，还需要用计数器实现对模拟信号的测量。积分型 A/D 转换电路的基本思路是利用积分电路对输入信号和参考信号进行充放电积分，通过计数器记录充放电时间。由于积分电路充放电速率一定，因此输入信号充电(放电)时长与参考信号放电(充电)时长就可以反映输入信号的幅值。计数器的值可以视为数字信号的输出。

积分型 A/D 转换电路的元器件数量和电路复杂度远低于并行比较型 A/D 转换电

路,但由于其积分电容器需要一定的充电和放电时间,因此其转换速度比并行比较型 A/D 转换电路要慢得多。

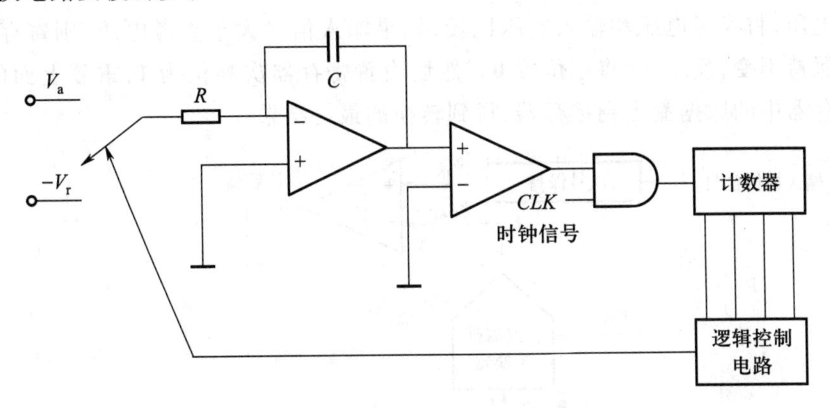


图 13.5　积分型 A/D 转换电路

(3) 流水线型

流水线型 A/D 转换电路的基本思想是级联多个低分辨率的 A/D 转换电路,如图 13.6 所示。例如一个 8 位的流水线 A/D 转换电路可以由 2 个 4 位并行比较型 A/D 转换电路组成,由第 1 个并行比较型 A/D 转换电路获取输出信号的高 4 位。通过数模转换电路将这个 4 位数字信号转化为参考信号。输入信号减去参考信号后,由第二个并行比较型 A/D 转换电路获取输出信号的低 4 位。最终将各级 A/D 转换的结果组合在一起,得到最终的输出结果。

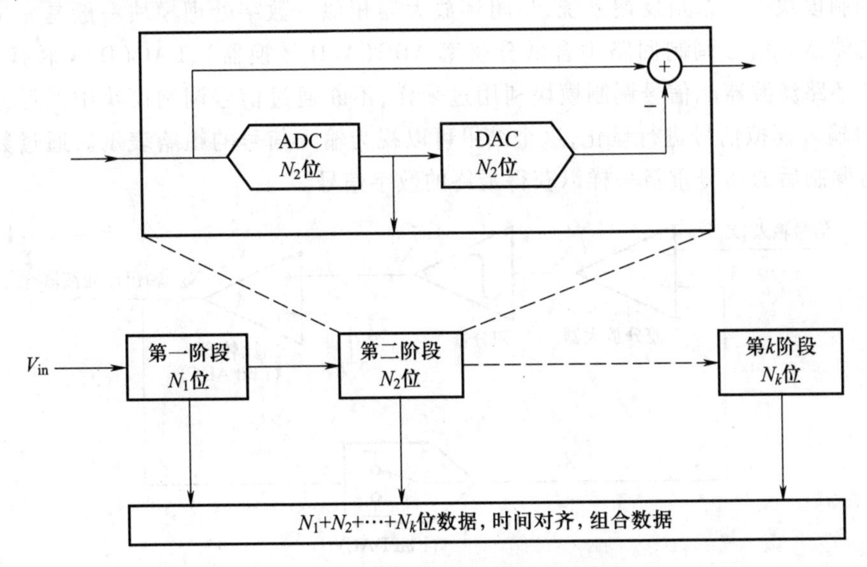


图 13.6　流水线型 A/D 转换电路

(4) 逐次逼近型

逐次逼近型 A/D 转换电路需要用到数模转换器、逐次逼近寄存器、逻辑控制电路、

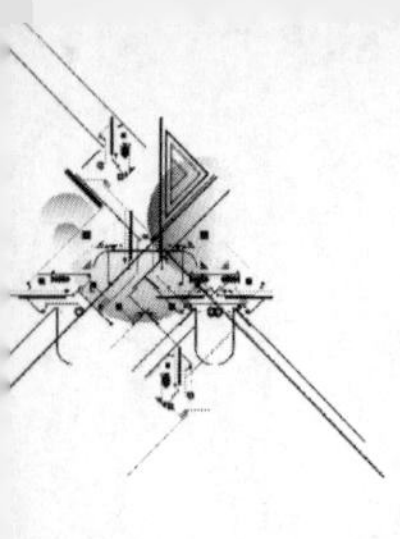

锁存器，如图 13.7 所示。这种结构的思路是：转换开始前，寄存器所有位置 **0**。转换开始后，首先将寄存器最高有效位置 **1**，并将寄存器数据值作为数模转换电路的输入，得到参考电压；将参考电压和输入电压比较，如果输入信号大于参考电压，则寄存器中该位数据保持不变，反之，则将该位置 **0**。然后设置寄存器次高位为 **1**，重复上面的过程。最终寄存器中的数据输出到锁存器，得到转换的最终结果。

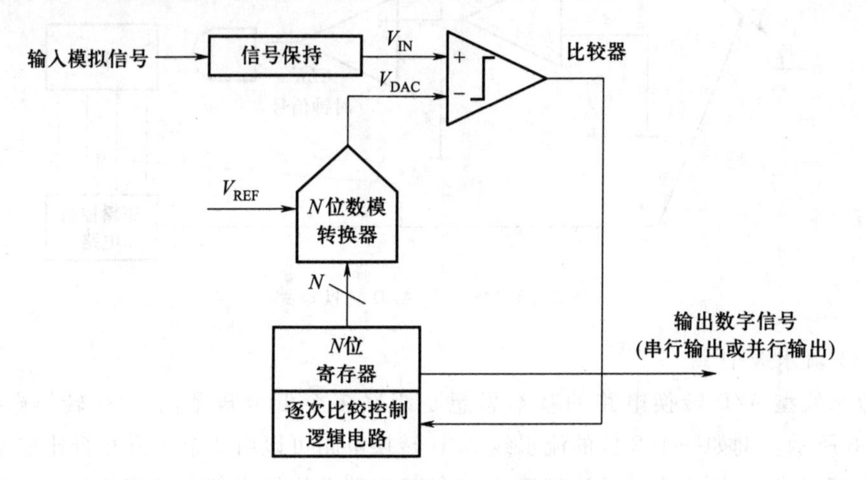


图 13.7　逐次逼近型 A/D 转换电路

(5) Σ-Δ 型

这种转换电路一般包括两个部分：信号调制模块和数字处理模块，如图 13.8 所示。信号调制模块是一个负反馈系统，与闭环放大器相似。数字处理模块一般是一个低通数字滤波器。信号调制回路中含低分辨率 ADC(A/D 转换器)、DAC(D/A 转换器)以及一个环路滤波器。信号调制模块利用过采样，不断通过信号调制模块中的低分辨率 ADC 对输入模拟信号进行量化，这个结果可以视为输入信号的粗略表示。通过数字滤波器对调制后的信号重新采样以获得最终的数字信号。

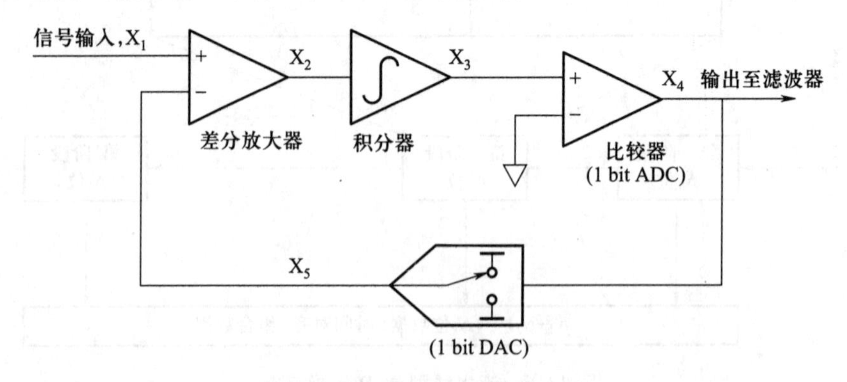


图 13.8　Σ-Δ 型 A/D 转换电路

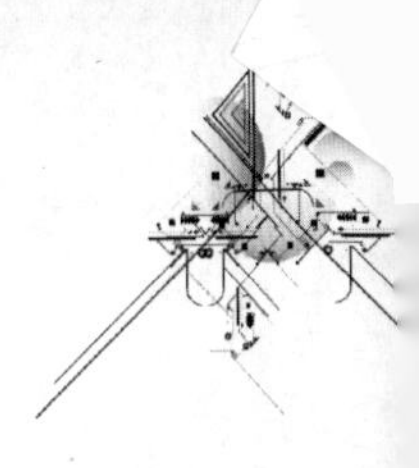

### 13.2.4　实验仪器和实验材料

所需实验仪器和实验材料见表 13.3。

表 13.3　模数转换电路设计与实现所需的实验仪器和实验材料

| 仪器或材料名称 | 数量 |
| --- | --- |
| 计算机以及仿真软件 | 1 套 |
| 双通道直流稳压源 | 1 台 |
| 万用表 | 1 台 |
| 电阻、电容、拨动开关、运算放大器 | 若干 |
| 面包板、导线 | 1 套 |

### 13.2.5　实验报告要求

1）报告组成:实验背景、实验任务、实验原理、实验设计、理论分析、仿真电路及结果、实际电路及结果、实验总结、参考文献。

2）报告内容完整,逻辑清晰,文字简练,图表清楚,数据直观,电路美观,重点结论突出。

3）切记要实事求是,内容不允许抄袭,不捏造实验数据,实验过程应可重复。

4）实验总结部分应总结从实验得到的规律、经验、教训和收获,给出可能的实验改善方案,实验总结应清晰明了,不要用夸张的语气描述感想。

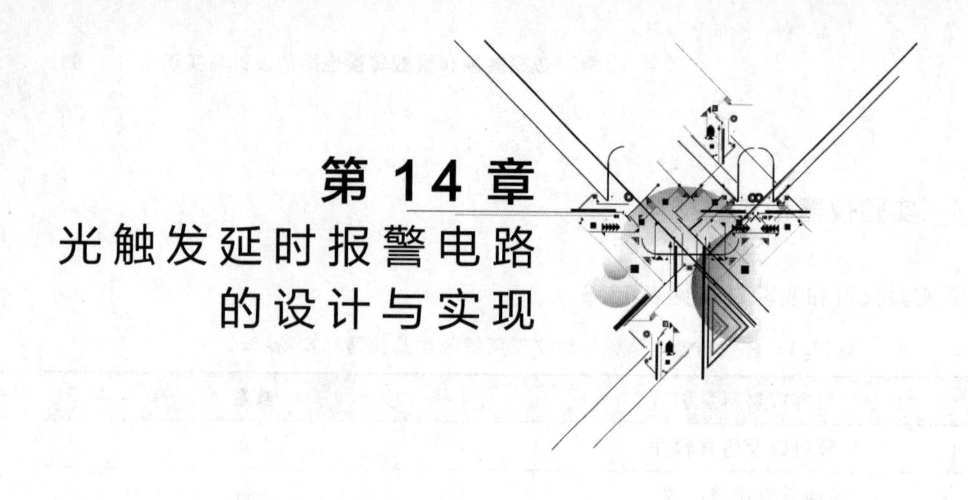

# 第 14 章 光触发延时报警电路的设计与实现

## §14.1 实验目标

利用所学电路理论知识并查阅相关资料,设计一个实用的光触发延时报警电路。利用 Multisim 进行仿真,验证所设计电路的有效性,最后用实际电路器件搭建并测试电路,实现延时报警功能。通过该实验,达到以下实验目标:

1) 锻炼电路设计和仿真验证的能力。

2) 锻炼电路搭建能力和故障排查能力。

## §14.2 实验任务和要求

利用光敏电阻、蜂鸣器、集成电压比较器 LM393、电阻、电容等器件,设计一个冰箱开门报警器电路,要求:

1) 在冰箱门打开后,延迟 3~10 s 后蜂鸣器报警。

2) 设计报警器电路,并进行仿真验证,记录仿真结果。

3) 在面包板上搭建电路,并进行实测。

## §14.3 实验原理及方案提示

图 14.1 为光报警定时器电路的框图。采用光敏电阻分压电路作为第一级比较器的输入。当用光照射光敏电阻后,第一级比较器输出高电平,给一阶 *RC* 延时电路充电,当充电电压达到第二级比较器的参考电压后,第二级比较器输出高电平,驱动蜂鸣器报警。

图 14.1 光报警定时器电路的框图

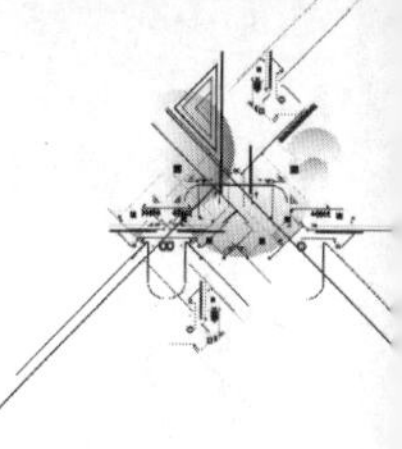

（1）光敏电阻

光敏电阻器是利用半导体的光电导效应制成的一种电阻值随入射光的强弱而改变的电阻器，又称为光电导探测器。当入射光增强时，电阻减小，当入射光减弱时，电阻增大。图 14.2(a)所示为光敏电阻元件，图 14.2(b)为用光敏电阻构成的分压电路。

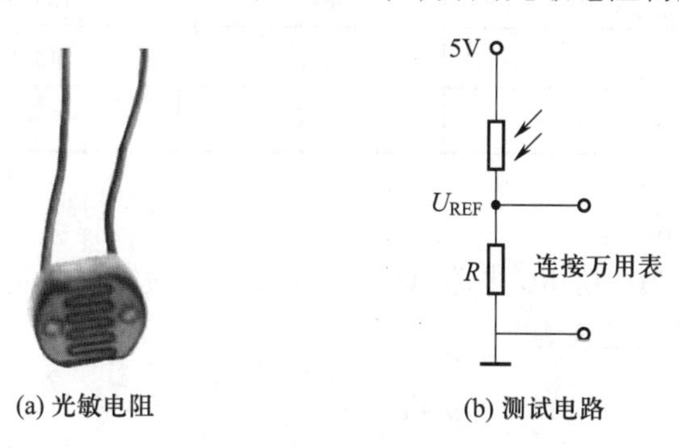


图 14.2　光敏电阻及测试电路

（2）比较器电路

LM393 是双电压比较器集成电路，内部集成两个独立的电压比较器，其响应速度快，工作电源电压范围宽，可单电源或双电源供电，单电源供电电压范围为 2~36 V。

图 14.3(a)是双列直插型 LM393 芯片，引脚图如图 14.3(b)所示，引脚功能如表 14.1 所示。比较器的典型应用电路如图 14.3(c)所示，2 脚接参考电压 $U_{REF}$，当 1 脚的电压 $u_i>U_{REF}$ 时，$u_o=V_{CC}$，当 $u_i<U_{REF}$ 时，$u_o=0$。

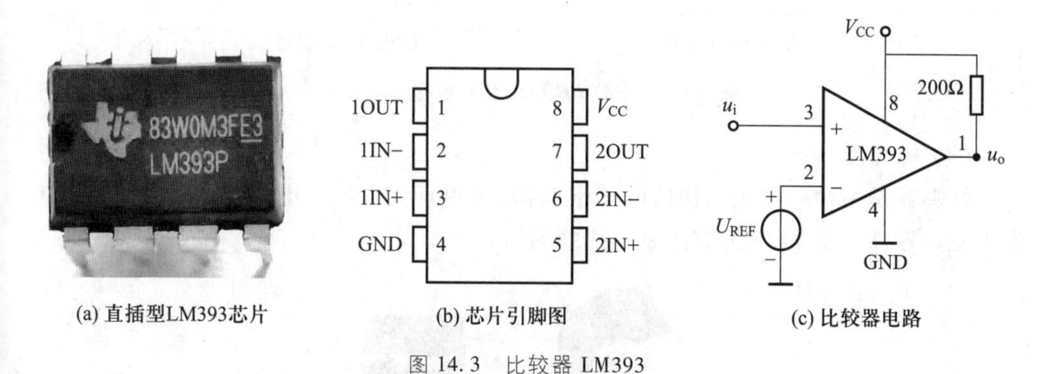


图 14.3　比较器 LM393

表 14.1　比较器 LM393 引脚功能表

| 引脚名称 | 引脚编号 | 输入/输出端 | 描述 |
|---|---|---|---|
| 1OUT | 1 | 输出 | 比较器 1 的输出端 |
| 1IN− | 2 | 输入 | 比较器 1 的负输入端 |
| 1IN+ | 3 | 输入 | 比较器 1 的正输入端 |
| GND | 4 | — | 接地 |

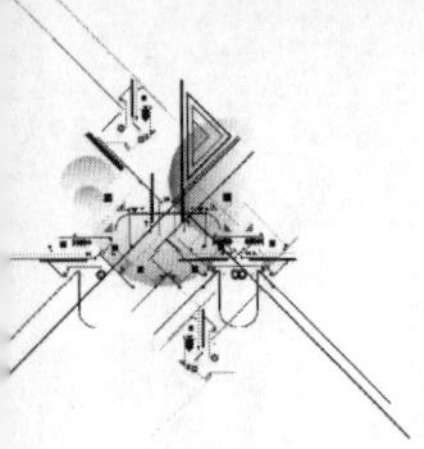

续表

| 引脚名称 | 引脚编号 | 输入/输出端 | 描述 |
|---|---|---|---|
| 2IN+ | 5 | 输入 | 比较器 2 的正输入端 |
| 2IN- | 6 | 输入 | 比较器 2 的负输入端 |
| 2OUT | 7 | 输出 | 比较器 2 的输出端 |
| $V_{CC}$ | 8 | — | 供电电源 |

(3) 一阶 *RC* 电路

图 14.4(a)所示为一阶 *RC* 电路,设电容初始电压为零。$t=0$ 时开关闭合,电容开始充电。电容电压的表达式为

$$u_C(t)=U_s-U_s e^{-\frac{t}{\tau}} \tag{14.1}$$

式中,时间常数 $\tau=RC$。图 14.4(b)为电容电压充电波形,时间常数 $\tau$ 决定了电容充电过程的快慢,故一阶 *RC* 电路可用作延时电路。

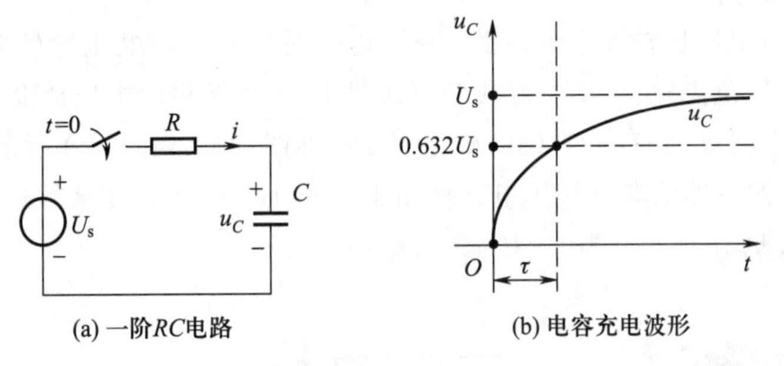


图 14.4　一阶 *RC* 电路及其电容充电波形

(4) 蜂鸣器

蜂鸣器是一种一体化结构的电子讯响器,采用直流电压供电,应用于电子产品中,作为发声器件。图 14.5 为有源磁电式蜂鸣器。

图 14.5　蜂鸣器

## §14.4　实验仪器和实验材料

直流稳压电源、示波器、面包板、LM393、光敏电阻、蜂鸣器、电容和电阻若干。

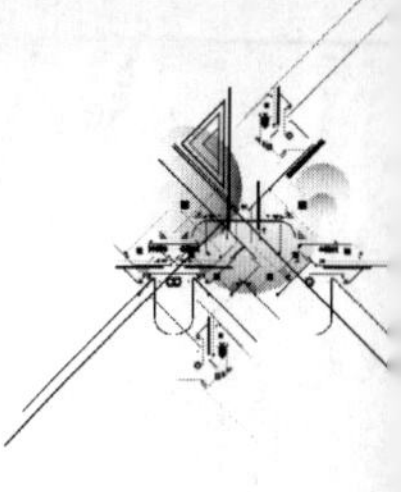

## §14.5　实验报告要求

1) 给出具体的实验任务。
2) 给出详细的设计方案。
3) 给出详细的实验过程,并记录分步测试结果和仿真结果。
4) 对实验结果进行分析,并对实验进行总结。

# 第 15 章 电路的计算机编程设计与实现

第 3~14 章的电路基础实验和电路综合设计实验都与电路仿真密切联系。电路仿真使用的软件为 Multisim,只需要在软件中放置并连接电路模型,然后进行必要的设置,即可运行得到仿真结果。电路仿真可用于验证电路设计是否达到要求,也可以在实验前通过电路仿真发现可能出现的实验现象。

Multisim 软件之所以能够进行电路仿真,是因为其内部根据电路原理进行了计算机编程,不过相关的程序用户无法看到。这样做的好处是界面友好,操作简明,用户不用操心;但这也会导致用户无法理解软件背后蕴含的深层次电路原理,无法锻炼应用计算机编程解决电路问题的能力。此外,由于 Multisim 内的程序不公开,部分数据用户无法得到。

如果学生能结合电路原理,应用计算机语言设计并实现电路的计算机编程,那么对电路原理的理解会更加深刻,也可以得到所有想要的数据,应用计算机编程解决问题的能力也会得到显著提高,可谓一举三得。

要想设计并实现电路的计算机编程,首先必须掌握计算机语言。本章将以使用广泛、易于编程的 MATLAB 语言作为编程语言。学生也可以采用 Python、C 语言等计算机语言实现电路的计算机编程。

为了快速掌握 MATLAB,本章将对可能用到的 MATLAB 语法和命令进行介绍,并给出相应的编程实例。

在介绍 MATLAB 之后,就可以进行电路的计算机编程。本章将给出 4 个电路计算机编程任务:① 电路方程的计算机建立方法;② 戴维南等效电路求解和最大功率传输定理验证;③ 正弦稳态电路的分析与计算;④ 电阻网络的故障诊断。任务① 是另外 3 个任务的基础,是必须完成的任务。另外 3 个任务各自独立,可根据需要完成其中的 1 个或多个。

下面首先介绍计算机语言。

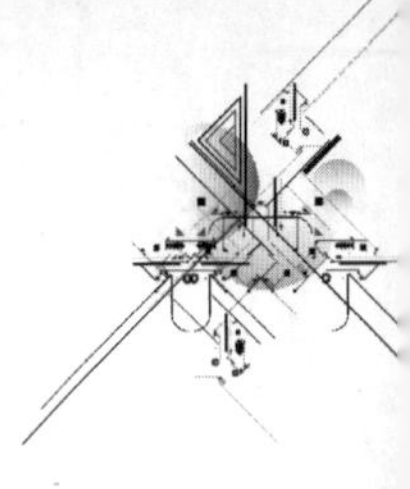

# §15.1　计算机语言简介

## 15.1.1　计算机语言发展概况

1946 年 2 月,ENIAC 在美国宾夕法尼亚大学诞生了。它的运算速度非常快,每秒能计算 5 000 次加法,400 次乘法。这样描述还不直观,可以换个角度看一下:当时工程师需要计算大量的弹道轨迹,每条轨迹都需要求解对应的非线性方程组,如果使用计算器,计算一条弹道大概需要 20 小时,但是用 ENIAC 求解只需要 30 s。ENIAC 是一个划时代的发明,因为从它开始,通用计算机诞生了①,人们通过程序让计算机执行不同的任务。

要想让计算机硬件按照人们预想的指令执行,就需要计算机语言。伴随着计算机硬件的发展,从最开始的机器语言,到汇编语言,再到以 C、Java 为代表的高级语言,计算机语言深刻地影响并改变着人们的生活。

在最早的时候,人们只能用机器认识的 **0**、**1** 编写指令,这种编程语言被称作机器语言。使用机器语言编写的程序非常烦琐,可读性差。通过在纸带上打孔,完成程序的输入,很容易出错,排查错误也很麻烦。那时候,只有极少数专业人士才能编写程序。

紧接着,人们利用助记符提高程序的可读性,用类似 add(加法 addition)、mov(移动 move)这样的缩写,代替特定的机器语言指令。这使得人们可以相对方便地查看源代码,了解程序含义。由于汇编语言和硬件密切相关,应用场景有限,只有部分专业人员以及少数计算机专业学生还在使用汇编语言。

再后来,随着中央处理器(central processing unit,CPU)的发展,不同种类的 CPU 都有一套自己的机器语言或者汇编语言,这极大地限制了通用软件的发展。为了解决这个问题,1954 年,第一个摆脱机器硬件局限、以通用性为设计目标的高级编程语言 FORTRAN 问世了。高级语言以通俗易懂的语法和语义,使程序开发者不再需要关心硬件的型号。程序开发人员可以将工作重心放在如何描述问题、解决问题上。再后来,以 C、Java 为代表的高级语言,极大地推动了软件技术的发展。

今天,如果你想写一个网页,很可能会用到 HTML、CSS、JavaScript;如果想做一款安卓应用,可能会选择 Java 或者 Kotlin;如果想写一个 iOS 应用,一定会使用 Swift 或者 Object-C;如果要进行数据库的开发,大概率会用到 SQL。在工业和商业应用的开发中,C、Java、Python、C++以及 C#占据了大部分市场份额。

---

① 世界第一台计算机是 1937 年设计的阿塔纳索夫-贝瑞计算机(Atanasoff-Berry Computer,通常简称 ABC 计算机),但是它只能求解线性方程组,不能编程。1946 年发明的 ENIAC 是世界上第一台可编程的通用电子计算机。

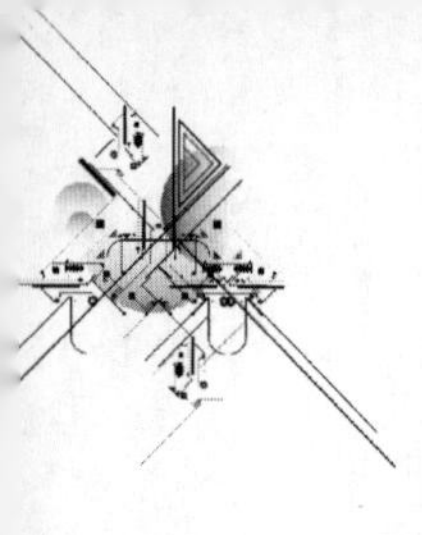



除了上面提到的高级语言，在 TIOBE 统计的 2021 年 7 月全世界计算机语言受欢迎程度指数（见图 15.1）排行中，前 20 名以内还有 Visual Basic、PHP、Assembly language（汇编语言）、MATLAB 等。

| Jul 2021 | Jul 2020 | Change | Programming Language | Ratings | Change |
|---|---|---|---|---|---|
| 1 | 1 | | C | 11.62% | -4.83% |
| 2 | 2 | | Java | 11.17% | -3.93% |
| 3 | 3 | | Python | 10.95% | +1.86% |
| 4 | 4 | | C++ | 8.01% | +1.80% |
| 5 | 5 | | C# | 4.83% | -0.42% |
| 6 | 6 | | Visual Basic | 4.50% | -0.73% |
| 7 | 7 | | JavaScript | 2.71% | +0.23% |
| 8 | 9 | ^ | PHP | 2.58% | +0.68% |
| 9 | 13 | ^^ | Assembly language | 2.40% | +1.46% |
| 10 | 11 | ^ | SQL | 1.53% | +0.13% |
| 11 | 20 | ^^ | Classic Visual Basic | 1.39% | +0.73% |
| 12 | 8 | vv | R | 1.32% | -1.08% |
| 13 | 12 | v | Go | 1.17% | -0.04% |
| 14 | 50 | ^^ | Fortran | 1.12% | +0.90% |
| 15 | 24 | ^^ | Groovy | 1.09% | +0.51% |
| 16 | 10 | vv | Swift | 1.07% | -0.37% |
| 17 | 16 | v | Ruby | 0.95% | +0.14% |
| 18 | 14 | vv | Perl | 0.90% | +0.03% |
| 19 | 15 | vv | MATLAB | 0.88% | +0.05% |
| 20 | 30 | ^^ | Delphi/Object Pascal | 0.85% | +0.36% |

图 15.1　TIOBE 统计的 2021 年 7 月全世界计算机语言受欢迎程度指数

## 15.1.2　常用的计算机语言简介

掌握程序设计语言，合理运用计算机知识和技能解决实际问题，已成为现在高等

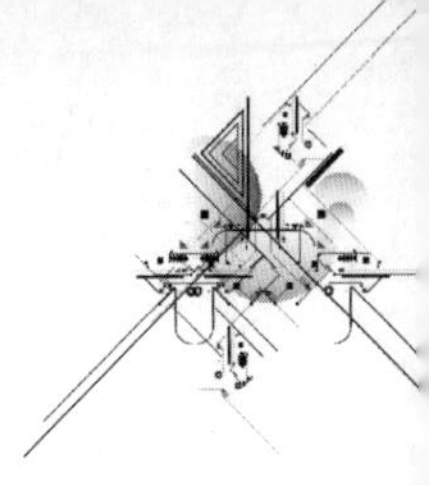

教育体系的一项基本要求。高等院校基本都开设了以 C、C++和 Java 为主的程序设计课程,越来越多的学校也开始讲授 Python 等计算机语言。在理工科专业的学习和科研工作中,MATLAB 因其简单实用、科学计算能力强,成为大学生必不可少的编程工具。

下面简要介绍一下常用的计算机语言及其特点,以便于学生根据个人基础、喜好和实际情况选择合适的计算机语言。

(1) C 语言

C 语言是一门面向过程的编译型语言,它的运行速度极快,仅次于汇编语言。它是计算机产业的核心语言,主要用于操作系统、网络服务程序、硬件驱动、单片机、嵌入式等底层开发。

(2) C++

C++是在 C 语言的基础上发展起来的,在面向过程编程的基础上,增加了面向对象以及泛型编程机制。由于新特性的加入,C++比 C 语言更适合大型项目的开发。同时,C++依然保持了和 C 语言一样的高效,使其应用场景更加广泛。

(3) Java

Java 是一种通用型面向对象的解释性语言,功能强大又简单易用。Java 具有分布式、安全性、平台独立和可移植性等特点。在吸收了 C++优点的基础上,Java 的内存垃圾回收机制使得开发者不需要去关心内存动态分配和回收的问题,大大提升了软件的开发效率。Java 经常用于系统后台服务器软件、安卓应用、网站等项目的开发。近年来由于 Hadoop 框架的流行,Java 在大数据领域也有很多应用。

(4) Python

Python 是一种面向对象、解释性、开源的脚本语言。它最主要的特点是:① 容易上手,学习成本低;② 标准库和第三方类库丰富,应用范围广。Python 既可以用于开发独立的程序,也可以用于开发企业级应用。人工智能技术的高速发展,也让 Python 获得越来越多的关注。

(5) MATLAB

MATLAB 是一种程序设计语言,也是一种交互式开发环境。它提供的矩阵运算、数值计算、符号运算以及数据可视化功能,使用户通过类似数学表达式的指令完成复杂的数学运算,非常适合用数学模型对问题进行描述和求解。

MATLAB 友好的用户界面,可以让用户以交互式命令的方式实时看到当前运算的结果,也可以通过 m 文件的形式将程序保存,以便重复使用。MATLAB 还拥有功能强大而且种类丰富的工具箱,例如信号处理工具箱、系统控制工具箱、深度学习工具箱等,这些工具箱提供了很多函数和处理工具,方便用户直接使用,解决实际问题。

由于 MATLAB 面向数学运算,简单实用,本章将以 MATLAB 作为编程语言。本章的目标是熟悉 MATLAB 与电路计算机编程相关的功能,而不是成为一名 MATLAB 专

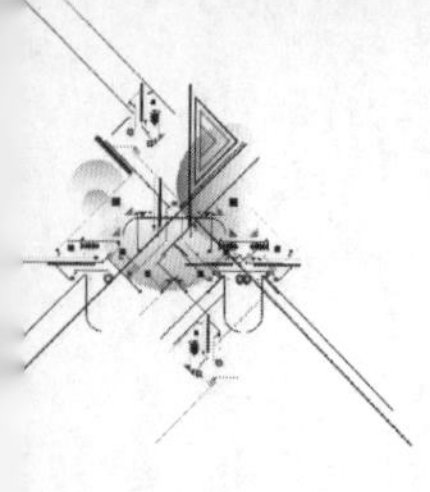



家,因此只介绍 MATLAB 的部分功能。如果你已经掌握其他语言,例如 Python、C++等,也可以尝试使用这些语言实现相同的功能。

## 15. 1. 3　MATLAB 界面和基本使用方法

(1) MATLAB 安装

如果你还没有安装 MATLAB,可以从其官网(如图 15. 2 所示)获取最新桌面版本应用。如果你所在的高校已购买 MATLAB,可通过学校网站下载并安装 MATLAB。如果你无法安装桌面版本应用,可以尝试"MATLAB Online"(如图 15. 3 所示),通过网络浏览器体验 MATLAB 的所有功能。

图 15. 2　获取 MATLAB 桌面版本

(2) 认识命令行窗口——功能强大的交互式计算器

启动 MATLAB 后,默认布局如图 15. 4 所示。最上面的工具条中有三个选项页,分别是"主页""绘图""APP"。工具条中提供了 MATLAB 常用功能的快捷键。

启动页下半部分从左到右主要有三列:当前文件夹,命令行窗口,工作区。当前文件夹可以显示和改变当前目录中的所有文件,用户一般将编写的脚本、函数文件等存放在当前文件夹中。命令行窗口可以输入命令,按下回车键后立即执行,通过这个窗口可以交互式执行所有输入的命令和函数。工作区窗口显示目前内存中所有自定义变量的变量名、结构类型、字节数等信息。

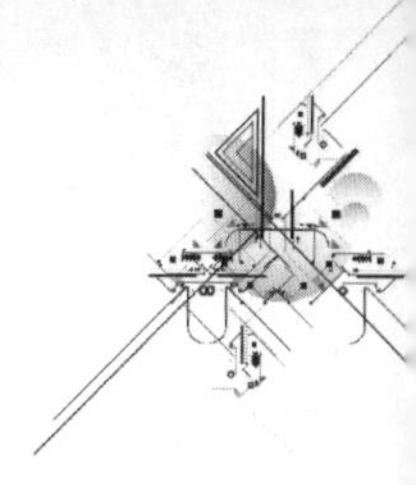

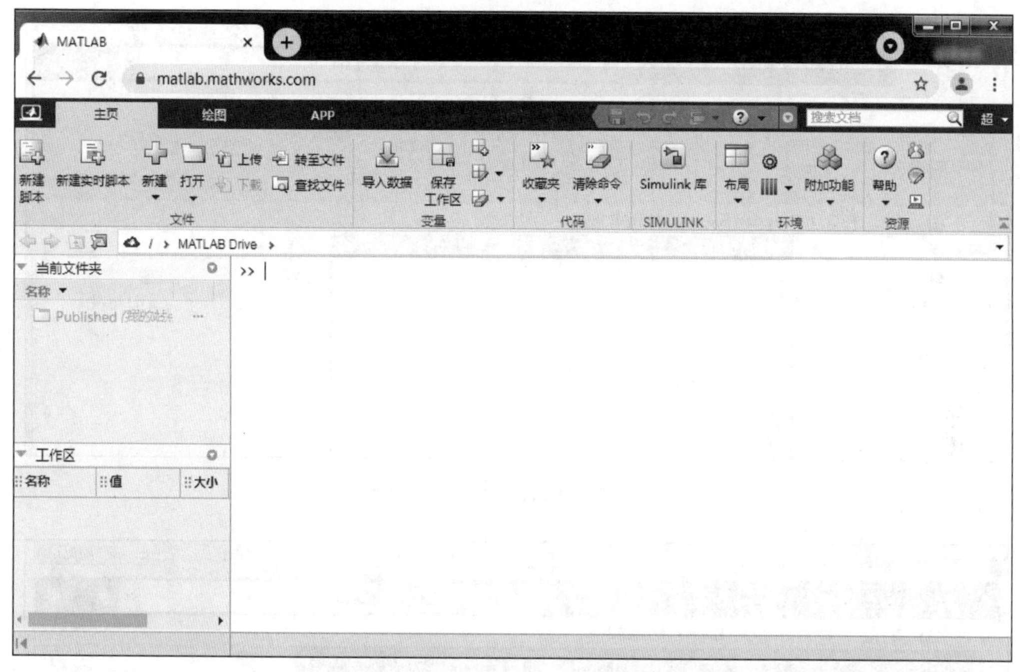


图 15.3　通过浏览器使用 MATLAB Online

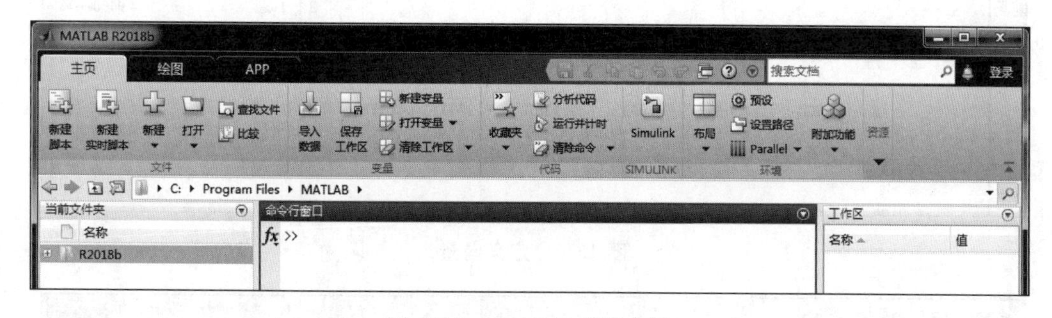


图 15.4　MATLAB 默认布局

下面让我们小试牛刀，通过命令行窗口，将 MATLAB 当作一个计算器，开始我们的 MATLAB 体验之旅。

在命令行窗口输入 1/2021，按下回车键，结果如图 15.5 所示。命令行窗口中“>>”是命令提示符，提示用户在当前位置输入命令。

MATLAB 还可以进行向量和矩阵计算。例如要定义一个向量 x，其元素的取值范围为 0~2 * π，以 π/100 为步长，可以输入命令“x = 0:pi/100:2 * pi”，结果如图 15.6 所示。命令中“pi”是 MATLAB 默认的圆周率变量，存储了接近 π 的浮点数。

MATLAB 默认显示所有的运算结果，因此会将向量 x 的每个元素都显示出来。为了减少输出内容，可以在命令结尾加上分号，如图 15.7 所示，运算后的变量结果可以在工作区查看。

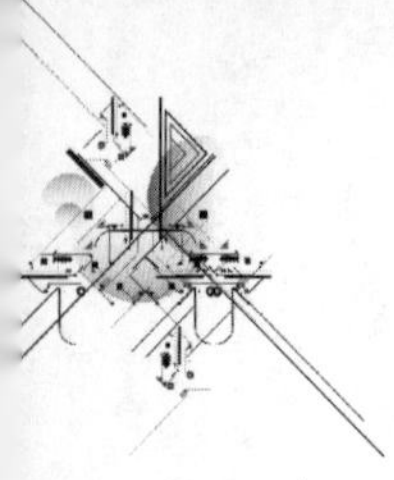

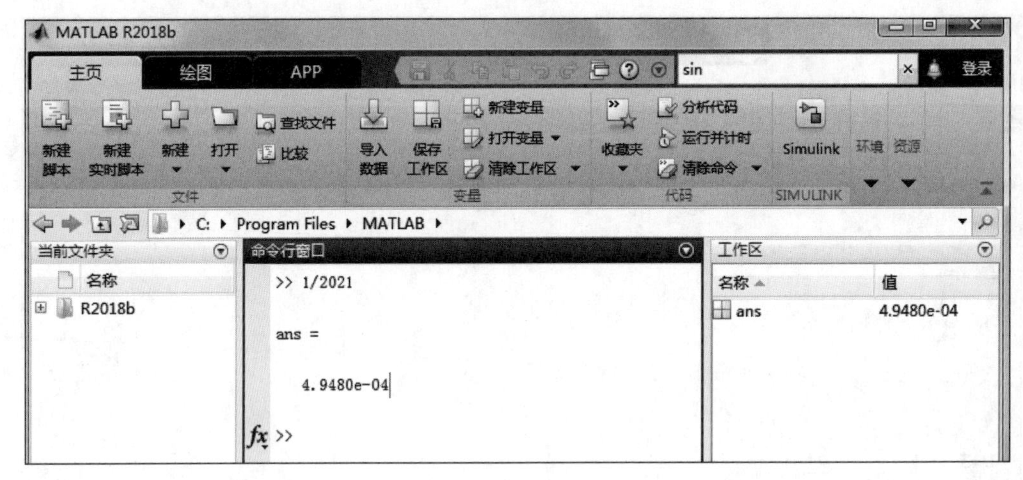


图 15.5　MATLAB 计算 1/2021

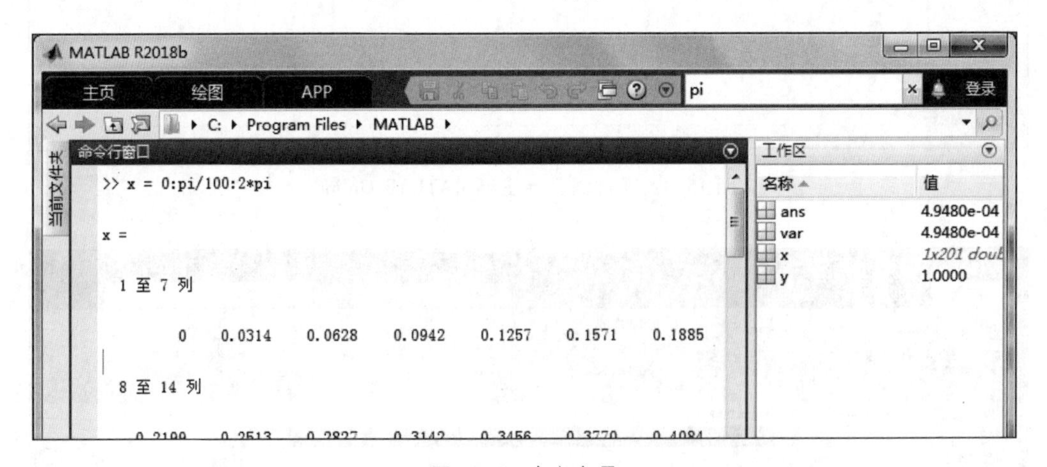


图 15.6　定义向量

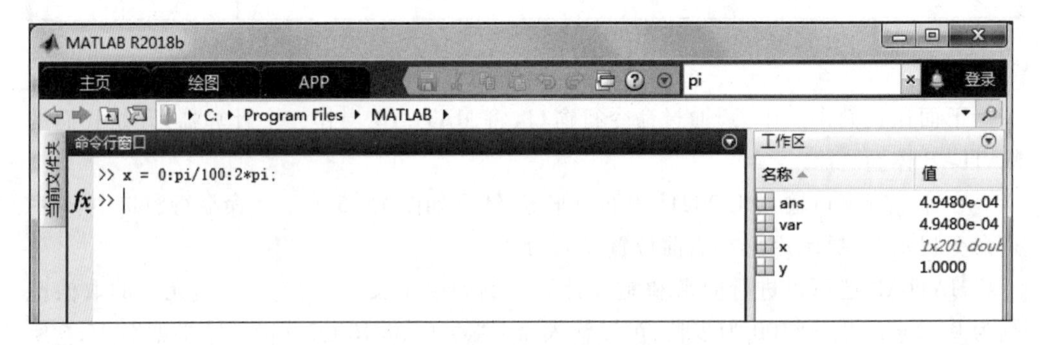


图 15.7　通过分号减少结果显示

输入命令“y=cos(x);”对向量 x 求余弦值。该命令对向量 x 的每个元素求余弦值，由结果组成新的向量 y。点击工作区中的变量 y，可以查看运算结果，如图 15.8 所示。

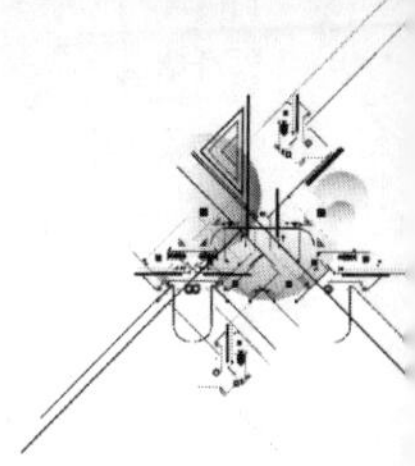

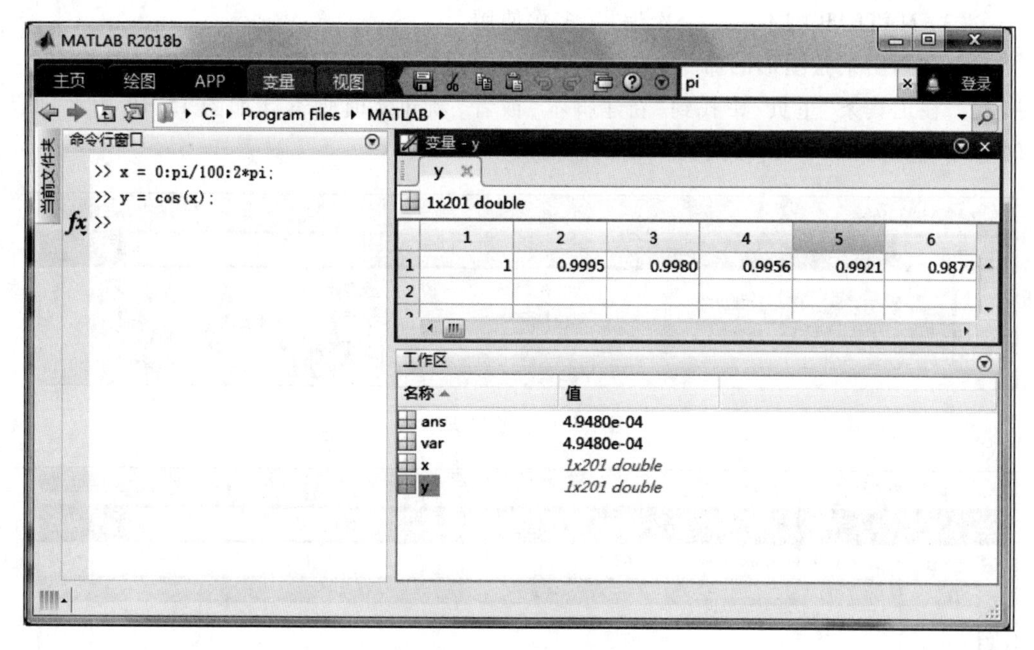


图 15.8　向量的运算

MATLAB 有个非常方便的功能，就是数据可视化。为了更直观地了解 x，y 的关系，可使用命令“plot(x,y)”将 x，y 绘制在二维图形中，如图 15.9 所示。

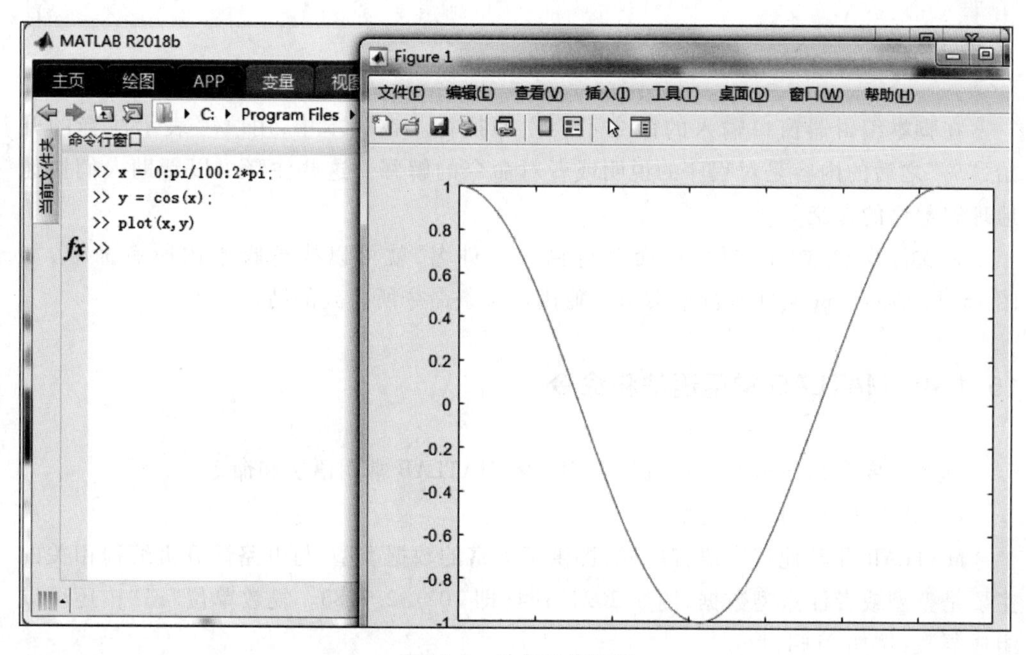


图 15.9　绘制二维图形

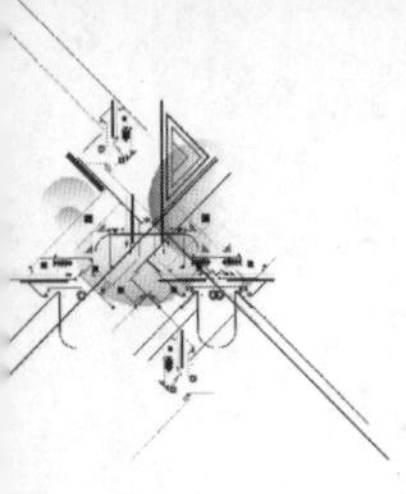

(3) MATLAB 脚本——一次编写,多次使用

上文画出余弦图形的命令,如果在未来需要重复执行,可以将这些命令组织成一个脚本。在工具条“主页”中找到“新建脚本”或者“新建实时脚本”,如图 15.10 所示,此时会出现如图 15.11 所示的脚本编辑器窗口。

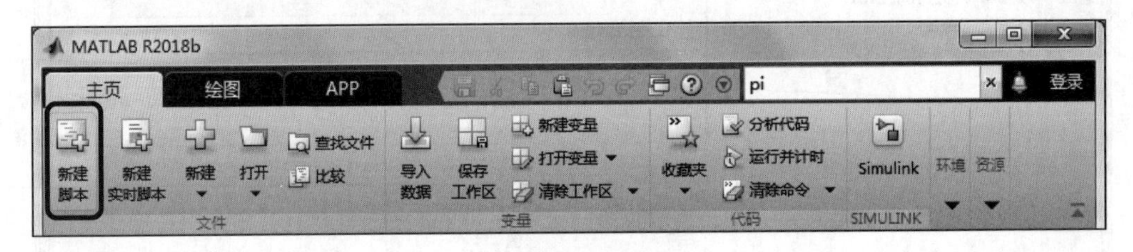


图 15.10　新建脚本

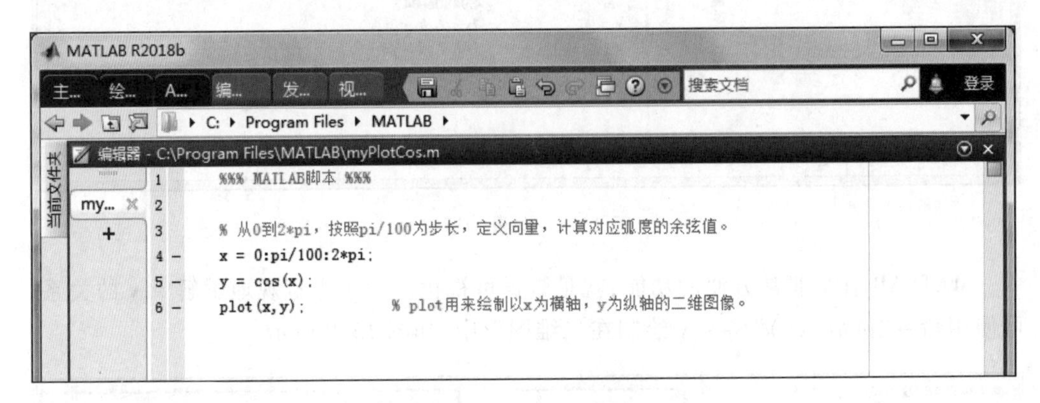


图 15.11　脚本编辑器窗口

在脚本编辑器窗口输入的命令不会立即执行。在脚本中,用“%”表示注释的开始,“%”之后的内容是对程序的说明或者对命令的解释。这些注释可以帮助人们快速地理解程序的含义。

将文件保存成 m 文件,在命令行输入文件名,就可以执行脚本内所有命令,如图 15.12 所示。m 文件运行结果和单独执行各条命令所得到的结果一致。

### 15.1.4　MATLAB 常用语法和命令

本节简要介绍与电路计算机编程相关的 MATLAB 常用语法和命令。

(1) MATLAB 的数据类型

MATLAB 和其他程序语言一样,提供了丰富的数据类型,与电路计算机编程相关的主要是整型或者浮点型数据,例如 2021,1e4(即 $10^4$),2.7183。复数单位“i”“j”还可以组成复数,例如 2i+4,1+j。

(2) 向量及其运算

MATLAB 最大的特点就是面向数学运算,并且以矩阵计算为基础,而向量可以理解

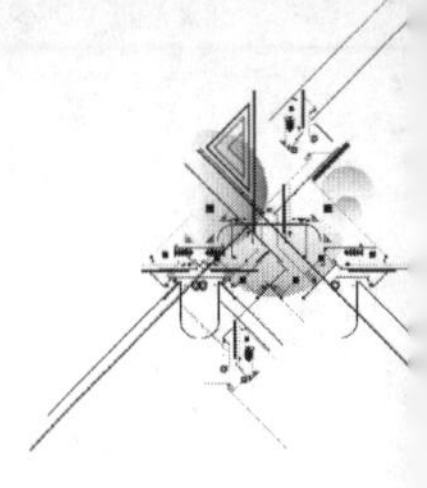

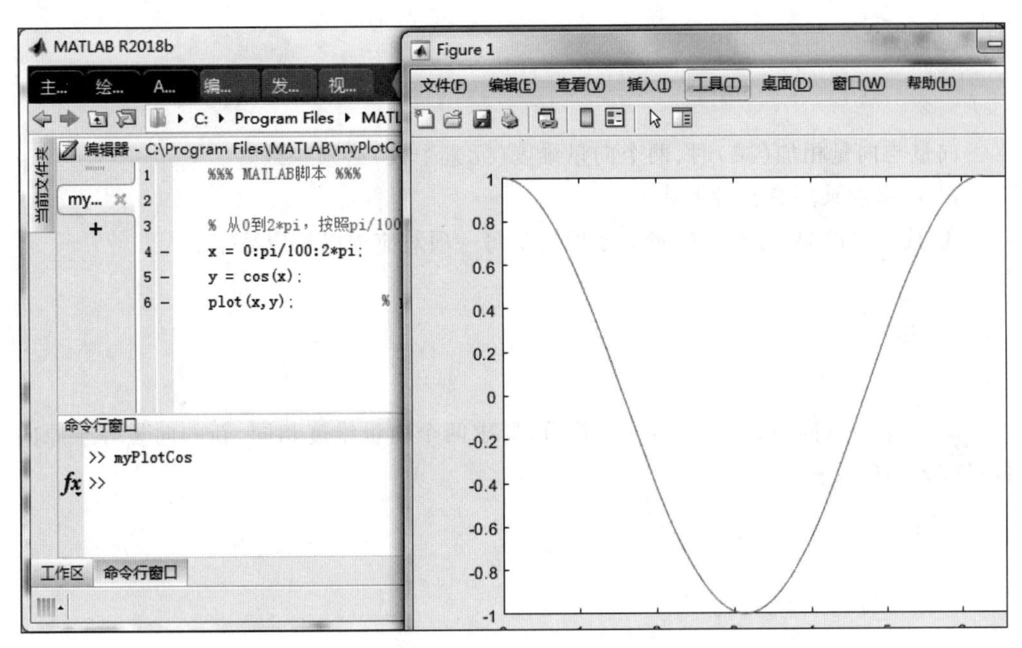


图 15.12　执行脚本命令

为一阶矩阵,所以先从向量说起。

定义向量在 15.1.3 节已经初步使用过了。有两种常用的定义向量的办法:冒号表达式,直接表示法。

① 冒号表达式。表达式的基本形式为:$x=x_0:step:x_n$,$x_0$ 为向量的首元素,$x_n$ 为向量的尾元素,step 表示步长。

② 直接表示法。用中括号“[ ]”将向量中的元素括起来,元素之间用逗号、空格或者分号隔开。一般行向量元素用空格和逗号隔开,列向量元素用分号隔开。例如 row=[1,2,3];col=[4;5;6]。

MATLAB 还为向量提供了多种基本运算:加(减)法、数乘、点乘、叉乘。下面还是通过一些例子来学习这些运算规则。定义两个行向量 a,b,如图 15.13 所示。

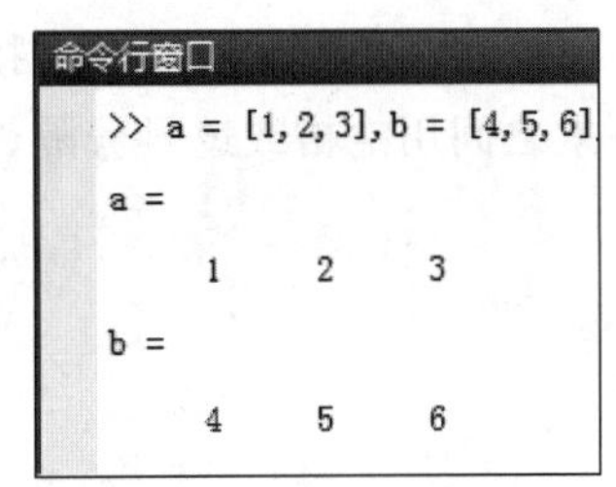


图 15.13　定义两个向量

1) 加(减)法。可以用数字加向量,也可以用向量加向量。

① 向量与数字进行加法操作,新的向量等于向量的每一项与数字进行加法。

```
>> a + 1
ans =
    2     3     4
```

② 向量与向量进行加法操作,新的向量等于原向量每一项对应相加。

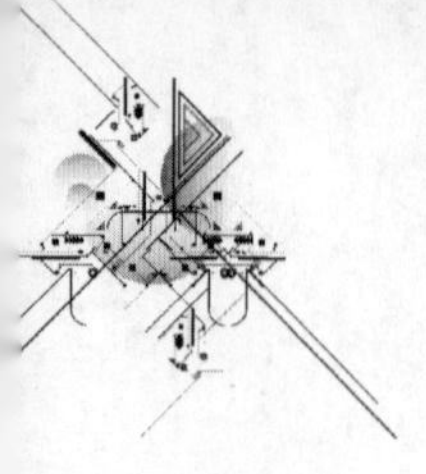



```
>> a+b
ans =
    5    7    9
```

向量与向量相加(减)时,两个向量维度(元素个数)必须一致。

2) 向量的乘法有三种形式。

① 数字乘以向量,新的向量等于原向量每一项对应乘以相应数字。

```
>> 5 * a
ans =
    5    10    15
```

② 向量乘以向量,使用“. *”运算符,要求两个向量维度相同,新的向量等于原向量对应各项的乘积。

```
>> a.*b
ans =
    4    10    18
```

③ 向量的点乘,等于两个向量在其中某一个向量方向上投影的乘积,结果为一个数值,大小等于两个向量模的乘积乘以两个向量夹角的余弦值。在 MATLAB 中,可以用 dot( )命令进行计算,要求两个向量维度相同。

```
>> dot(a,b)
ans =
   32
```

(3) 矩阵及其运算

矩阵是 MATLAB 中最基本的数据结构之一,从形式上看,是按行和列排列的数据元素的二维矩形数组。元素一般是数字(含复数)。

定义矩阵一般采用直接定义法,即使用方括号将元素排列成矩阵。一行数据的元素之间用空格或逗号分隔,行与行之间用分号分隔。例如,定义两行三列的矩阵 A,有

```
>> A = [1,2,3;4,5,6]
A =
    1    2    3
    4    5    6
```

矩阵作为 MATLAB 最重要的部分,其相关运算和操作也是 MATLAB 最大的特色。MATLAB 关于这部分的内容十分丰富,细节也特别多,很难全面说明清楚。这里仅通过一些例子,使学生对基本内容有所了解,其他功能和细节可以在未来需要时进一步了解。

① 矩阵和数值的运算。进行加减乘除运算,就是对矩阵元素逐个进行运算,计算结果和向量与数值的计算结果一致。

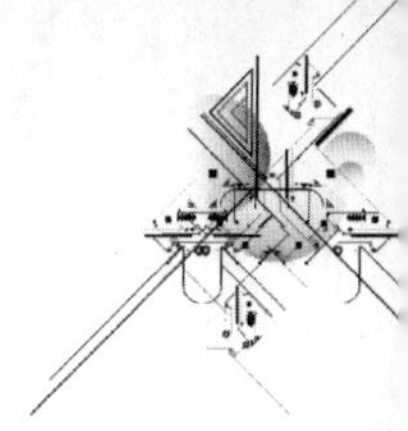

```
>> A = ones(2,2);
>> A+1     % 矩阵每个元素执行加 1
ans =
     2     2
     2     2
```

② 矩阵与矩阵之间的运算。有两种，一种是基于两个矩阵之间对应元素的计算，可以称为数组运算；另一种是基于线性代数法则的运算。

数组运算主要运算符及其用途和说明见表 15.1，要求两个矩阵维度必须一致。例如，两个矩阵进行数组乘运算，有

```
>> A = [1,2; 3,4];
>> B = [5,6; 7,8];
>> A.*B
ans =
     5    12
    21    32
```

表 15.1　数组运算主要运算符及其用途和说明

| 运算符 | 用途 | 说明 |
| --- | --- | --- |
| + | 加法 | A+B 表示将 A 和 B 加在一起 |
| - | 减法 | A-B 表示从 A 中减去 B |
| .* | 按元素乘法 | A.*B 表示 A 和 B 的逐元素乘积 |
| .^ | 按元素求幂 | A.^B 表示包含元素 A(i,j) 的 B(i,j) 次幂的矩阵 |
| ./ | 数组右除 | A./B 表示包含元素 A(i,j)/B(i,j) 的矩阵 |
| .\ | 数组左除 | A.\B 表示包含元素 B(i,j)/A(i,j) 的矩阵 |
| .' | 数组转置 | A.' 表示 A 的数组转置。对于复矩阵，不涉及共轭 |

矩阵运算遵守线性代数法则，在进行运算时，需要根据运算法则确定输入矩阵的大小。例如，使用矩阵右除运算，其运算符为“/”，计算 A/B，这两个矩阵必须具有相同的列数；使用矩阵乘法运算，运算符为“*”，计算 A*B，则矩阵 A 的列数必须等于矩阵 B 的行数。

```
>> A = [1,2];
>> B = [5,6;7,8];
>> A * B
ans =
    19    22
```

矩阵运算基本运算符及其用途和说明见表 15.2。

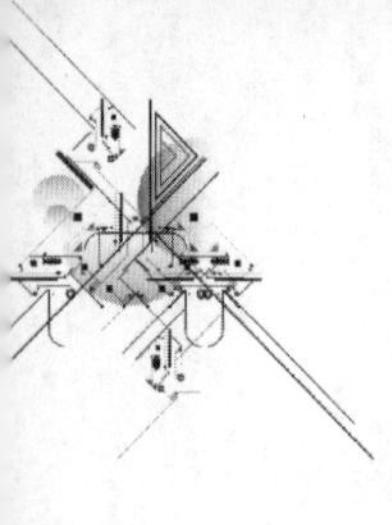



表 15.2　矩阵运算基本运算符及其用途和说明

| 运算符 | 用途 | 说明 |
| --- | --- | --- |
| * | 矩阵乘法 | C = A * B 表示矩阵 A 和 B 的线性代数乘积。A 的列数必须与 B 的行数相等 |
| \ | 矩阵左除 | x = A\B 是方程 Ax = B 的解。矩阵 A 和 B 必须拥有相同的行数 |
| / | 矩阵右除 | x = B/A 是方程 xA = B 的解。矩阵 A 和 B 必须拥有相同的列数。用左除运算符表示的话,B/A = (A'\B')' |
| ^ | 矩阵幂 | A^B 表示 A 的 B 次幂(如果 B 为标量)。对于 B 的其他值,计算包含特征值和特征向量 |

MATLAB 提供了许多矩阵计算专用的线性代数函数,使用方便,执行速度快,效率高。具体功能包括矩阵分解、线性方程求解、计算特征值或奇异值等。表 15.3 列出了常用的线性代数矩阵函数及说明。具体使用方法可以参考 MATLAB 帮助文档。

表 15.3　常用的线性代数矩阵函数及说明

| 函数 | 说明 |
| --- | --- |
| det | 矩阵行列式 |
| transpose | 转置向量或矩阵 |
| inv | 矩阵求逆 |
| eig | 特征值和特征向量 |

(4) 数据可视化

数据可视化是 MATLAB 除了数值计算、符号计算以外,区别于其他高级语言最重要的特点。通过简单的二维或者三维图形展示,用户可以轻松理解数据和符号的具体含义。下面以二维图形可视化为例,介绍一下 MATLAB 如何通过命令实现数据可视化。

MATLAB 绘制二维图形是线图,使用的函数是 plot,基本用法是 plot(X,Y),绘制 Y 对 X 的图。如果 X 和 Y 都是向量,则它们的长度必须相同。

以抛物线绘图为例。定义 X 为从-3 到 3,步长为 0.2 的向量,计算出 Y 向量的值,并绘图,结果如图 15.14 所示。

```
>> X = -3:0.2:3;
>> Y = X.^2;
>> plot(X,Y)
```

绘图时,还可以通过 plot(X,Y,LineSpec)命令中第三个参数 LineSpec 改变线条的线型、颜色、点的标记符号。在一幅图中,绘制多个图形时,可以清楚地通过这些特征区分不同的数据。常用图形颜色、线型及标记符号如表 15.4 所示。

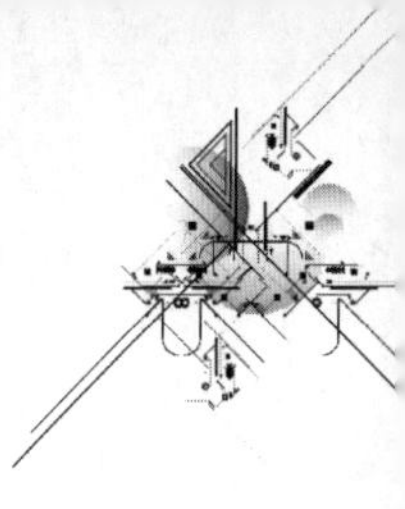

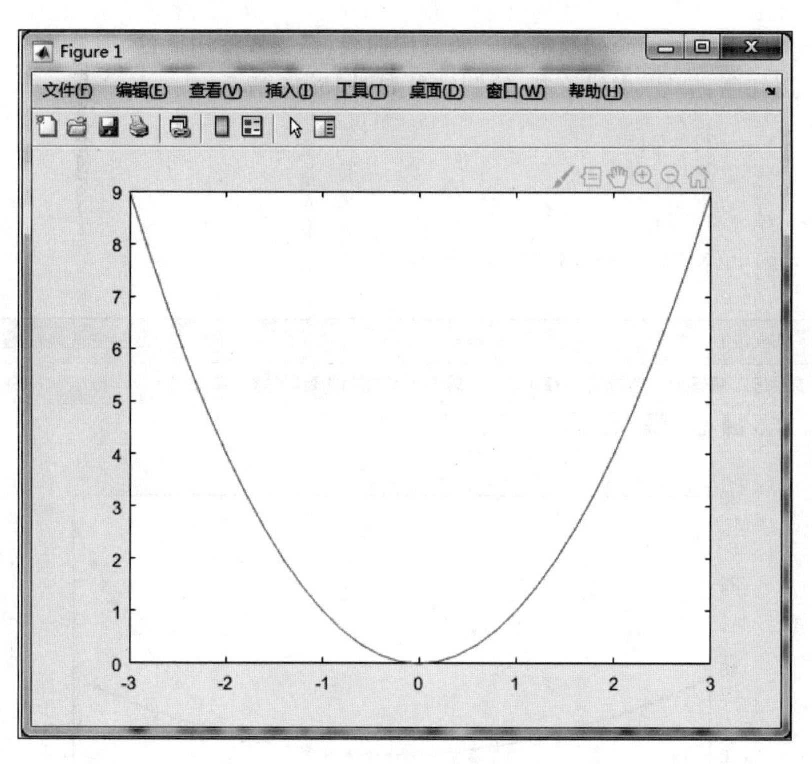


图 15.14　plot 绘制的二维图形

表 15.4　常用图形颜色、线型以及标记

| 颜色 | 说明 |
| --- | --- |
| y | 黄色 |
| m | 品红色 |
| c | 青蓝色 |
| r | 红色 |
| g | 绿色 |
| b | 蓝色 |
| w | 白色 |
| k | 黑色 |

| 线型 | 说明 |
| --- | --- |
| - | 实线 |
| -- | 虚线 |
| : | 点线 |
| -. | 点划线 |

<table>
<tr><th>标记</th><th>说明</th></tr>
<tr><td>'o'</td><td>圆圈</td></tr>
<tr><td>'+'</td><td>加号</td></tr>
<tr><td>'*'</td><td>星号</td></tr>
<tr><td>'.'</td><td>点</td></tr>
<tr><td>'x'</td><td>叉号</td></tr>
<tr><td>'_'</td><td>水平线条</td></tr>
<tr><td>'|'</td><td>垂直线条</td></tr>
<tr><td>'s'</td><td>方形</td></tr>
<tr><td>'d'</td><td>菱形</td></tr>
<tr><td>'^'</td><td>上三角</td></tr>
<tr><td>'v'</td><td>下三角</td></tr>
<tr><td>'>'</td><td>右三角</td></tr>
<tr><td>'<'</td><td>左三角</td></tr>
<tr><td>'p'</td><td>五角形</td></tr>
<tr><td>'h'</td><td>六角形</td></tr>
</table>

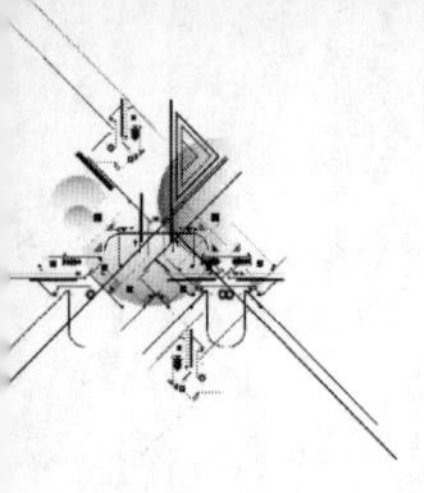



在一幅图中绘制一条抛物线和一条三次曲线，抛物线使用蓝色、加号、实线绘制，三次曲线使用红色、星号、虚线绘制，绘制结果如图 15.15 所示。

```
>> X = -3:0.2:3;
>> Y1 = X.^2;
>> Y2 = X.^3;
>> plot(X,Y1,'b+-',X,Y2,'r*--')
```

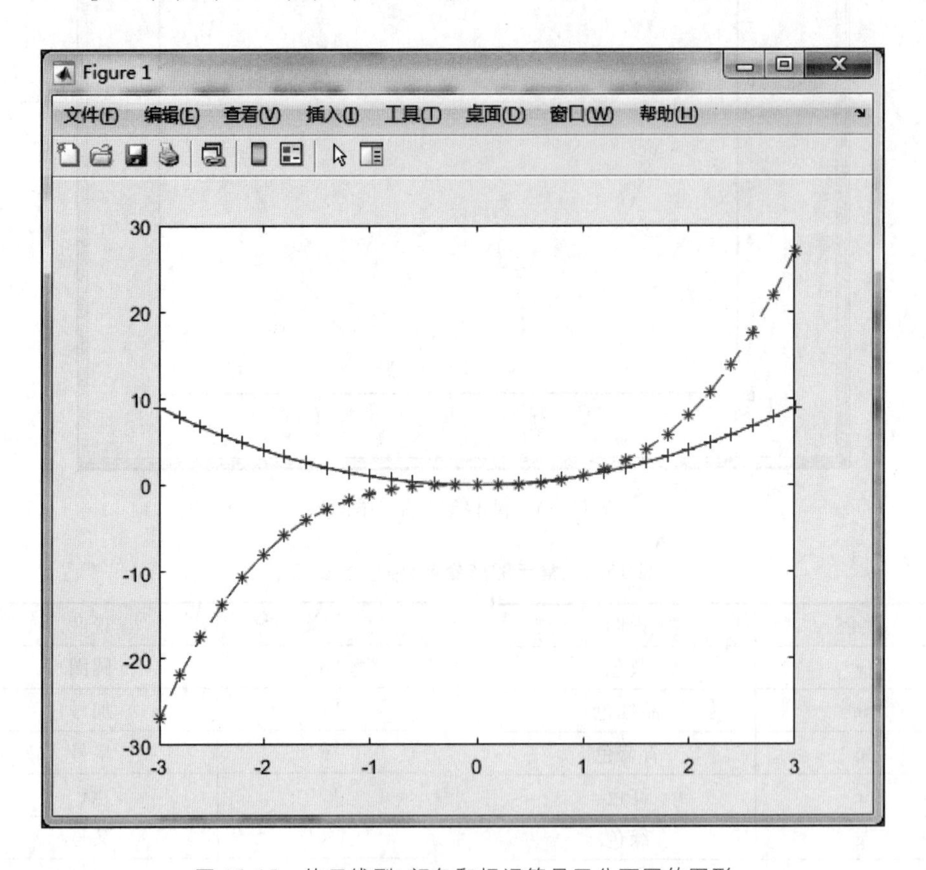


图 15.15　使用线型、颜色和标记符号区分不同的图形

除了绘制图形以外，MATLAB 还提供了图形控制、图形标注、图形保持、子图绘制等基本操作。

使用 grid on 命令可以在图形中显示坐标网格。例如，绘制一条正弦曲线并使用 grid on，结果如图 15.16 所示。

```
>> X = -6:0.2:6;
>> Y = sin(X);
>> plot(X,Y)
>> grid on
```

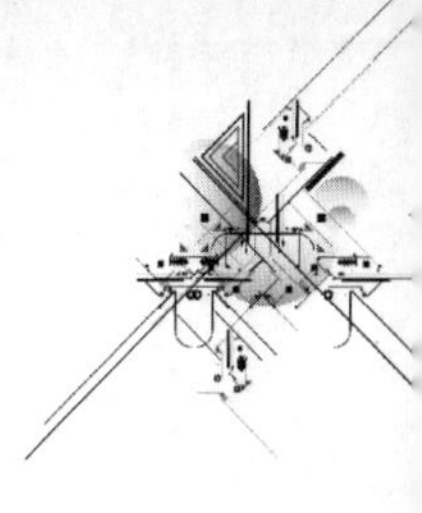

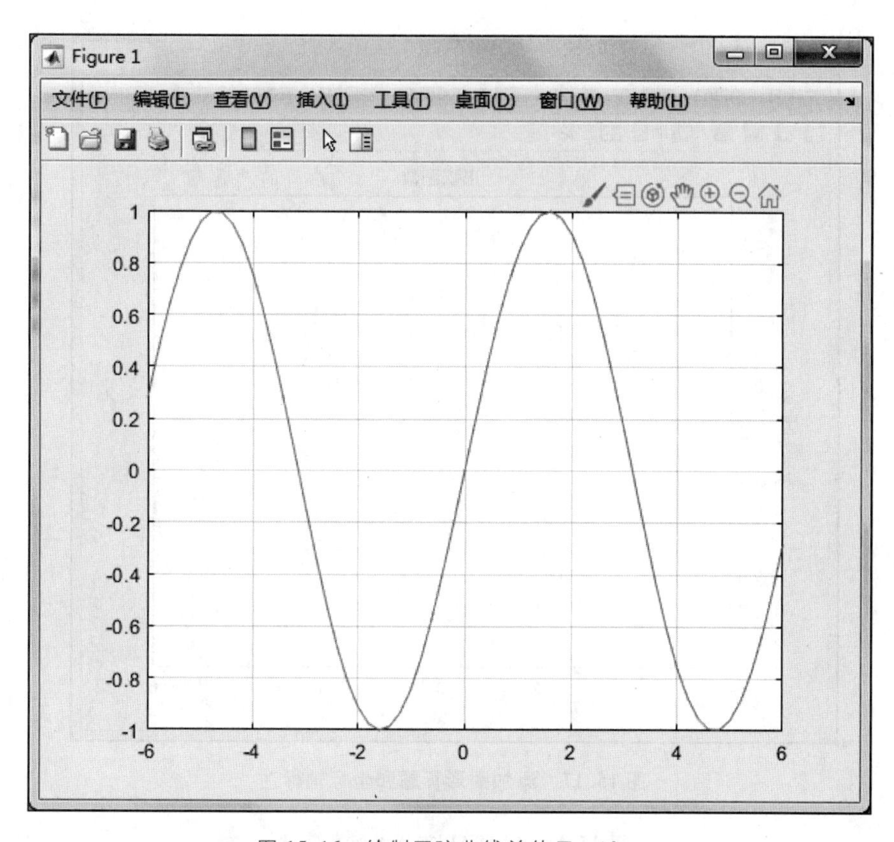


图 15.16　绘制正弦曲线并使用 grid on

使用 title、xlabel 和 ylabel 命令可以在图形中增加标题以及横轴和纵轴的标注。下面在图 15.16 的基础上,尝试一下这些功能。

```
>> title("正弦函数",'FontWeight','bold','FontName','宋体')
>> xlabel(' \itx','FontSize',12)
>> ylabel(' \ity = \rmsin( \it x \rm)','FontSize',12)
```

以上命令得到的结果如图 15.17 所示。

以上例子有两点需要注意。(1) 这三个函数都是先设置文本内容,再设置文本的属性格式。例如,title("正弦函数",'FontWeight','bold','FontName','宋体')中,"正弦函数"是图像标题的文本,后面跟着的是这个标题的属性以及属性值,说明这个文字使用加粗的宋体风格显示。属性可以根据自己的需要调整。(2) 文本内容可以配合控制字符串一起使用,用来控制格式或者显示特殊字符。例如 xlabel(' \itx','FontSize',12)中,"\it"是特殊控制字符串,表示的是后续文本都采用斜体。特殊字符可以是希腊字母"\pi"(π),或者格式字符"\bf"(黑体)。MATLAB 常用的特殊字符如表 15.5 所示。

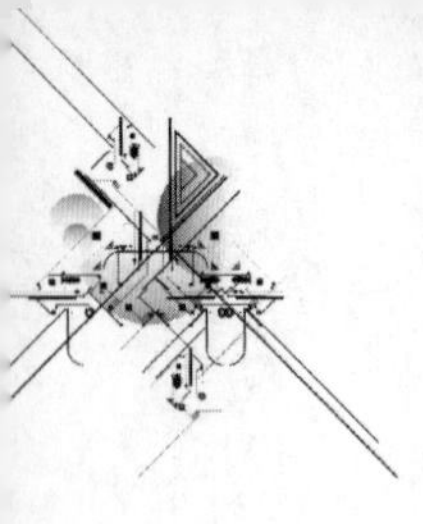

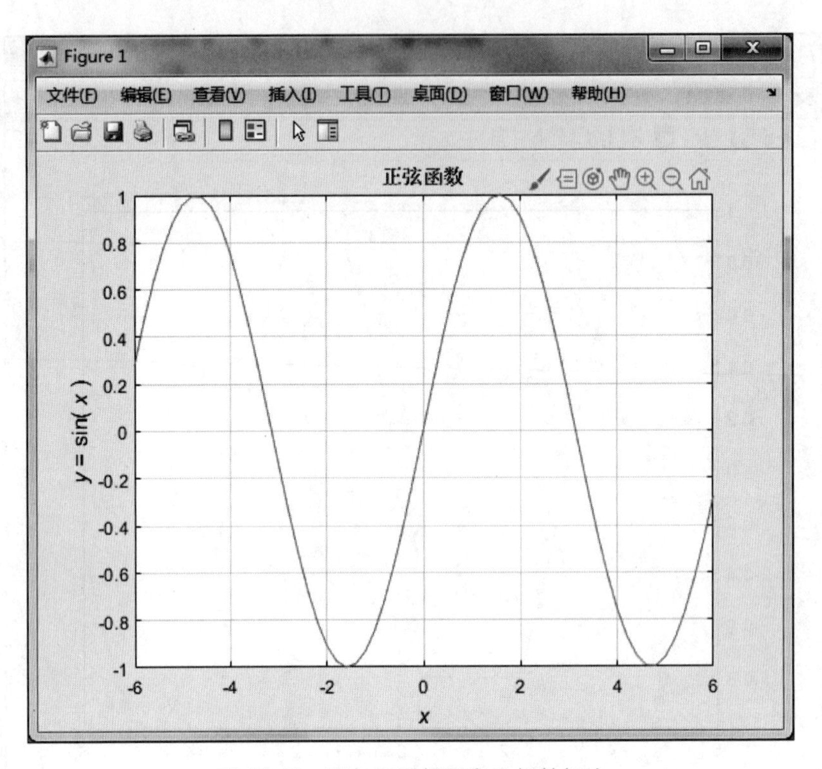


图 15.17　添加图形标题和坐标轴标注

表 15.5　MATLAB 常用的特殊字符

| 字符序列 | 符号 | 字符序列 | 符号 | 字符序列 | 符号 | 字符序列 | 符号 |
|---|---|---|---|---|---|---|---|
| \alpha | α | \xi | ξ | \Delta | Δ | \copyright | © |
| \angle | ∠ | \pi | π | \Theta | Θ | \sim | ~ |
| \ast | * | \rho | ρ | \Lambda | Λ | \leq | ≤ |
| \beta | β | \sigma | σ | \Xi | Ξ | \infty | ∞ |
| \gamma | γ | \varsigma | ς | \Pi | Π | \leftarrow | ← |
| \delta | δ | \tau | τ | \Sigma | Σ | \Leftarrow | ⇐ |
| \epsilon | ϵ | \equiv | ≡ | \Upsilon | Υ | \rightarrow | → |
| \zeta | ζ | \Im | ℑ | \Phi | Φ | \Rightarrow | ⇒ |
| \eta | η | \otimes | ⊗ | \Psi | Ψ | \downarrow | ↓ |
| \theta | θ | \0 | ∅ | \Omega | Ω | \circ | ∘ |
| \vartheta | ϑ | \upsilon | υ | \mid | ∣ | \pm | ± |

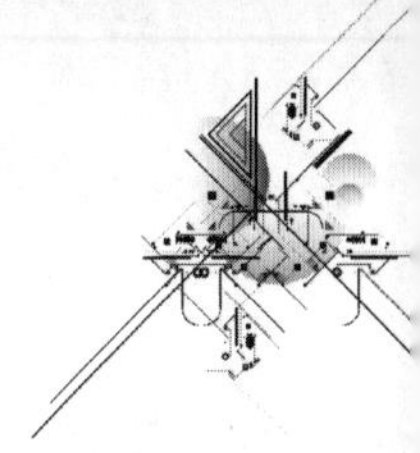

续表

| 字符序列 | 符号 | 字符序列 | 符号 | 字符序列 | 符号 | 字符序列 | 符号 |
|---|---|---|---|---|---|---|---|
| \iota | ι | \phi | φ | \cdot | · | \geq | ⩾ |
| \kappa | κ | \chi | χ | \neg | ¬ | \bullet | • |
| \lambda | λ | \psi | ψ | \times | x | \div | ÷ |
| \mu | μ | \omega | ω | \surd | √ | \neq | ≠ |
| \nu | ν | \Gamma | Γ | \varpi | ϖ | \oslash | ∅ |

绘图有时需要在同一窗口显示多个图形。此时多个绘图命令之间要插入 hold on 命令。如果不在绘图命令之间插入 hold on 命令,则窗口只显示最后一个绘图命令绘制的图形。

绘图有时需要将几个图形在同一图形的不同窗口显示出来,此时可以使用子图绘制函数 subplot。子图绘制函数的用法是 subplot(m,n,p),m 表示子图总行数,n 表示子图总列数,p 表示对应子图的编号。例如,画一张 2 行 2 列的子图,分别显示不同的三角函数,程序如下。

```
>> X =-2 * pi:pi/50:2 * pi;
>> Y1 = sin(X);
>> Y2 = cos(X);
>> Y3 = sin(X)+cos(X);
>> % 在第一行第一列绘制子图
>> subplot(2,2,1)
>>> plot(X,Y1)
>> title('\ity = \rmsin(\itx\rm)','FontSize',12)
>> % 在第一行第二列绘制子图
>> subplot(2,2,2)
>> plot(X,Y2)
>> title('\ity = \rmcos(\itx\rm)','FontSize',12)
>> % 在第二行第一列绘制子图
>> subplot(2,2,3)
>> plot(X,Y3)
>> title('\ity = \rmsin(\itx\rm)+cos(\itx\rm)','FontSize',12)
>> % 在第二行第二列绘制子图
>> subplot(2,2,4)
>> plot(X,Y1,X,Y2,X,Y3)
>> title('三条数据叠加在一起','FontSize',12)
```

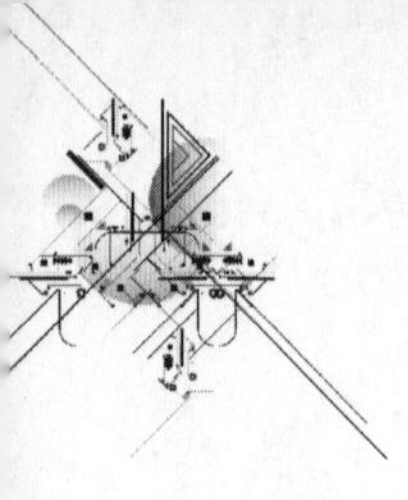

运行结果如图 15.18 所示。

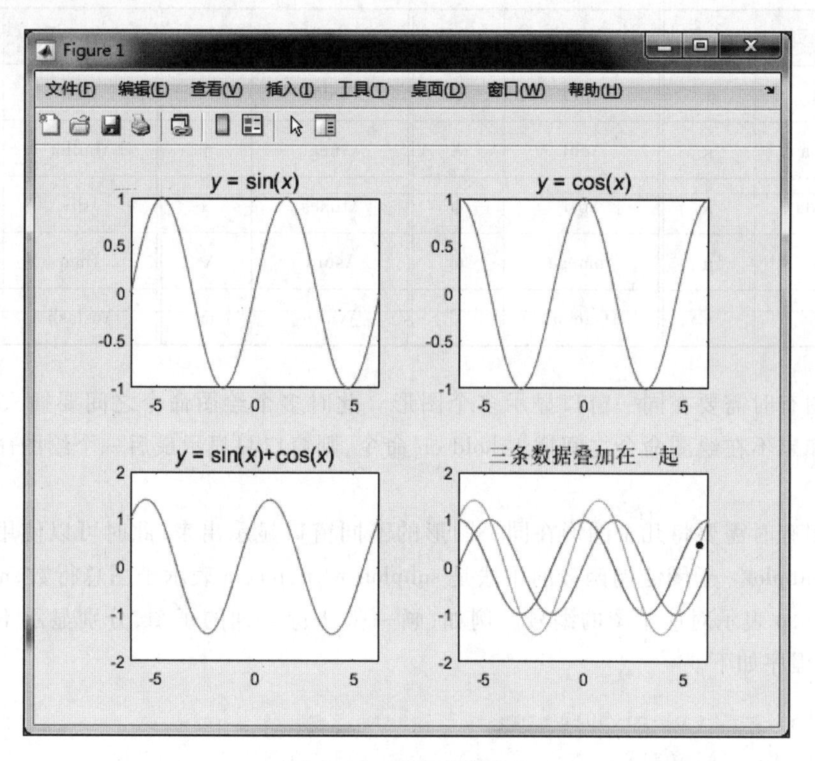


图 15.18　子图绘制结果

MATLAB 不仅提供了交互式命令行工作方式，还能以 m 文件的形式组织命令，进行程序设计。MATLAB 也可以像其他高级语言一样，通过对命令进行流程控制，编写以 m 为扩展名的程序文件。M 文件中的语法和 C 语言十分相似，如果学习过 C 语言，就很容易理解 m 文件中函数、控制语句、输入输出、变量以及作用域等概念。

m 文件有两种形式，一种是指令脚本式文件(script)，一种是函数文件(function)。脚本文件是将所有指令按顺序组织在一起，MATLAB 解释器会自动按顺序执行这些指令。它的优点是避免用户在命令行中重复输入指令、减少许多重复性工作。函数文件通常以 function 语句定义函数名，用户可以将自己常用的功能编写成函数体，在后续程序设计时，通过不同的参数调用这些函数。

## 15.1.5　MATLAB App Designer 的人机交互界面设计

用户界面是用户与计算机进行信息交流的方式。在 MATLAB 2016 版之前，MATLAB 为用户开发图形界面提供了一个方便高效的集成开发环境——MATLAB 图形用户界面开发环境(MATLAB graphical user interface development environment)，简称 GUIDE。GUIDE 主要是一个界面设计工具集，MATLAB 将所有 GUI 支持的用户控件都

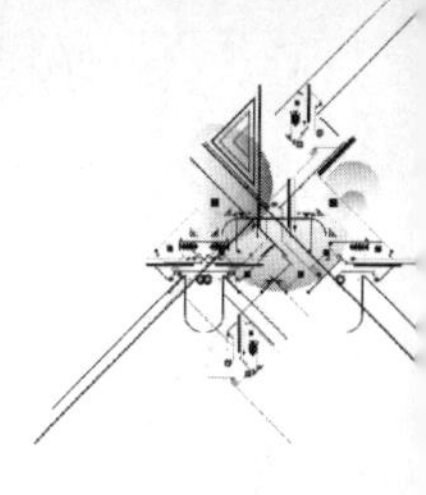

集成起来，同时提供界面外观、属性和行为回调的设置方法。在 MATLAB 2016 版之后，增加了新的图形用户界面设计工具——MATLAB App Designer，其控件更加丰富，功能更加强大。用户将可视化组件拖放到设计画布，App 设计工具自动生成面向对象的代码。

MATLAB App Designer 最明显的特点是自动生成的代码使用了面向对象的语法，采用了现代并且友好的界面，用户更容易自己学习和探索。界面设计一方面有助于电路参数的输入及可视化显示，另一方面方便展示。

下面以一个实例说明利用 MATLAB App Designer 设计界面的方法。

步骤 1：新建 App。在图 15.19 所示主页选择“新建”→“App”，打开图 15.20 所示的 App Designer 界面。图 15.20 中界面左侧为组件库，界面中间为画布，可在画布右上角切换“设计视图”和“代码视图”两种模式，界面右侧为组件浏览器及属性窗口。

图 15.19　新建 App

步骤 2：放置组件。

1）在 App Designer 界面左侧的组件库中，拖放一个“选项卡组”至右侧设计视图窗口，并将其标签“Tab”修改为“BasicElement”，如图 15.21 所示。

2）在 App Designer 界面左侧的组件库中，拖放一个“单选按钮组”至右侧 BasicElement 选项卡中，分别双击单选按钮的名称，将其修改为“Resistor”“Isource”和“Vsource”，如图 15.22 所示。此外放置三个“编辑字段(数值)”组件，将其名称分别修改为“Node1”“Node2”和“Evalue”。放置一个“按钮”，将其名称修改为“OK”。

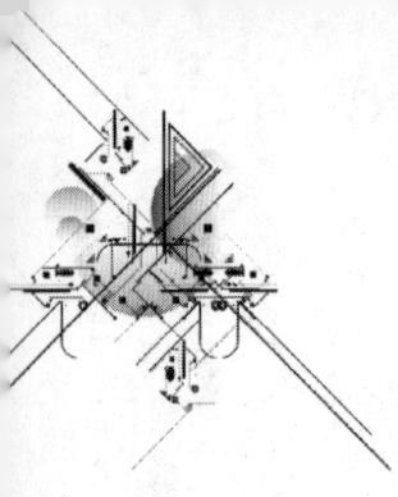

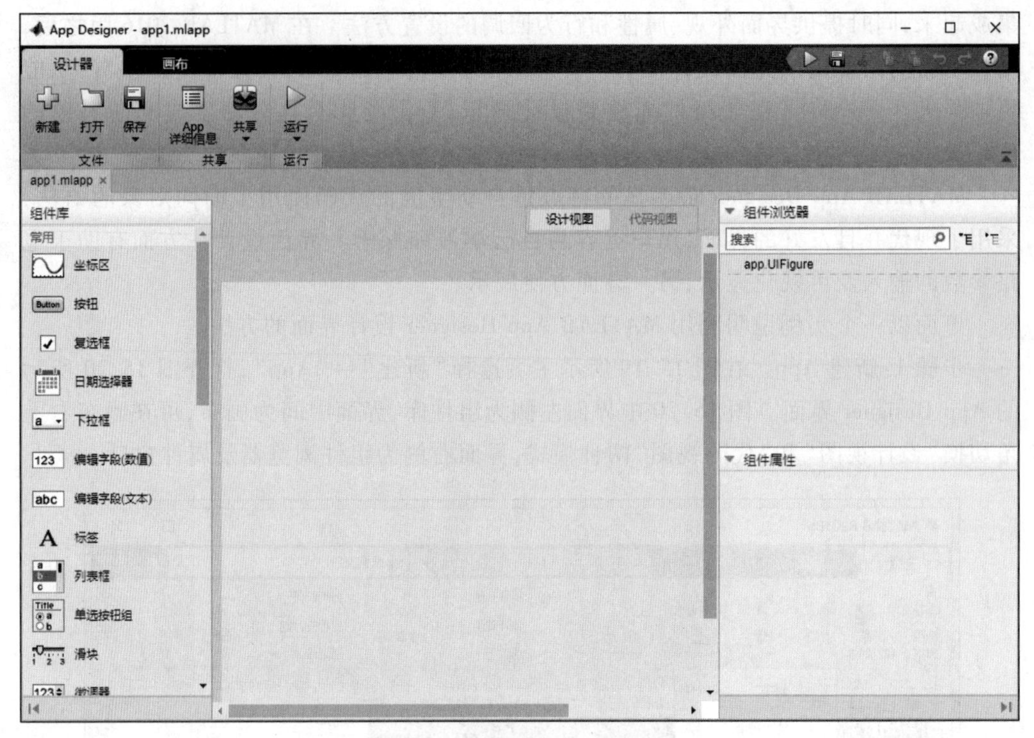


图 15.20　MATLAB App Designer 界面

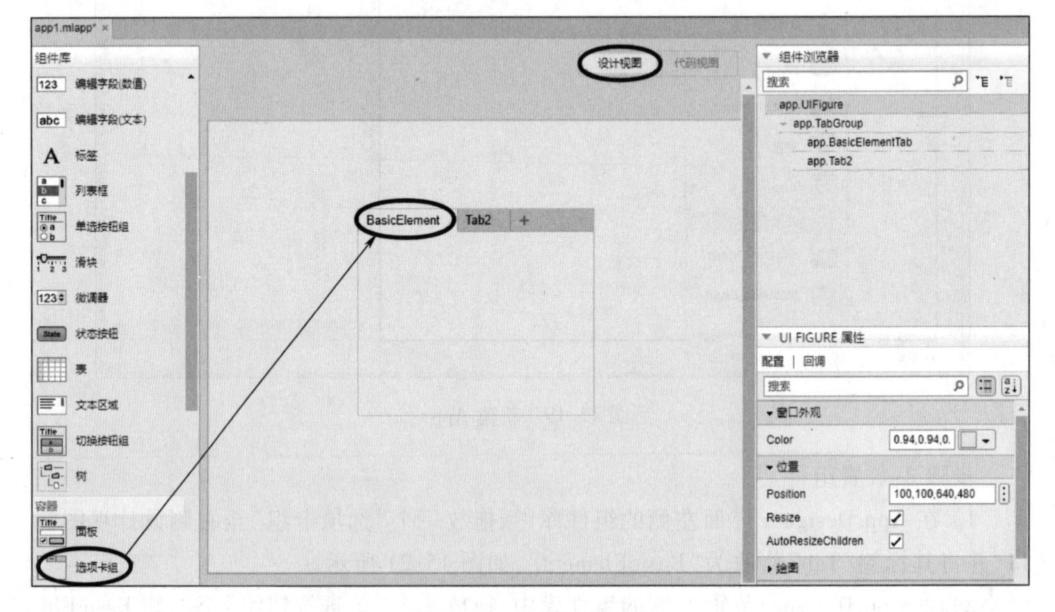


图 15.21　放置选项卡组

步骤 3：添加“单选按钮组”的回调函数。右键单击“单选按钮组”→“回调”→“添加 SelectionChangedFcn 回调”，如图 15.23 所示。按照图 15.24 所示打开“单选按钮组”

的回调函数代码视图窗口。

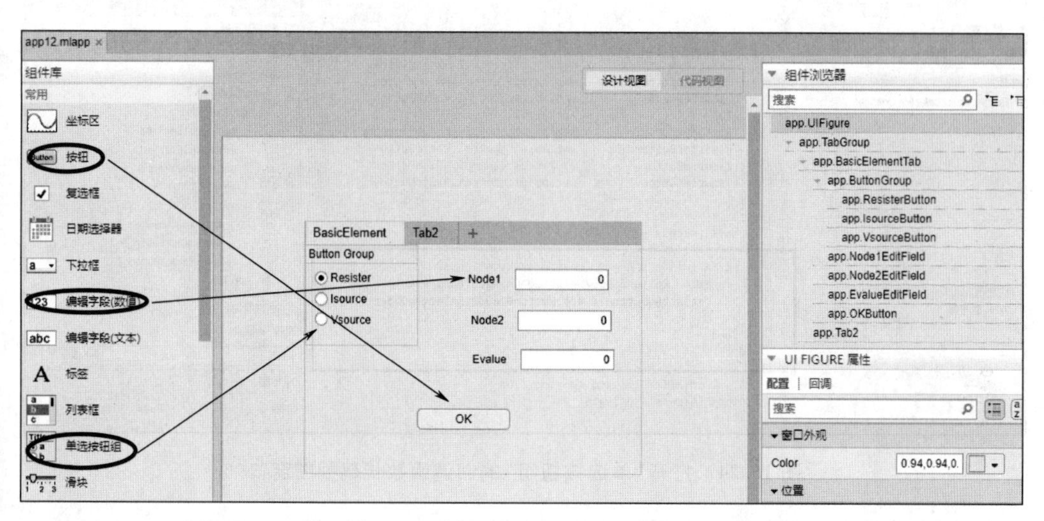


图 15.22　放置单选按钮组，单选按钮组和按钮

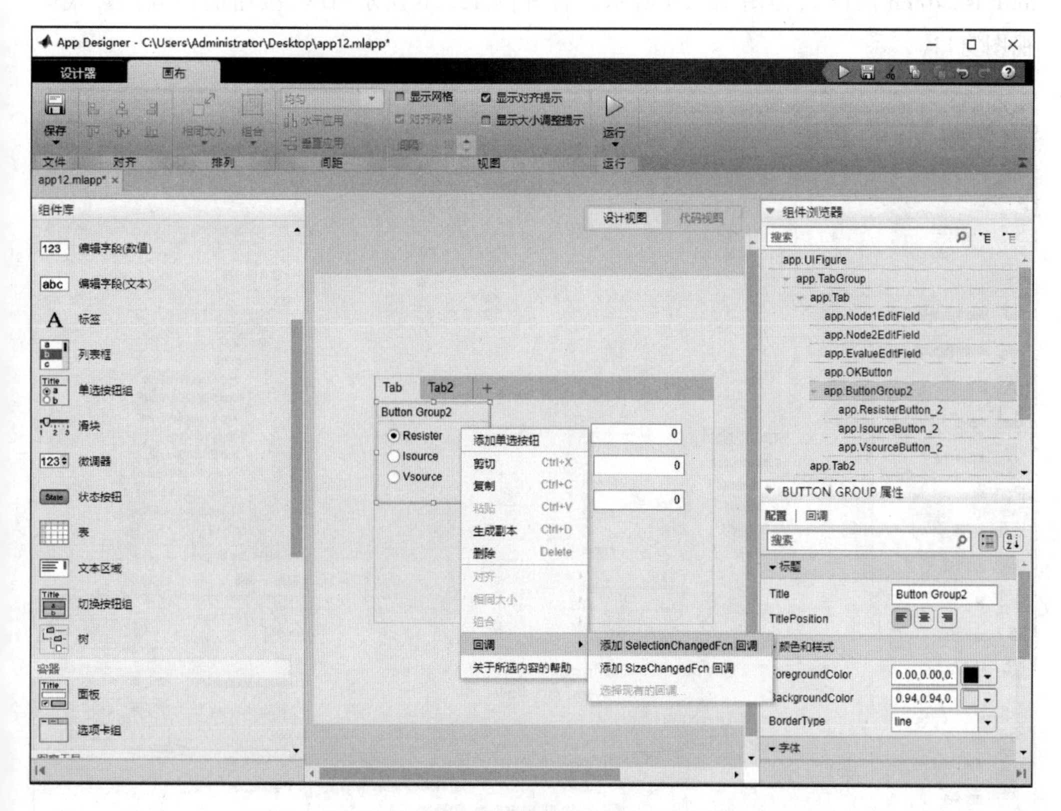


图 15.23　给“单选按钮组”添加回调函数

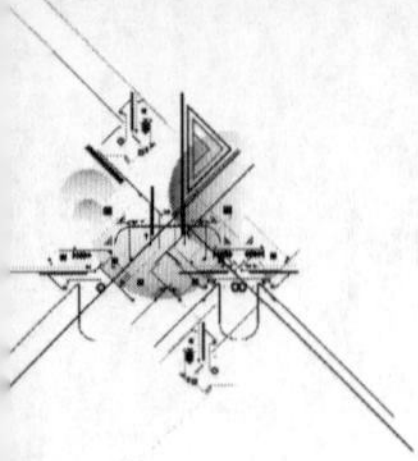



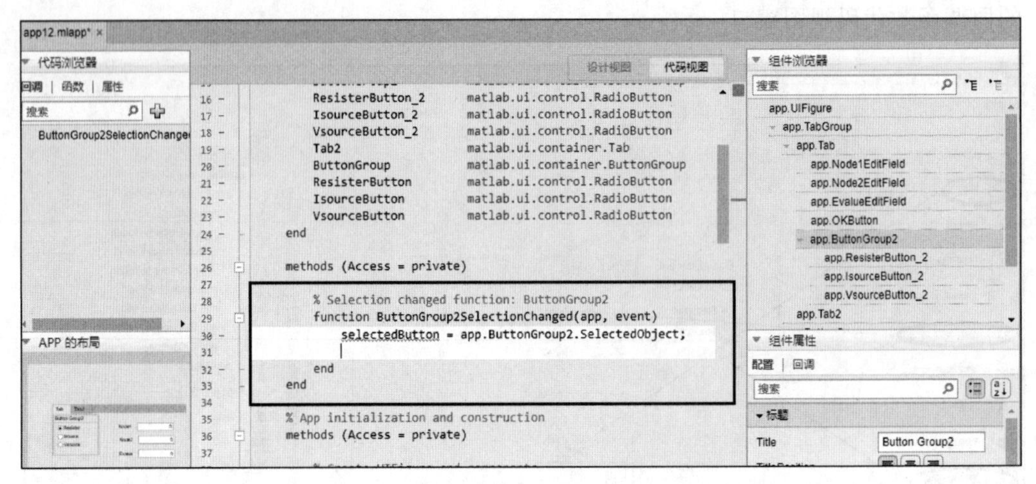


图 15.24　打开"单选按钮组"的回调函数代码视图窗口

步骤 4:添加"OK"按钮的回调函数。右键单击"OK"按钮→"回调"→"添加 ButtonPushedFcn 回调",如图 15.25 所示。打开图 15.26 所示"OK"按钮的回调函数代码视图窗口。

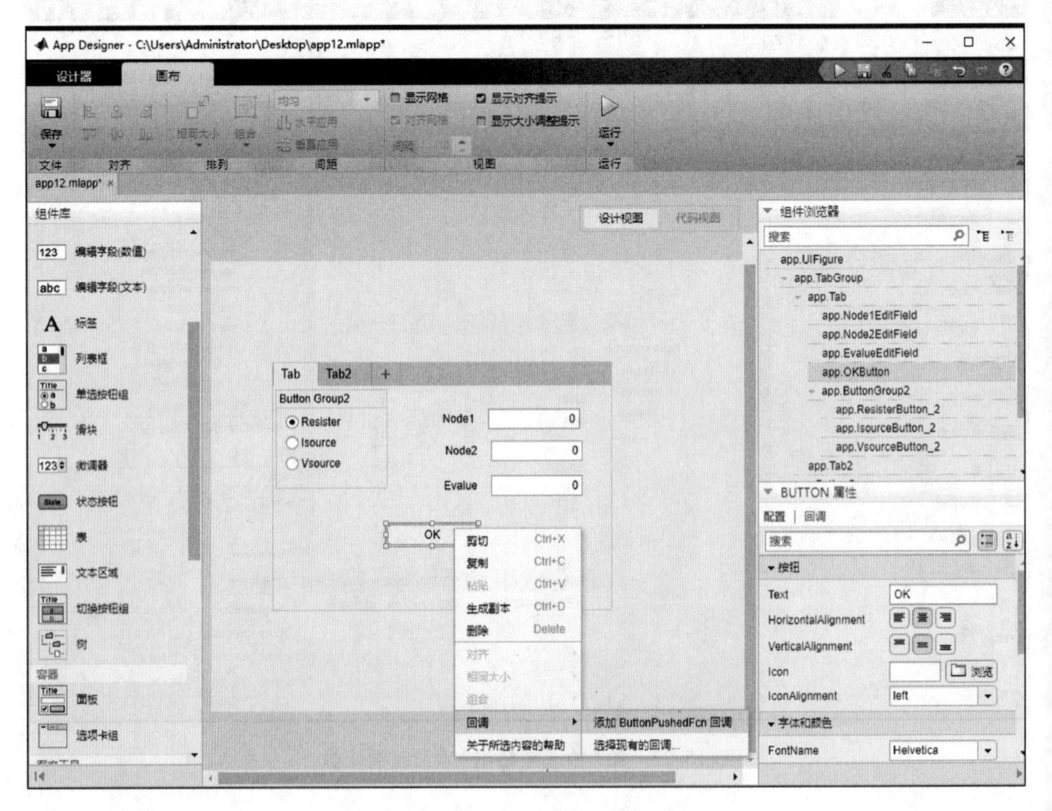


图 15.25　给"OK"按键添加回调函数

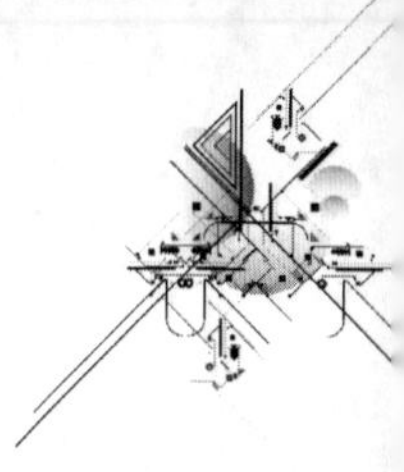

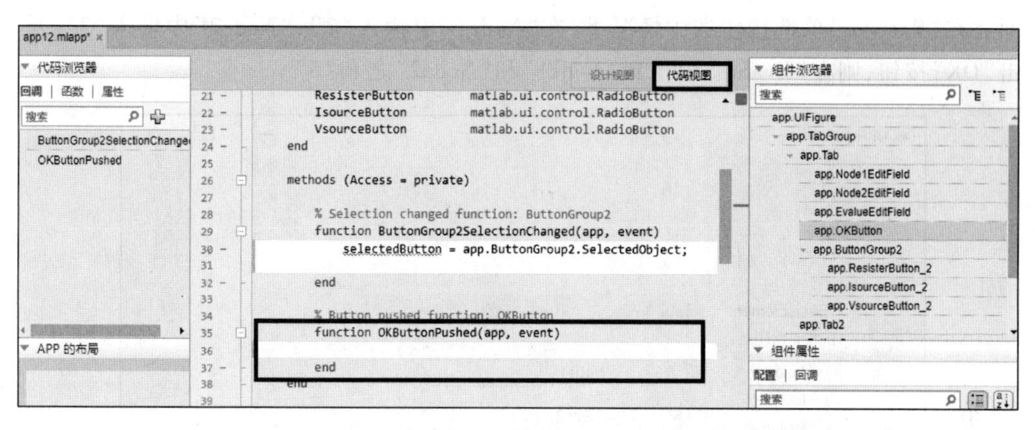

图 15.26　打开“OK”按钮的回调函数代码视图窗口

步骤 5:编写代码。针对单选按钮的“Resistor”“Isource”和“Vsource”三种情况,在“OK”按钮的回调函数中,编写对应的程序。

步骤 6:实现一个简单的例子。例如,在图 15.19 中,选择“Resistor”“Isource”或“Vsource”;输入“Node1”和“Node2”的值后,单击“OK”,在“Evalue”框中显示的值为“Node1”和“Node2”之和。实现方法为:接步骤 4,在“OKButtonpushed”的事件函数中,输入如图 15.27 所示代码,实现单击“OK”,在“Evalue”框中显示“Node1”和“Node2”之和。

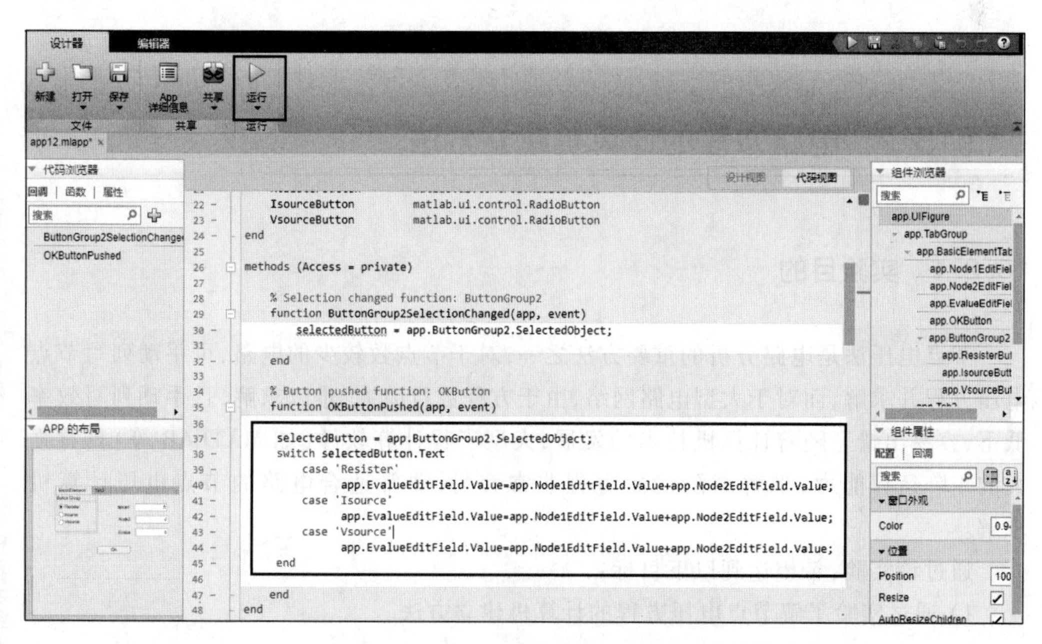

图 15.27　编写代码

步骤 7:在图 15.27 的菜单栏中单击“运行”按钮,出现图 15.28 所示 UI Figure 界

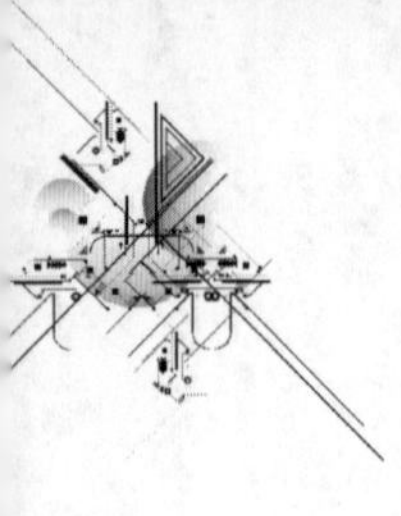



面。在“Resistor”单选按钮选中情况下，在“Node1”中输入“2”，“Node2”中输入“3”，单击“OK”按钮，则在“Evalue”中得到“Node1”和“Node2”之和“5”。

图 15.28 UI Figure 运行界面

## §15.2 电路方程的计算机建立方法

### 15.2.1 实验目的

节点电压法是电路分析的重要方法之一，对于节点数较少的电路，可手动列写节点电压方程并求解，而对于大型电路网络，由于方程数目庞大，难以求解，且手动列写效率低下，容易出错。随着计算机技术的发展，大型工程计算软件（如 MATLAB 等）具有强大的矩阵运算能力，求解高阶代数方程非常容易，非常适合电路的节点电压计算机求解。

通过该实验，希望达到以下目标：

1）通过实验了解节点电压方程的计算机建立方法。

2）加深对电路方程的理解。

3）提高应用计算机技术解决工程问题的能力。

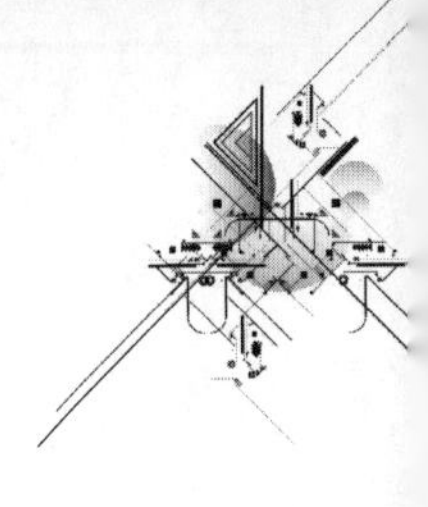

## 15.2.2　实验任务和要求

以图 15.29 所示电路为例,完成以下实验任务:

1) 自选编程语言,编写程序,建立图 15.29 所示电路的节点电压方程。

2) 针对任意电阻网络,编写通用的建立节点电压方程的程序。

3) 求解方程计算节点电压,并与仿真结果对比。

4) 考虑含受控源的情况。

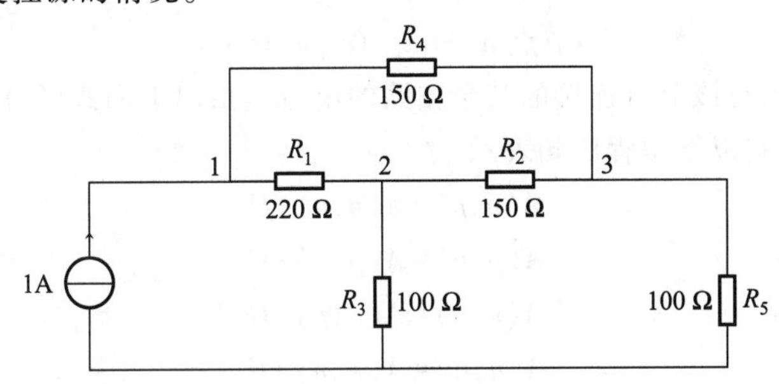


图 15.29　需要通过计算机建立节点电压方程的电路

## 15.2.3　实验原理及方案提示

在列写节点电压方程时,有两种方法。第一种方法是先对各独立节点列写 KCL 方程,根据支路电压电流关系及支路电压与节点电压的关系,通过一定矩阵运算便可推导出节点方程,这种利用电路拓扑图建立节点方程的方法比较烦琐,不适合用计算机实现;第二种方法是通过观察电路,根据每一种元件对方程的“贡献”与元件的类型(电压源、电流源、电阻等)及其在电路中的位置关系建立节点电压方程。

图 15.29 所示电路的节点电压方程可表示为

$$\begin{bmatrix} G_1+G_4 & -G_1 & -G_4 \\ -G_1 & G_1+G_2+G_3 & -G_2 \\ -G_4 & -G_2 & G_4+G_5 \end{bmatrix}\begin{bmatrix} U_1 \\ U_2 \\ U_3 \end{bmatrix}=\begin{bmatrix} i_s \\ 0 \\ 0 \end{bmatrix} \tag{15.1}$$

电阻元件 $R_1$ 与节点 1 和节点 2 连接,在方程系数矩阵的(1,1)和(2,2)位置其电导值为 $G_1$,而在系数矩阵的(1,2)和(2,1)位置其电导值取 $G_1$ 的负值,其他电阻元件也有相应的对应关系。根据这一对应关系,通过计算机编程,逐一考虑电路中所有元件对节点电压方程系数矩阵的“贡献”后,节点电压方程就建立起来了,这种建立节点方程的方法称为填入法。这种填入法非常适合通过计算机编程实现。下面介绍一些电路元件在方程中的填入规则。

电路的节点电压方程可统一表示为

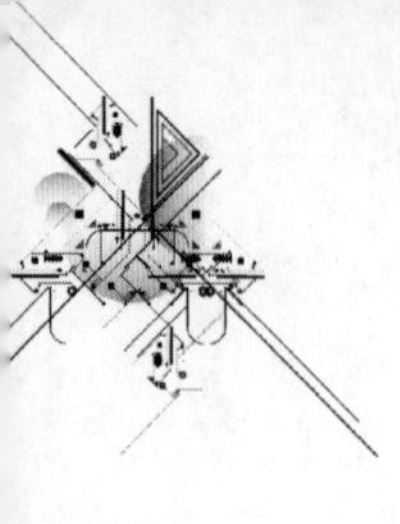



$$\boldsymbol{AU}=\boldsymbol{B} \tag{15.2}$$

式中,$\boldsymbol{A}$ 为系数矩阵,取决于电路元件的连接关系和元件的值;$\boldsymbol{U}$ 为节点电压列向量;$\boldsymbol{B}$ 为右端列向量,与电压源的电压和电流源的电流有关。下面分别介绍电阻、电流源和电压源在节点电压方程系数矩阵中的填入方法。

(1) 电阻元件

图 15.30(a)中,电阻 $R$ 的电导为 $G$,则流经该电阻的电流等于 $G(u_p-u_n)$,分别对节点 $p$ 和 $n$ 列写 KCL 方程,可得

$$\text{节点 } p: Gu_p-Gu_n+\cdots=0 \tag{15.3}$$

$$\text{节点 } n: -Gu_p+Gu_n+\cdots=0 \tag{15.4}$$

式中的省略号表示与该节点连接的其余支路的电流。由以上两式可得电阻元件在节点方程中的贡献,可用以下编程语句表示:

$$A(p,p)=A(p,p)+G$$
$$A(p,n)=A(p,n)-G$$
$$A(n,p)=A(n,p)-G$$
$$A(n,n)=A(n,n)+G$$

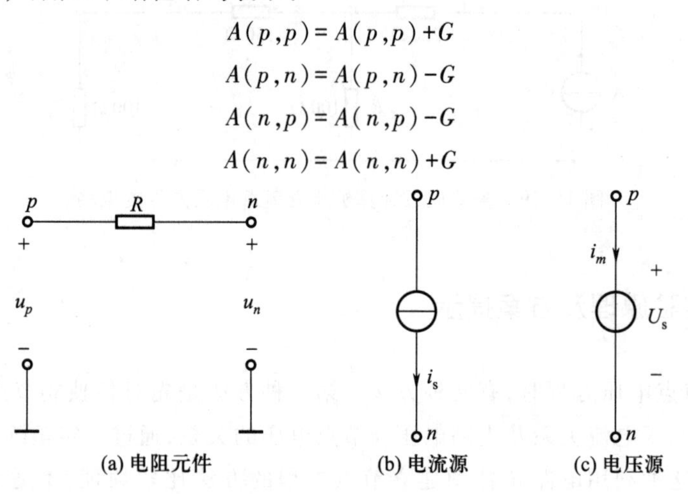


图 15.30　电路元件

(2) 电流源

若电流源连接在节点 $p$ 和 $n$ 之间,且从节点 $p$ 流向节点 $n$,如图 15.30(b)所示,KCL 方程为

$$\text{节点 } p: \cdots=-i_s \tag{15.5}$$

$$\text{节点 } n: \cdots=i_s \tag{15.6}$$

由上式可知,电流源仅对节点电压方程的右端项有贡献,编程语句为

$$B(p)=B(p)-i_s$$
$$B(n)=B(n)+i_s$$

(3) 电压源

当电路中存在无电阻与之串联的电压源时,可将电压源的电流作为附加变量列入 KCL 方程,引入附加变量的同时,也增加了一个节点电压与电压源之间的约束关系,把这个约束关系和节点电压方程合并成一组联立方程组,方程数与变量数相同。现假设

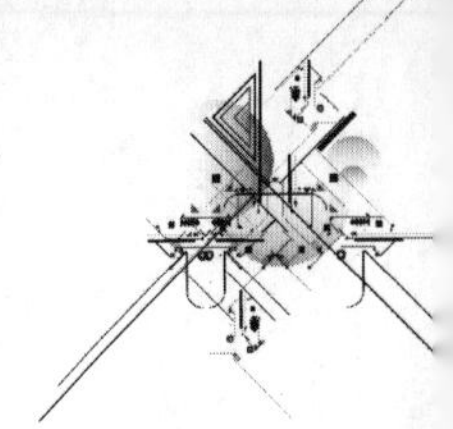

电流源连接在节点 $p$ 和 $n$ 之间，如图 15.30(c)所示，设流经电压源的电流为 $i_m$，电流 $i_m$ 从节点 $p$ 流向节点 $n$，KCL 方程为

$$节点\ p: i_m+\cdots=0 \tag{15.7}$$

$$节点\ n: -i_m+\cdots=0 \tag{15.8}$$

$$支路: u_p-u_n=U_s \tag{15.9}$$

由于电流 $i_m$ 为第 $m$ 个方程变量，所以电压源支路的电压电流关系方程在节点方程的第 $m$ 行填入，编程语句为

$$A(p,m)=A(p,m)+1$$
$$A(n,m)=A(n,m)-1$$
$$A(m,p)=A(m,p)+1$$
$$A(m,n)=A(m,n)-1$$
$$B(m)=B(m)+U_s$$

根据以上介绍的方法编写程序，实现输入为电路结构和元件值，输出为节点电压方程系数矩阵，求解方程即可得到节点电压值及其他电压和电流。

### 15.2.4　实验仪器和实验材料

计算机 1 台。

### 15.2.5　实验报告要求

实验报告应包含以下内容：

1）实验任务。

2）实验原理，介绍电路中含受控源的处理方法。

3）编程思路及程序框图。

4）算例验证，自行与仿真结果对比。

5）实验总结。

## §15.3　基于计算机编程的戴维南等效电路求解及最大功率传输定理验证

### 15.3.1　实验目的

戴维南等效电路是非常重要的电路定理，贯穿整个直流和正弦稳态电路问题。对

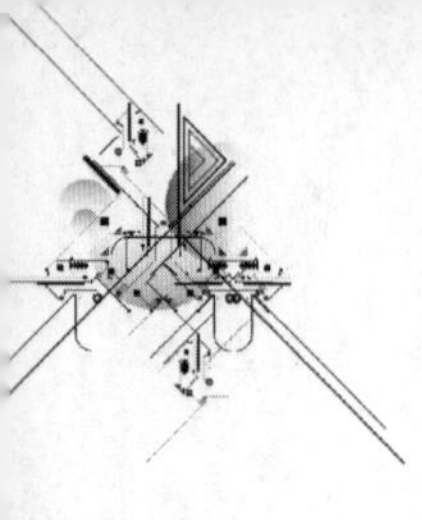

于复杂的或含受控源的线性电路,手动求解戴维南等效电路并非易事。在15.2节实验的基础上,本节将通过计算机编程,求解直流电路任意端口的戴维南等效电路,并验证最大功率传输定理。

通过该实验,希望达到以下目标:

1) 掌握通过计算机列写节点电压方程的方法。

2) 加深对电路定理的理解。

3) 熟练用MATLAB App Designer设计人机交互界面。

## 15.3.2　实验任务和要求

1) 建立任意线性电阻网络的节点电压法方程,并解方程。

2) 编程求解任意线性电阻网络的任意端口的戴维南等效电路,并验证最大功率传输定理。

3) 用MATLAB App Designer设计人机交互界面,能够输入电路结构参数并显示结果。

## 15.3.3　实验原理及方案提示

1) 节点电压方程的建立方法可参照15.2节。

2) 求戴维南等效电路。

由戴维南定理可知,求某线性含源一端口的戴维南等效电路,只需求出一端口的开路电压 $u_{oc}$ 和等效电阻 $R_{eq}$ 即可,下面介绍求 $u_{oc}$ 和 $R_{eq}$ 的方法。

根据15.2节建立的节点电压方程,解方程即可得到节点电压,进而可以得到待求端口的开路电压 $u_{oc}$。

求等效电阻 $R_{eq}$ 可考虑3种方法:伏安法、外接电源法和外接电阻法。

方法1:伏安法。在线性含源一端口上连接一个可变电阻,如图15.31(a)所示。改变可变电阻的阻值,测量可变电阻两端的电压和电流,得到一端口的伏安特性曲线。求

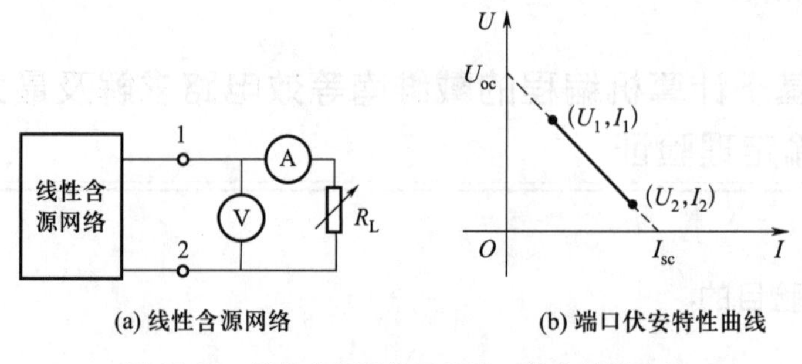


图15.31　线性含源网络及其端口伏安特性曲线

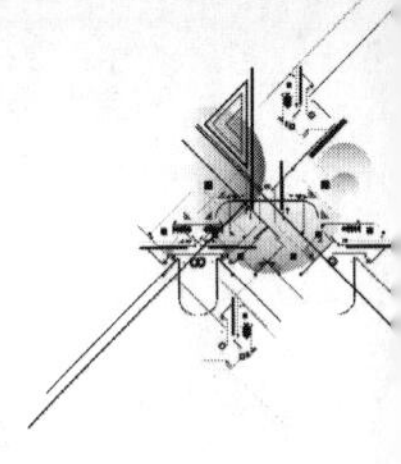

伏安特性曲线的斜率 $\tan\varphi$,则等效电阻为 $R_{eq}=-\tan\varphi=-\dfrac{\Delta U}{\Delta I}$。

方法 2:外接电源法。将一端口内的独立源置零,在一端口上加一个 1A 的电流源 $i_s$,应用节点电压方程求解节点电压,得到电流源两端的电压 $u$,如图 15.32 所示。此时等效电阻为 $R_{eq}=\dfrac{u}{i_s}$。

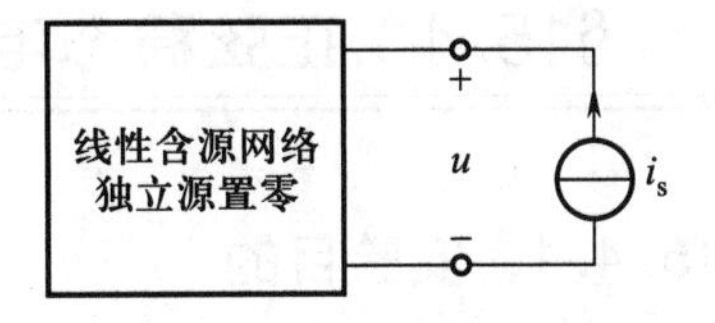


图 15.32　外加电源测等效电阻

方法 3:外接电阻法。在图 15.33(a)所示待求等效电阻的端口 1、2 上连接一个已知阻值的电阻 $R'$,应用节点电压方程求解节点电压,得到 $R'$两端的电压 $u$。由戴维南定理可知,图 15.33(a)所示线性含源一端口可用图 15.33(b)所示戴维南等效电路进行等效,代入已经得到的 $u_{oc}$,则等效电阻 $R_{eq}$ 为 $R_{eq}=\dfrac{(u_{oc}-u)}{u/R'}$。

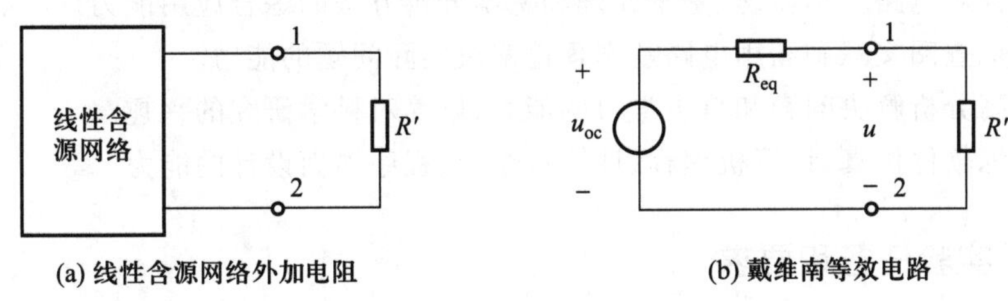


图 15.33　外接电阻求一端口的等效电阻

3) 最大功率传输定理。

由最大功率传输定理可知,将含源一端口用戴维南等效电路来代替,其参数为 $u_{oc}$ 和 $R_{eq}$,当含源一端口外接负载电阻满足 $R_L=R_{eq}$ 时,负载电阻 $R_L$ 将获得最大功率。

在图 15.31(a)所示线性含源一端口上连接一个可变电阻,利用参数扫描方式,编程求解电阻取不同值时的节点电压和电阻电流,并计算功率。求出最大功率对应的电阻阻值,并验证其是否等于等效电阻 $R_{eq}$

### 15.3.4　实验仪器和实验材料

计算机 1 台。

### 15.3.5　实验报告要求

实验报告应包含以下内容:

1) 实验任务。

2) 实验原理。

3) 编程思路及程序框图。

4) 算例验证。

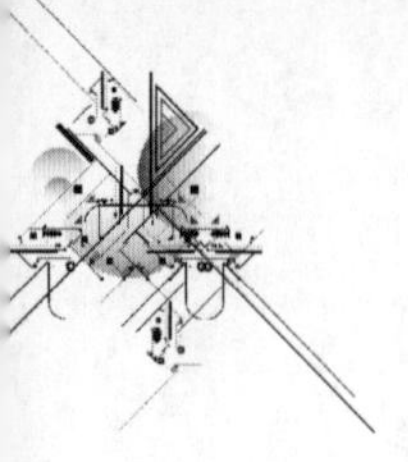



5）实验总结。

## §15.4 正弦稳态电路的分析与计算

### 15.4.1 实验目的

线性电路的正弦稳态分析在电力系统中应用十分广泛，非正弦周期信号也可以先分解为正弦函数的无穷级数后，应用正弦稳态分析的方法进行计算与处理，因此，学习正弦稳态分析的分析方法十分重要。本实验要求通过计算机编程辅助分析正弦稳态电路，拟达到以下教学目标：

1）加深对相量法、正弦稳态电路分析方法、频率响应的理解。

2）增强对电路基本概念、基本原理和基本分析方法的综合应用能力。

3）锻炼查阅文献和利用电路基本理论解决实际问题的能力。

4）提高分析解决问题和自主学习的能力，培养对科学研究的兴趣。

5）锻炼软件仿真、计算机编程、计算机绘图、程序界面设计的能力。

### 15.4.2 实验任务和要求

基于计算机编程，设计正弦稳态电路分析与计算的程序，并利用 Multisim 软件仿真验证程序的正确性。要求程序应具有以下功能：

1）电路中应能够包含任意数量的电压源、电流源、电阻、电容和电感元件。

2）对具有不同拓扑结构的电路具有普适性。

3）能够计算给定频率下的电路各节点电压和支路电流。

4）能够绘制电路任意支路电压的频率响应曲线。

5）能够对比、分析电路元件参数变化对电路频率响应的影响。

6）具有能够实现电路输入、结果输出等功能的人机交互界面。

以下给出两个电路结构作为参考，供验证程序正确性，参考电路如图 15.34 和图 15.35 所示。

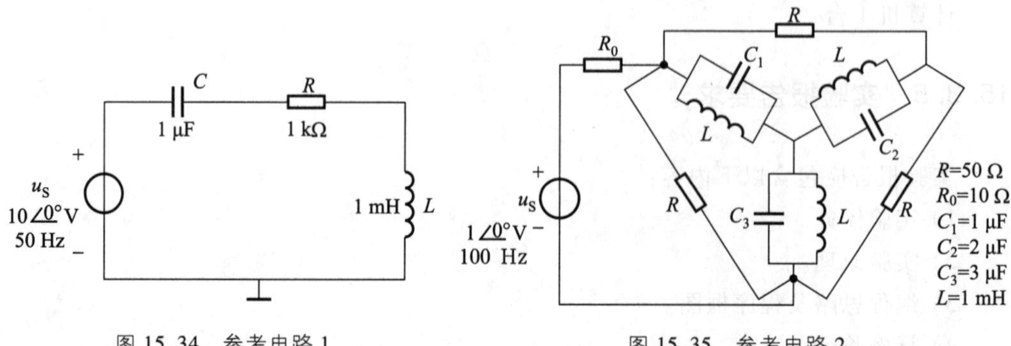


图 15.34 参考电路 1

图 15.35 参考电路 2

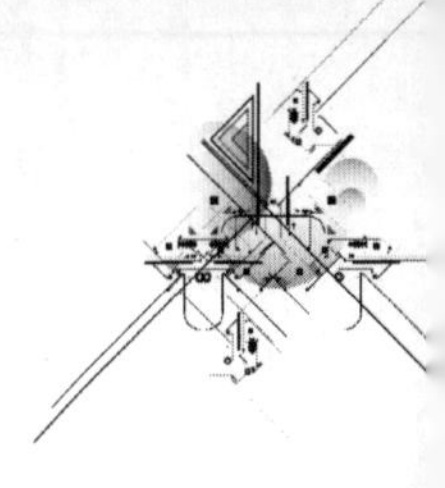

### 15.4.3　实验原理及方案提示

(1) 总体思路

实验总体思路框图如图 15.36 所示。

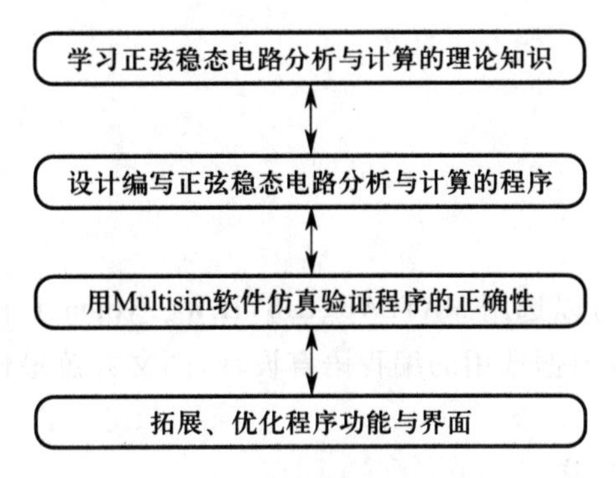


图 15.36　实验总体思路框图

(2) 电路方程的建立

电路拓扑结构的表示方法见 15.2 节。根据节点电压法列写电路方程,列写过程同 15.2 节。电感、电容的填入方法与电阻相同,填入的元件值采用相量法计算。相量法是线性电路正弦稳态分析的一种简单易行的方法。在正弦稳态电路中,全部电压、电流都是同一频率的正弦量,可以直接用相量通过复数形式的电路方程描述电路的 VCR (电压电流关系)、KCL 和 KVL。

(3) 频率响应特性的计算

电路和系统(通常指单输入单输出的)的工作状态跟随频率变化而变化的现象称为电路和系统的频率特性,又称频率响应。在输入变量和输出变量之间建立函数关系,来描述电路的频率特性,这一函数关系称为电路和系统的网络函数。

电路在一个正弦电源激励下稳定时,各部分的响应都是同频率的正弦量,使用相量表示,网络函数可定义为

$$H(\mathrm{j}\omega)=\frac{\dot{R}_k(\mathrm{j}\omega)}{\dot{E}_{sj}(\mathrm{j}\omega)} \tag{15.10}$$

式中,$\dot{R}_k(\mathrm{j}\omega)$为输出端口 $k$ 的响应,为电压相量 $\dot{U}_k(\mathrm{j}\omega)$或电流相量 $\dot{I}_k(\mathrm{j}\omega)$;$\dot{E}_{sj}(\mathrm{j}\omega)$为输入端口 $j$ 的输入变量(正弦激励),为电压相量 $\dot{U}_{sj}(\mathrm{j}\omega)$或电流相量 $\dot{I}_{sj}(\mathrm{j}\omega)$。

网络函数是一个复数,它的频率特性分为两个部分。网络函数的模(值)$|H(\mathrm{j}\omega)|$是两个正弦量的有效值的比值,它与频率的关系($|H(\mathrm{j}\omega)|-\omega$)称为幅频特性。网络函数的幅角 $\varphi(\mathrm{j}\omega)=arg[H(\mathrm{j}\omega)]$ 是两个同频正弦量的相位差,它与频率的关系($\varphi(\mathrm{j}\omega)-\omega$)称为相频特性。这两种特性与频率的关系都可以在图上用曲线表示出来,称为网络的频率响应曲线,即幅频响应曲线和相频响应曲线。

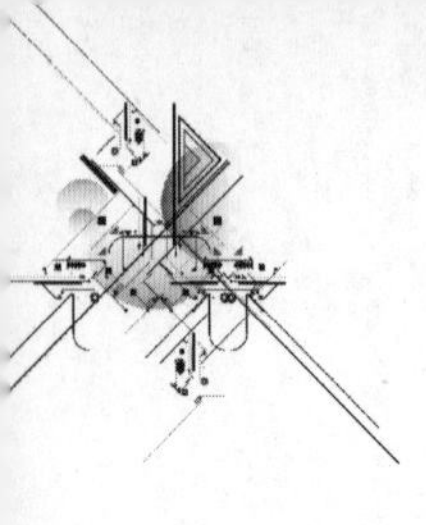

为了得到某支路电压的幅频特性和相频特性,必须在所求频带(起始频率 $f_i$ ~ 终止频率 $f_e$)内取若干频率点,对电路做正弦稳态计算。

取频率的方式可采用均匀间隔形式,即 $f_{k+1}=f_k+\Delta f$, $\Delta f$ 为指定频率间隔。

### 15.4.4　实验仪器和实验材料

计算机 1 台。

### 15.4.5　注意事项

1) 编程语言不限,可以选用 MATLAB、LabVIEW、Python、C 语言等。

2) 人机交互界面可根据选用的编程语言设计,图文并茂最佳。

### 15.4.6　实验报告要求

1) 包含但不限于:实验背景、实验任务、实验原理、实验内容及步骤、实验结果及分析、实验总结、参考文献。

2) 给出正弦稳态电路分析的理论公式推导。

3) 给出程序的设计思路框图。

4) 给出程序主要功能模块的语句注释。

5) 给出电路仿真原理图及仿真结果,论证程序正确性。

6) 给出人机交互界面的操作使用说明。

## §15.5　电阻网络的故障诊断

### 15.5.1　实验目的

电力系统接地网在电力系统安全可靠运行方面起着重要作用,接地网的正常工作能够很好地保护变电站站内工作人员和各种电气设备的安全。引起接地网故障的原因主要是施工过程中地网的不良焊接、虚焊、漏焊以及接地网运行过程中土壤的腐蚀、接地短路电流的电动力作用等。接地网故障会引起接地网的局部电位差或地网本身电位异常升高,不但会给工作人员的人身安全带来威胁,还会因反击过电压造成设备绝缘能力的破坏,带来巨大的经济损失。所以电力系统接地网的故障诊断是电力系统中的一个重要而广泛的研究课题。

图 15.37 为接地网示意图。本实验用一个简化的电阻网络模拟电力系统接地网,

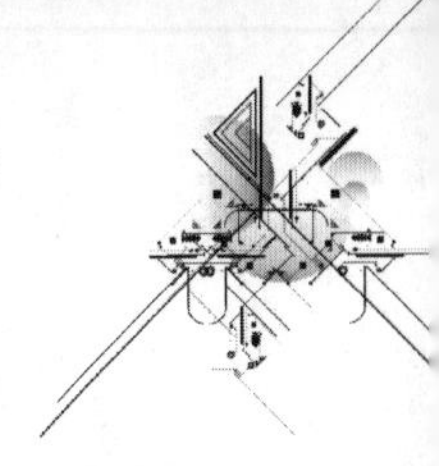

要求读者利用所学知识设计一个完整的故障诊断界面,拟达到以下实验目标:

(1) 掌握电路节点电压方程的计算机建立和求解方法。

(2) 学习故障字典法进行故障诊断的基本步骤。

(3) 锻炼查阅文献和利用电路基本理论解决实际问题的能力。

(4) 提高分析、解决问题和自主学习的能力,培养对科学研究的兴趣。

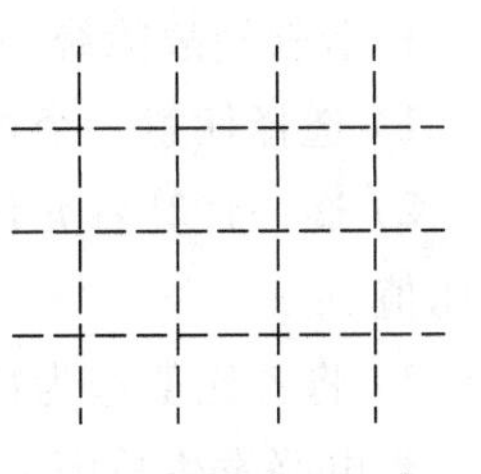

图 15.37　接地网示意图

## 15.5.2　实验任务和要求

对于图 15.38 所示电路模型中单一电阻发生断路故障,且电路中仅含有限可测点的情况,可采用故障字典法,分别选取节点电压和等效电阻作为故障特征量进行研究。事实上,由于漏焊、土壤腐蚀等原因,电力系统接地网可能会发生任意故障,如短路、断路或阻值改变等。请学生对图 15.38 所示电路模型中单一电阻发生的任意故障进行诊断,并利用 MATLAB App Designer 设计一个故障诊断界面。具体任务为:

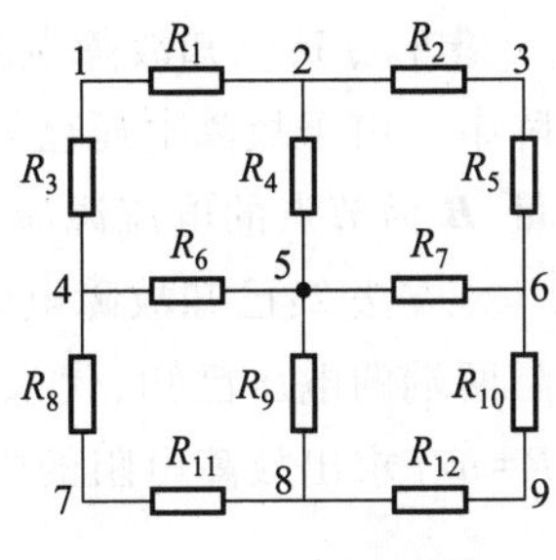


图 15.38　电阻网络模型

1) 仿真分析。利用仿真软件对图 15.38 所示电阻网络进行仿真分析,给电路施加 1A 的直流电流源,求电路中各节点的电压。

2) 编程。参照 15.2 节自行编写计算机通用程序,实现节点电压方程的计算机建立函数,函数的输入为电路元件连接描述语句,输出为节点电压方程系数矩阵和节点电压,并与仿真结果对比。

3) 建立故障字典。选定故障特征量,通过编程建立故障字典。

4) 故障诊断。对图 15.38 所示电阻网络,任意设定一个电阻故障,应用已建立的故障字典对故障进行查找,并计算故障电阻的阻值,验证正确性。

5) 利用 MATLAB App Designer 设计一个故障诊断界面。

## 15.5.3　实验原理及方案提示

(1) 建立故障字典

一个元件的各种故障(软故障和硬故障)对各节点电压的影响大小是千变万化的,但它们对各节点电压影响强弱的次序是不变的。举例来说,若某元件参数 $X_i$ 发生了某一故障,使节点电压 $U_a$,$U_b$ 和 $U_c$ 发生了变化,且 $U_a$ 的变化最大,$U_b$ 的变化次之,$U_c$ 的变化最小,那么当 $X_i$ 发生任何其他故障时,始终保持不变的是 $U_a$ 的变化最大,$U_b$ 的变化次之,$U_c$ 的变化最小。这是软、硬故障的共同特征。据此,对电路中的每个元件建立一个统一的故障特征向量,存储于故障字典中,该故障字典可以对电路元件发生的任意

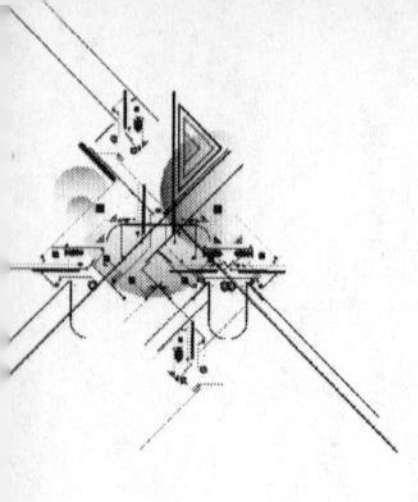



故障进行有效诊断。

构造软硬故障统一的故障字典的步骤：

1）选择任意一个可测节点为参考节点。

2）逐一计算各元件分别故障时，所有测试节点电压增量相对于参考节点电压增量的比值。

3）将各比值作为特征向量建立故障字典。

当电路发生故障后，求出故障电压相对于正常电压的增量比向量，并在故障字典中查找，定位故障元件的位置。

（2）计算故障电阻的阻值

已知故障电阻的位置后，求故障电阻可以有两种方法。

方法1：已知故障电阻的位置后，将故障电阻的阻值设为未知数，代入节点导纳矩阵中。由于故障电压已知，解方程 $\boldsymbol{AU}=\boldsymbol{B}$（其中，$\boldsymbol{A}$ 为节点导纳矩阵，$\boldsymbol{U}$ 为节点电压列向量，$\boldsymbol{B}$ 为节点的电流源激励列向量），即可求出故障电阻的阻值。

方法2：已知故障电阻的位置后，求故障电阻两端的戴维南等效电路，由于故障电阻两端的电压已知，代入方程 $u=u_{oc}-i\cdot R_{eq}$，可求出流过故障电阻的电流，进而可根据 $R=u/i$ 求出故障电阻的阻值。

## 15.5.4 实验仪器和实验材料

计算机1台。

## 15.5.5 实验报告要求

实验报告应包含以下内容：

1）实验任务。

2）实验原理，介绍故障诊断方法。

3）编程思路及程序框图。

4）算例验证。

5）实验总结。

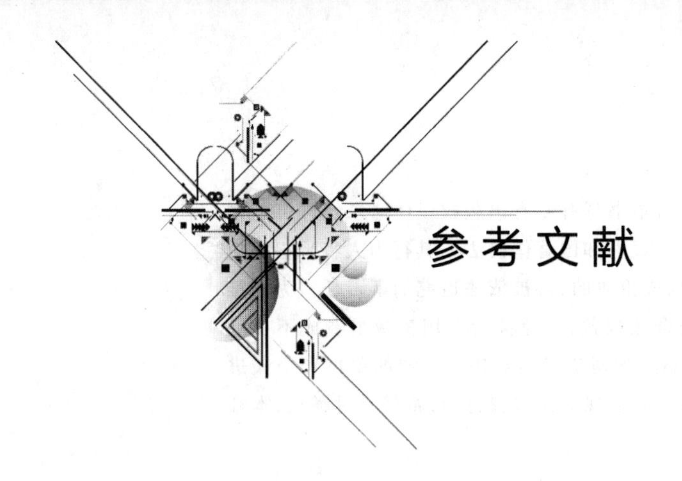

# 参考文献


[1] 邱关源,罗先觉. 电路[M]. 6版. 北京：高等教育出版社,2021.

[2] 吴雪,罗小娟,张秋萍,等. 电路实验教程 [M]. 北京：机械工业出版社,2017.

[3] 刘东梅,王晓媛,杨旭强,等. 电路实验教程 [M]. 北京：机械工业出版社,2013.

[4] 刘庆玲,荣海泓. 电路基础实验教程 [M]. 北京：中国工信出版集团,电子工业出版社,2016.

[5] 陈同占,吴北玲,养雪琴,等. 电路基础实验 [M]. 北京：清华大学出版社,北京交通大学出版社,2003.

[6] 查根龙,陆超. 电路原理实验教程 [M]. 南京：东南大学出版社,2015.

[7] 温正. MATLAB 科学计算 [M]. 北京：清华大学出版社,2017.